车载武器系列丛书

车载武器试验技术

主　编　罗建华

副主编　毛保全　李　华

国防工业出版社

·北京·

内 容 简 介

本书面向典型车载武器,系统而详尽地介绍了其试验内容、试验方法及试验数据处理等试验技术涉及的基本要素。全书共7章,包括绪论、自行火炮试验技术、车载炮试验技术、炮射导弹试验技术、反坦克导弹试验技术、坦克炮试验技术和某型自动炮遥控武器站试验技术,各章既相互联系又各具独立性。

本书既可作为从事武器装备研究论证、设计及试验的科研人员、相关领域工程技术人员的参考资料,也可作为武器相关专业研究生和高年级本科生的教材。

图书在版编目(CIP)数据

车载武器试验技术/罗建华主编. --北京:国防工业出版社,2022.4
(车载武器系列丛书)
ISBN 978-7-118-12489-7

Ⅰ.①车… Ⅱ.①罗… Ⅲ.①军用车辆—武器装备—武器试验 Ⅳ.①TJ81

中国版本图书馆 CIP 数据核字(2022)第055420号

※

国防工业出版社出版发行
(北京市海淀区紫竹院南路23号 邮政编码100048)
三河市众誉天成印务有限公司印刷
新华书店经售

*

开本 710×1000 1/16 **印张** 17 **字数** 296千字
2022年4月第1版第1次印刷 **印数** 1—1500册 **定价** 108.00元

(本书如有印装错误,我社负责调换)

国防书店:(010)88540777 书店传真:(010)88540776
发行业务:(010)88540717 发行传真:(010)88540762

《车载武器试验技术》

编委会

主　　编　罗建华

副 主 编　毛保全　李　华

编　　者　（按姓氏笔画排序）

王自勇　王兆祥　牛守瑞　毛保全

白向华　刘　帅　苏忠亭　李　华

杨雨迎　何嘉武　张天意　张宏江

张国平　张　磊　罗建华　徐振辉

郭庆阳　郭　英　黄彦昌　曹　杨

序　一

随着坦克装甲车辆及自行火炮、车载炮等武器装备的不断发展，以装甲底盘为载体的武器已经逐步形成独具特色的车载武器群。经过多年发展，车载武器学交叉融合了武器控制与制导技术、自动装弹技术、武器信息化技术、发射理论与技术、弹药与毁伤技术等学科技术，形成了独具特色有较完整理论体系与方法的学科分支。

目前，比较系统全面介绍车载武器最新研究和应用水平的专著还很少。毛保全教授结合了在车载武器系统研究方面的工作积累，对车载武器建模与仿真的理论、方法及其应用进行了较全面系统的归纳、总结和提炼。本套丛书紧紧抓住了坦克、步兵战车和自行火炮等以装甲底盘为载体的武器系统的共性和特点，按车载武器的论证、设计、试验、使用及维护的生命周期，构建了科学合理的知识体系。

本套丛书的特色在于“全、新、精、实”，力求使读者通过学习本套丛书可以进行相关车载武器的分析研究，突出了基本概念和基本原理，同时注重了理论严密性、系统性和实用性，使读者易于领会和掌握车载武器的诸多理论分析、工程应用和作战使用中的问题实质，并能较快地用以解决工作和学习中遇到的实际问题。本套丛书的问世在推动车载武器领域理论研究方面起到了很好的促进作用，同时它也为广大从事车载武器行业的专业人员提供了一套较系统的专业技术参考资料。

本套丛书集作者多年科研和教学方面的成就、经验和收获，总结车载武器理论和技术体系和吸纳最新研究成果，深入分析研究了车载武器的科学机理、构造原理、战术技术性能以及论证、设计、试验、生产、运用、保障过程涉及的理论与技术，设计、优化了车载武器的知识框架结构，系统性、实用性强，基本概念、系统构成和作用原理表述清晰。本套丛书可作为从事车载武器研究、论证、设计、教学及试验的教师和科研人员的参考资料,同时可作为相关专业研究生和高年级本科生的教材,也可供相关领域工程技术人员参考。

中国工程院院士

序　二

火炮最初主要用于要塞防御，炮台的坚固性和火炮的攻击能力相结合在热兵器战争的初期使火炮的威慑作用得以充分发挥。随着战争的发展，对火炮的机动性提出了要求，再加上火炮发射技术和后坐技术的发展，使火炮装备到机动载体上成为可能。在此背景下，火炮、机枪和反坦克导弹等武器陆续集成到装甲装备上，出现了坦克、自行火炮、步兵战车、车载机枪、车载导弹等，形成了陆用武器家族中独具特色的成员——车载武器。

在兵器科学与技术学科领域里，正在形成车载武器系统的理论体系和技术体系。车载武器系统集机、光、电、液、计算机等技术于一体，结构越来越紧凑，性能越来越先进，学科内涵越来越丰富。车载武器论证与评估、车载武器分析与设计、车载武器发射动力学、车载武器建模与仿真、车载武器虚拟样机、车载武器数字化、车载武器使用以及车载武器的总体、发射、目标与环境信息感知、控制与制导、自动机、反后坐、自动装弹、弹药的理论和技术不断发展，丰富了兵器科学与技术学科的内容。

国内外很多高等院校和科研院所都开展了车载武器方面的研究和教学工作，有些院校还开设了相应的课程。但到目前为止，还没有一套系统介绍车载武器有关理论和技术的丛书。本套丛书紧紧抓住了坦克、步兵战车和自行火炮等以装甲底盘为载体的武器系统的共性和特点，按车载武器的论证、设计、试验、使用及维护的生命周期，同时还兼顾了新型军事人才能力培养体系和知识体系的特点，全面优化、整合了车载武器理论和技术的相关内容，构建了科学合理的知识体系。本套丛书突出了基本概念和基本原理，同时注重了理论严密性、系统性和实用性，使读者易于领会和掌握车载武器的诸多理论分析、工程应用和作战使用中的问题实质，并能较快地用以解决工作和学习中遇到的实际问题。

毛保全教授在车载武器领域从事教学和科研工作20多年，积累了较丰硕的理论研究成果，有较丰富的教学经验，《车载武器系列丛书》是集作者多年科研和教学方面的成就、经验和收获，在总结车载武器理论和技术体系并吸纳最新研究成果的基础上写成的。相信该丛书的问世在推动车载武器领域理论研究方面起到很好的促进作用，同时它也为广大从事车载武器行业的专业人员提供了一套较系统的专业技术参考资料。

车载武器技术正处于快速发展时期，随着时间的推移，新的车载武器成果还会不断涌现，希望本套丛书的后续版本能够及时跟踪国内外先进车载武器理论与技术，与时俱进，不断丰富其内容。

中国工程院院士 王哲荣

序　三

战争对武器装备的机动性和防护力的要求越来越高,用于地面作战的多种火炮、导弹和机枪等武器系统装在装甲底盘上,逐步实现了车载化,于是出现了坦克、步兵战车、自行火炮、车载导弹和车载机枪等,这些武器装备集快速的机动性、强大的火力和坚固的防护力于一体,形成了独具特色的一类武器——车载武器。近年来,我国已有多种车载武器经历了研究、论证、设计、试验、批产、装备和使用的全过程,取得了丰硕的成果,也积累了宝贵的实践经验。车载武器领域取得的一系列成果,对增强我国的国防实力,带动科学技术进步,促进社会经济发展,发挥了重要的作用。

与其他武器相比,车载武器在性能、结构上有明显的区别,促使其在论证、分析、设计的理论以及许多关键技术上形成了自己的特点。车载武器交叉融合了多学科理论与技术,在环境与目标信息感知技术、武器控制与制导技术、自动装弹技术、武器信息化技术、发射理论与技术、弹药与毁伤技术、武器系统运用和保障技术等方面独具特色,车载武器学科内涵、学术体系和技术体系十分清晰,构成了新的学科领域——"车载武器学"。

毛保全教授的教学科研团队参与了车载武器的概念研究、项目研制、试验和使用等方面工作,提出并身体力行参与了新型武器的研究开发,在车载武器的论证与评估、动力学仿真、武器关键技术、试验技术和运用与保障技术等方面积累了较丰硕的理论成果。作者全面、系统地归纳了以往教学科研中涉及的车载武器理论与技术,总结新型武器研究开发的实际经验,提炼车载武器的共性和特点,形成了系统完整的车载武器系列丛书。

车载武器系列丛书深入分析研究了车载武器的科学机理、构造原理、战术技术性能以及论证、设计、试验、生产、运用、保障过程涉及的理由与技术、设计、优化了车载武器的知识框架结构,系统性、实用性强,基本概念、系统构成和作用原理表述清晰,理论推导和图文表述严密性、逻辑性强,构建了科学合理的知识体系。丛书对从事车载武器理论研究和应用的科研人员、工程技术人员以及高等院校相关专业的高年级本科生和研究生具有重要的参考价值。

中国工程院院士 [signature]

前 言

以装甲车辆底盘为运输载体和发射平台的武器,即车载武器发展十分迅速。车载武器一般包括坦克炮、自行火炮、车载炮、车载机枪、炮射导弹、反坦克导弹等。装备车载武器的装甲车辆有坦克、突击车、自行火炮、步兵战车、装甲输送车、导弹发射车等。装备试验,是指通过规范化的组织形式和试验活动,对装备战术技术性能和作战效能进行全面考核并独立作出评价结论的综合性活动。车载武器试验主要是指检验车载武器主要战术技术指标及其功能性能开展的试验活动,并兼顾考核车载武器作战与保障效能,属于性能试验的研究范畴。车载武器试验技术是现代科学技术在车载武器试验活动具体应用中形成的手段和方法,是直接应用于车载武器试验领域的综合性应用技术,是支撑装备试验工作开展的基础。

目前,系统全面介绍车载武器试验技术、体现车载武器试验技术方面最新研究和应用水平的专著还很少。本书充分吸收了车载武器试验技术的最新研究和应用成果,并结合了作者在车载武器试验技术研究方面的工作积累,对车载武器试验技术进行了全面系统的归纳、总结和提炼。作者衷心希望通过本书的出版,能对车载武器试验技术领域的理论研究和实际应用起到积极的推动作用。

本书的特色在于系统完整,内容丰富,可操作性强。本书不仅涵盖了自行火炮、车载炮、炮射导弹、反坦克导弹、坦克炮等现役车载武器的试验技术,也涉及某型自动炮遥控武器站等新型典型车载武器的试验技术。不仅包含了车载武器一般功能性能指标试验技术,也介绍了可靠性、维修性、保障性、安全性、测试性、环境适应性及电磁兼容性等方面的试验技术。本书注重试验细节,介绍的试验方法包括试验目的、试验条件、试验方案、试验步骤、试验数据处理、试验中断条件等试验涉及的各方面内容,可供专业技术人员试验时参照实施。

本书面向典型车载武器,系统而详尽地介绍了其试验内容、试验方法及试验数据处理等试验技术涉及的基本要素。全书共7章,包括绪论、自行火炮试验技术、车载炮试验技术、炮射导弹试验技术、反坦克导弹试验技术、坦克炮试验技术和某型自动炮遥控武器站试验技术,各章既相互联系又各具独立性。

本书得到了原总装备部“1153”人才工程建设经费资助。在本书的编写过程中得到了军委装备发展部王曙明研究员级高级工程师、兵器科学研究院于子平总工程师、陆军试验基地第一试验训练区李玉山高级工程师、第二试验训练区李建中高级工程师等专家的帮助和指导。本书的编写和出版还得到陆军装甲兵学院兵器与控制系武器系统室全体同志以及国防工业出版社各级领导的大力支持和帮助。谨在此表示深切的感谢。

全书由罗建华、毛保全、黄彦昌、李华、白向华、徐振辉、王兆祥、牛守瑞、杨雨迎、郭庆阳、苏忠亭、张国平、何嘉武、王自勇、曹杨、张天意、刘帅、张宏江、张磊合作编写,由罗建华、毛保全、白向华、曹杨、张天意、刘帅、郭英负责统稿及校对。

由于编者水平和经验所限,书中难免有不少缺点和错误,恳请读者予以批评指正。

编者
2022 年 1 月

目　录

第1章 绪　　论

装备试验作为武器装备全寿命周期中的一项重要工作,在武器装备发展建设中发挥着越来越重要的作用。试验技术是支撑装备试验工作开展的基础,随着科学技术的创新飞跃和武器装备的快速发展,对创新装备试验技术与方法提出了更高要求。

本章主要界定试验技术相关概念,分析试验技术现状,并对相关试验技术的未来发展趋势进行展望。

1.1 装备试验技术相关概念

1.1.1 装备试验

《辞海》中对于“试验”一词的解释是:为了考查某种事物的性能或效果而从事的活动,如核试验、弹射救生试验等。试验通常要规定试验目的、试验条件、试验方法和试验设备等。在科学试验活动过程中,为了检验某物或某事的性能或结果,一般是以一定的试验条件和试验方法进行试验,经过试验获得的结果与原状态进行比较,以评定某物或某事的质量与结果。

装备试验是现代装备发展工作中不可或缺的一项重要工作,其定义目前存在多种表述方式。根据2000年中央军委颁布的《中国人民解放军装备条例》,装备试验的任务是对被试装备提出准确的试验结果,做出正确的试验结论,为装备的定型工作、部队使用、承研承制单位验证设计思想和检验生产工艺提供科学依据。根据2011年出版的《中国人民解放军军语》,装备试验是为满足装备科研、生产和使用需要,按照规定的程序和条件,对装备进行验证、检验和考核的活动,分为装备科研试验、装备定型试验等。根据国防工业出版社2015年版《军事装备试验学》,装备试验是指通过获取被试装备的数据,对结果进行分析,以提供与被试装备性能相关信息的一系列活动或过程。

从上述关于装备试验的概念界定来看,《中国人民解放军军语》从目的、要求、内容三个方面对装备试验进行了系统描述。《中国人民解放军装备条例》从任务角度出发,明确了装备试验的根本目的。《军事装备试验学》对装备试验的界定虽然简短,但内涵明确,脉络清晰。虽然三者对装备试验的文字描述不同、侧重点不同,但其根本目的、工作流程是一致的,归根结底都是为了检验考核装备,都包括了试验与鉴定两个方面的内容。

1.1.2 装备试验鉴定

根据我军最新编制的《军队装备试验鉴定条例(征求意见稿)》,装备试验鉴定是指通过规范化的组织形式和试验活动,对装备战术技术性能、作战效能、作战适用性和体系贡献率等进行全面考核并独立作出评价结论的综合性活动。装备试验鉴定工作贯穿装备研制使用全过程,是装备建设决策的重要支撑,是发现装备问题缺陷、促进装备性能提升、确保装备实战适用性和有效性的重要手段。新形势下,我军将全寿命周期的装备试验统一规范为性能试验、作战试验和在役考核三大类。将现行的装备设计定型和生产定型,调整为"状态鉴定"和"列装定型"(状态鉴定和列装定型可合称为鉴定定型)。状态鉴定是在性能试验结论的基础上,对装备性能指标是否达到批准的装备立项批复、研制总要求、鉴定定型试验总案和规定的标准进行评价,对装备小批量试生产工艺和生产条件进行审查,确定装备是否可移交并开展作战试验的综合性活动。列装定型是在状态鉴定和作战试验结论的基础上,对装备是否满足立项批复、研制要求明确的装备战术技术性能、作战效能、适用性和鉴定定型试验总案规定的试验内容进行评价,对装备是否具备完成规定使命任务的能力进行评估,对装备批量生产(或稳定生产)工艺和生产条件进行考核,确定装备是否可列装、生产交付部队的综合性活动。

装备性能试验是在设定的环境和条件下,为验证装备技术方案、检验装备主要战术技术指标及其边界性能、确定装备技术状态等开展的试验活动。装备性能试验通常分为装备性能验证试验和装备性能鉴定试验两类。装备性能验证试验属于科研过程试验,主要验证技术方案的可行性和装备功能性能指标的符合程度,为检验装备研制总体技术方案和关键技术提供依据。装备性能鉴定试验属于鉴定考核试验,主要考核装备性能的达标程度,确定装备技术状态,为状态鉴定和列装定型提供依据。

装备作战试验是在近似实战环境和对抗条件下,对装备作战效能和作战适用性进行考核评估的试验活动,主要检验装备完成规定作战使命任务的满足度及其适用条件,摸清装备在特定作战任务剖面下的战术技术指标和能力底数,探索装备作战运用方式。作战试验主要依托部队、军队装备试验基地、军队院校及科研院所等实施。作战试验结论是装备列装定型审查的重要依据。

装备在役考核是在装备列装定型后服役期间,为检验装备满足部队作战使用与保障要求的程度所进行的持续性试验活动。在役考核主要依托列装部队、试验单位等实施，通过跟踪掌握部队装备操作使用、维护修理等情况，持续验证装备作战效能和适用性，并考核装备的部队适编性、适配性和服役期经济性，以及部分在性能试验和作战试验中难以充分考核的指标等。在役考核结论是装备改进、后续订购和退役报废决策的重要依据。

1.1.3　车载武器试验

车载武器是我军目前陆军装甲装备中的主要装备。车载武器是指以装甲车辆为运输载体和发射平台的武器，一般包括坦克炮、自行火炮、车载炮、车载小口径自动炮、车载机枪等。装备车载武器的装甲车辆有坦克、步兵战车、装甲输送车、自行火炮、导弹发射车、突击车等。

本书研究的车载武器试验主要是指检验车载武器主要战术技术指标及其功能性能开展的试验活动，并兼顾考核车载武器作战与保障效能，属于性能试验的研究范畴。确定和掌握车载武器的性能状态，除了理论推理外，更多的是要借助于试验。利用先进的试验方法与技术，确定各车载武器的性能状态，采取相应的措施，更有效地利用车载武器系统，提高车载武器的安全性和可靠性，最大程度发挥车载武器的效能。

1.1.4　车载武器试验技术

车载武器试验技术是现代科学技术在车载武器试验活动具体应用中形成的手段和方法，是直接应用于车载武器试验领域的综合性应用技术，包括作为支撑基础的理论知识集合和长期实践形成的方法技能体系。它直接服务于车载武器战术技术性能、作战效能和适用性考核评价活动，对于加强车载武器全寿命鉴定管理和提升车载武器实战化能力水平具有重要作用。

1.2　装备试验技术现状及发展趋势

试验技术是支撑装备试验鉴定工作开展的基础，它是现代科学技术在装备试验鉴定活动中的具体应用。经过科研人员的长期实践和创新工作，形成了一定规模的理论知识集合和方法技能体系。同时，伴随着武器装备研制技术和装备实战应用要求的不断提高，装备试验技术也将不断发展创新。分析研究试验技术现状及发展趋势，对试验技术创新和试验能力提高有积极的促进作用。

1.2.1 性能试验技术组成

经过长期的装备研制和靶场试验实践活动,装备性能试验技术得到了长足发展,涉及范围非常广泛。可以从不同角度对性能试验技术的组成进行分类,其中,按照试验内容可以将性能试验技术归结为专用性能试验技术和通用性能试验技术。专用性能试验技术主要是指为了验证和评估装备的专用性能而采取的试验手段方法;通用性能试验技术主要是指为了验证和评估装备的通用性能而采取的试验手段方法。

1.2.1.1 专用性能试验技术

专用性能试验技术主要指对武器装备主要战术技术性能进行试验的方法,考核装备性能的达标程度,确定装备技术状态,为状态鉴定和列装定型提供依据。例如:坦克炮专用性能包括火炮威力、火力灵活性和快速反应能力,主要战术技术性能包括目标锁定时间、射击准备时间、直射距离、战斗射速、首发命中概率、立靶精度和密集度、弹药配比及基数等。火力性能试验分为武器系统技术参数测定、武器系统射击试验和武器系统持续工作能力试验三种类型,依靠装备和弹药进行实弹射击,需要在专用的射击靶场进行,靶场应具备射击靶道、炮位、运动靶道、收弹设施和掩体等。实弹射击试验分为检验性射击和准战斗射击两种类型。其中,立靶密集度及校正射击为检验性射击试验,不同距离上的首发命中率的考核验证有检验性和准战斗两种射击试验类型。采取的射击方式包括停止间射击静止目标、停止间射击运动目标、行驶间射击静止目标、行驶间射击运动目标。立靶密集度等检验性射击试验所使用的弹丸、装药、引信、火箭弹弹体均应为同一批次,弹体应有一致的外形和一致的表面处理。试验时,气象条件应满足射击类型和试验科目的要求。

导弹类装备的专用性能包括飞行性能、制导精度、弹头威力等。导弹的飞行性能主要指其射程、速度、高度和过载。射程是在保证一定命中概率的条件下,导弹发射点至命中点或落点之间的距离。速度特性是导弹的速度随时间变化曲线及速度特征量(最大速度、平均速度、加速度和速度比等)。飞行高度是指飞行中的导弹与当地水平面之间的距离。导弹的机动性是指导弹能迅速改变飞行速度和方向的能力。制导精度是表征导弹制导系统性能的一个综合指标,反映系统制导导弹到目标周围时脱靶量的大小。在实际使用过程中,制导精度是指弹着点散布中心对目标瞄准点的偏移程度,其散布度则是导弹实际落点相对于散布中心的离散程度,即弹着点的密集程度。可以通过单发导弹无故障飞行条件下命中目标的概率表示导弹制导精度,也可以通过概率偏差或圆概率偏差衡量制导精度,它们都是描述弹着点偏离目标中心的散布状态的统计量。威力是表示导弹对目标破坏或毁伤能力的重要指标。导弹威力表现为导弹命中目标并在战斗部可靠爆炸后,毁伤目标的程度和概率,或者说导弹在目标区爆炸后,使目标失去战斗力的程度和概率。

1.2.1.2 通用性能试验技术

通用性能试验技术主要指对武器装备可靠性、维修性、保障性、测试性、安全性、环境适应性等质量特性进行试验的方法。此外,随着战场环境越来越复杂,装备信息化、网络化的不断发展,还应当关注对装备电磁兼容性、复杂电磁环境适应性等进行试验的方法手段。其中:可靠性是指装备在一定时间内、一定条件下,无故障地执行指定功能的能力或可能性;维修性是指装备在规定的条件下和规定的时间内,按规定进行维修时,保持或恢复其规定状态的能力;保障性是指装备的设计特性与计划的保障资源满足平时战备和战时使用要求的能力;测试性是指装备能及时、准确地确定其状态(可工作、不可工作或性能下降)并隔离其内部故障的一种设计特性;安全性是指装备不会造成人员伤亡、职业病、设备损坏、财产损失或环境损害的能力;环境适应性是指装备在其寿命周期内的储存、运输和使用等状态预期会遇到的各种极端应力的作用下实现其预定的全套功能的能力,即不产生不可逆损坏和能正常工作的能力;电磁兼容性是指设备、分系统、系统在共同的电磁环境中能一起执行各自功能的一种共存的工作状态,在这种状态下,它们不会因内部或彼此之间存在的电磁干扰而影响正常工作;复杂电磁环境适应性是指装备在不同且复杂的电磁环境下战术技术性能不发生根本性改变,并能够实现预期性能和完成预定任务的能力。

可靠性试验就是为了解、分析、提高和评价装备的可靠性而进行的试验的总称。可靠性试验包括环境应力筛选试验、可靠性增长试验、可靠性鉴定试验和可靠性验收试验。环境应力筛选试验的目的是暴露不良元器件和工艺缺陷,以便改进装备的可靠性。这种试验一般用于元器件、组件、部件或设备。可靠性增长试验是一个有计划的试验、分析及确定问题的过程。在这个过程中,装备处在实际环境、模拟环境或加速变化的环境下经受试验,以暴露设计的缺陷,及早采取纠正措施,并证实这些措施的有效性,从而促进可靠性增长。可靠性鉴定试验的目的是验证装备是否符合规定的可靠性要求,向定购方提供合格证明,以证明装备在批准投产前已经符合最低可接收的可靠性要求。新设计装备,经过重大修改的装备和在一定环境条件下不能满足系统分配的可靠性要求的装备应进行可靠性鉴定试验。可靠性验收试验的目的是对交付的装备等进行评价。这种试验必须反映实际使用情况,并提供验证可靠性的估计。必须事先规定统计试验方案的合格判据,以便控制装备真实可靠性不低于最低可接收的可靠性概率。这些判据应根据费用和效果加以权衡确定。

维修性试验是装备在研制和生产阶段,乃至使用阶段的重要活动之一,其目的是:考核、验证装备维修性;发现和鉴别维修性设计缺陷,为改进提供依据;对有关维修保障要素进行评价,为部队合理的配置维修保障资源提供重要依据。通过对装备在实际的或模拟的使用条件(包括环境、装备的状态和保障设备、人员、技术资料等条件)下进行试验和验证,可以确定装备的实际性能,确保达到维修性要求。

保障性试验包括保障性设计特性的试验、保障资源的试验和系统战备完好性评估。保障性设计特性的试验主要包括可靠性及维修性等设计特性的试验与评价,用于发现设计和工艺缺陷,采取纠正措施并验证保障性设计特性是否满足合同要求,为确定和调整保障资源需求等提供数据。保障资源的试验主要用于验证保障资源是否达到规定的功能和性能要求,评价保障资源与装备的匹配性、保障资源之间的协调性和保障资源的充足程度,它通常在工程研制阶段后期进行,且各种保障资源的评价应尽可能综合进行。系统战备完好性评估主要用于验证装备系统是否满足规定的系统战备完好性要求,并评价保障系统的能力,一般应在装备部署了一个基本作战单位、人员经过了规定的培训、保障资源按要求配备到位后才开始进行,应作为初始作战能力评估的一部分。

测试性试验是在实际或模拟条件下,对装备的测试性进行测试,检验装备的检测与隔离功能是否满足设计要求所进行的工作或活动,是测试性验证的一个特定阶段。测试性试验应符合订购方提出的测试方案、使用与维修环境、人员技能和维修级别等的约束与要求。通过测试性试验还可发现和鉴别有关测试性的设计缺陷,采取纠正措施,提高测试性。同时,还评价与测试有关的保障资源的充分性。为了提高试验费用效益,测试性试验应尽可能与性能试验、可靠性试验和维修性试验结合进行,尤其应与维修性试验结合进行,充分利用这些试验的数据。

安全性试验是验证系统中关键装备(硬件、软件和规程)的安全性是否符合规定要求的一种试验(含演示)。通过对试验的观察或对试验数据的分析或评审来确定装备安全性是否满足规定的要求。试验是定量的,如高压设备的耐压试验;演示是定性的,如接通应急按钮检查能否中止设备的运行。安全性试验应尽量结合系统和分系统的其他试验进行;不能结合的,则专门进行。当试验因费用过高或某些环境条件(如宇宙空间)无法模拟而不可行时,在订购方的认可下,可用类推法、实验室试验或模型试验来代替,但要有足够的安全性设计余量来弥补这类替代方法的相对不确定性。被试装备的数量应满足统计学的要求；但在验证低故障率装备的情况下，样本量大到经济上或时间上不能承受时，可结合审阅被试装备的所有设计资料，详细收集试验前、中、后的故障征兆和在不改变故障模式与机理的前提下加严试验条件等措施，采用可行的样本量。试验中可用诱发故障或模拟故障的方式来验证装备的故障模式与安全性。安全性试验计划的内容包括试验目的、同其他试验结合进行的理由与方式、受试装备（含试验需用的计算机程序）的确定、试验时间与进度、试验组织、试验规程、所需收集的数据、订购方的参与程度等。

环境适应性试验是确定装备实现其规定功能时对指定环境适应能力的试验，简称环境试验。环境适应性试验一般可分成自然环境和诱导环境两种适应性试验。自然环境是指系统或器件周围的环境，如高温、低温、风、雪、雨和潮湿等环境。诱导环境是指工作诱发的环境，例如，火工品引爆引起的射频干扰，发动机工作引起的振动、噪声和辐射热等环境。装备系统或器件设计人员必须根据作战要求与任务，先确定武器系统全寿命周期各个阶段（包括制造、运输、储存和作战使用）的自然与诱导环境，确定各个阶段可能影响系统完整性与性能的环境，而后根据环境试验类型确定环境试验条件。

电磁兼容性试验可分为设备和分系统电磁兼容试验、系统级电磁兼容试验以及系统的电磁环境试验三个层次。设备和分系统电磁兼容试验的目的是考核每一个分系统和设备的电磁发射与敏感度特性满足电磁干扰控制要求，如传导发射、辐射发射、传导敏感度、辐射敏感度要求。系统级电磁兼容试验的内容有：①检测系统自身的电磁辐射发射，考核其对系统内敏感设备以及周围设备和环境的影响；②检测系统在规定的外部电磁环境下，是否能够正常工作，性能是否下降。系统的电磁环境试验是系统在实际使用环境中的电磁兼容试验，以考核系统与其所处电磁工作环境的兼容性。

电磁环境试验通常包含电磁兼容试验、抗干扰试验和复杂电磁环境适应性试验三类，它们既有区别又有一定的相互联系。从概念上看，电磁兼容性是对装备的技术性要求，电磁兼容试验研究的是设备（分系统、系统）之间电磁互不影响、互不干扰能一起执行各自功能的共存状态。抗干扰试验是对装备研制总要求或任务书中抗干扰性能的检验。复杂电磁环境适应性是战术性要求，研究的是电子信息装备在复杂电磁环境下的适应程度，应在满足装备及装备（或系统及系统）间电磁兼容性要求的条件下开展。一般应在复杂电磁环境适应性试验前完成电磁兼容性试验。随着武器装备信息化程度的不断提高，战场电磁环境越来越复杂多变，电磁兼容试验和抗干扰试验不能满足武器装备发展与现代战争的需要，考核武器装备对复杂电磁环境的适应性，就显得越来越重要。

1.2.2 试验技术现状

通用性能试验技术和专用性能试验技术内涵非常丰富,从不同角度又可以进一步细分。本章主要就车载武器试验中较为常见的靶场试验技术、可靠性试验技术和仿真试验技术现状及趋势进行介绍。

1.2.2.1 靶场试验技术现状

靶场是武器装备试验与鉴定必不可少的重要场所,靶场试验是武器装备从研制到列装过程中一个不可或缺的重要环节。靶标作为靶场试验的重要物质基础,对于靶场建设与武器装备试验鉴定有着十分重要的地位和作用。靶标是一种威胁目标的模拟系统,用来模拟威胁目标的运动特性、目标特性以及对抗特性。武器装备试验鉴定的可信度很大程度上取决于靶标模拟威胁目标的逼真程度。靶标系统的使用将贯穿各型武器装备试验鉴定的始终,不仅为武器系统试验提供一个攻击目标,其性能更具有一个尺度作用,直接关系到对武器装备的正确评价与应用,最终影响能否将可靠且真正有战斗力的武器系统装备部队。

武器装备试验靶场是随着武器装备的产生应运而生的。近年来,随着武器装备的迅猛发展,特别是高科技在武器装备发展及其试验鉴定中的应用,我国武器装备靶场逐步形成了试验场区大、试验领域广、试验测试综合能力强的良好态势,可以承担各行业和兵种的武器装备科研过程试验、鉴定考核试验、外贸装备定型试验及其他典型试验测试任务,已形成多种中远程武器试验测试能力和防空反导武器试验验证能力。尤其在外弹道飞行试验与测试技术、毁伤威力试验测试技术、导引头靶场半实物仿真试验测试技术等方面基本成熟。

(1) 外弹道飞行试验与测试技术。武器装备靶场经过多年的建设与发展,已拥有各种武器装备专用试验设施及大型测控设备,配备了多套精密弹道跟踪雷达、搜索雷达、光电经纬仪弹道测量系统、地面遥测接收系统、空中测试平台等大型专用靶场测控设备,建设有先进的靶场指挥控制中心及光纤和无线通信网络。已具备武器系统飞行试验的目标全弹道速度、空间坐标的测试能力。此外,还可以进行目标雷达散射截面(RCS)、转速、脱靶量及弹道特征点的测量能力。

(2) 毁伤威力试验测试技术。目前,国内武器装备靶场在战斗部爆炸威力方面的试验类型主要有动爆和静爆,测试参量主要集中在爆炸过程形成的冲击波以及破片两方面,处理的参数主要有冲击波超压的峰值大小、冲击波随距离等的变化曲线、冲量及正压作用时间、破片初速、破片密度分布规律、破片飞散角、破片在给定距离处的击地动能、战斗部爆炸的TNT当量以及动爆时的实际爆心位置等。在理论估算方面,随着计算机性能的高速发展以及数值计算软件的发展,在对爆炸过程形成的冲击波以及破片方面的理论估算,已经由过去的仅仅依靠理论公式计算发展到理论公式与数值仿真分析相结合,不仅提高了理论估算的精度,而且扩大了理论估算的参数范围。

(3)导引头靶场半实物仿真试验测试技术。武器装备靶场半实物仿真试验技术目前还处于起步阶段,试验形式以室内半实物仿真为主、室外为辅,可完成激光制导类导引头的隔离度测试、导引头解锁后的小回路跟踪测试、最大捕获距离的外场静态测试等。

1.2.2.2 可靠性试验技术现状

可靠性试验的目的是发现装备在设计、材料和工艺方面的各种缺陷,为改善装备的战备完好性、提高任务成功性、减少维修费用及保障费用提供信息,确认是否符合可靠性的定量要求。可靠性试验经历了统计试验、工程试验、加速试验、系统试验、仿真试验和综合试验与评价等阶段。

1. 国外可靠性试验发展

20世纪50年代后期,美国国防部开始研究基于概率统计的可靠性试验验证技术,1957年颁布了《军用电子设备可靠性》,1959年颁布了MIL－R－26667A《电子设备可靠性要求的通用规范》,1963年颁布了MIL－STD－781《可靠性试验(指数分布)》(1996年改为MIL－HDRK－781A)等标准规范,对装备可靠性进行验证。

为解决可靠性增长问题,20世纪60年代后期美国开始转向工程试验技术的研究,关注可靠性研制和增长试验,即试验—分析—改进(TAAF)方法,1977年颁布了MIL－STD－2068《可靠性研制试验》,1978年颁布了MIL－STD－1635《可靠性增长试验》,1981年颁布了MIL－HDBK－189《可靠性增长管理》等标准,鼓励研制单位通过可靠性研制和增长试验提高装备的可靠性,以保证顺利通过可靠性鉴定试验。

随着可靠性水平的提高,从20世纪70年代开始进行了可靠性加速试验技术方面的研究,包括70年代的加速寿命试验技术,80年代的可靠性强化试验技术、高加速寿命试验技术、高加速应力筛选技术,90年代的基于故障物理的可靠性加速试验技术等,提高了可靠性试验的效率。

随着装备系统复杂性的提高和计算机技术的发展,开展了仿真试验技术研究,在装备的研制初期通过建模了解装备中各零部件、组件、设备和软件与整个装备的关系,并通过仿真分析确定装备可靠性设计薄弱环节,通过改进来提高装备的可靠性。

随着高可靠、长寿命机载装备的增多,美国于20世纪90年代以来不断改革试验与鉴定策略,提出了综合试验与评价方法,该方法通过在研制初期开展建模仿真、虚拟试验等方式,从设计上保证装备达到较高的可靠性并得到相关的装备数据,在研制过程中开展加速试验来缩短试验时间,并且利用研制过程中的数据对装备进行可靠性综合评估,从而有效缩短定型阶段在实验室开展可靠性验证试验的时间。

2. 国内可靠性试验发展

在国内,可靠性试验是在美军 MIL - HDBK - 781 基础之上,1988 年制定了 GJB 450《装备研制与生产的可靠性通用大纲》,2004 年修订为 GJB 450A《装备可靠性工作通用要求》,按可靠性试验任务不同,把可靠性试验分为4类,即环境应力筛选试验、可靠性研制和增长试验、可靠性鉴定试验、可靠性验收试验,国内相关可靠性试验的书籍或标准大多是在此基础之上编写的。

在环境试验方面,目前国内制修订了 GJB 150A—2009《军用装备实验室环境试验方法》和 GJB 1032—1990《电子产品环境应力筛选方法》等顶层标准。

结合我国武器装备可靠性特点,对装备可靠性进行分段控制、分段增长,国内制定了 GJB 1407—92《可靠性增长试验》和 GJB/Z 77—95《可靠性增长管理手册》。

在可靠性验证试验方面,制修订了 GJB 899A—2009《可靠性鉴定和验收试验》,该标准规定了武器装备进行可靠性试验的条件、程序、数据处理方法等,试验主要采用统计试验方法,分为概率比序贯试验方案、定时截尾试验方案、个数试验方案,该标准是可靠性验证试验的顶层标准。

目前,可靠性试验主要依据 GJB 450A、GJB 899A 和相关专业标准开展部分试验工作。虽然 GJB 450A 中规定了各种类型的实验室可靠性试验,但这些试验在我国军用装备研制和生产中尚未得到全面应用,重点进行的试验有环境应力筛选、可靠性鉴定试验,对于可靠性验收试验则基本没有开展过。由于可靠性研制试验是 GJB 450A 中新规定的工作项目,因此尚未作为正式试验项目纳入可靠性试验计划中。

1.2.2.3 仿真试验技术现状

大量先进技术在武器装备中的广泛应用,武器装备试验的要求和难度也随之提高,在一定程度上造成了试验费用的增长和试验时间的延长,使得武器装备试验与战场需求的矛盾日益突出。试验需求和仿真技术快速的发展,促成了仿真与试验的有效结合，形成了一类广泛应用于试验与鉴定的技术——仿真试验技术。仿真试验技术可以用于方案鉴定、外推、分离各种设计影响、提高效率、再现各种复杂环境、增加样本量、克服在实际试验中的固有限制，在节省研制经费，提高研制进度，提高试验的科学性、时效性和经济性，并通过尽早为决策者提供更多的数据来提供缩短整个采办周期的机会等方面，日益发挥着重要的作用。

美军在采用仿真试验技术开展试验鉴定方面处于世界领先水平，不仅开发了许多先进的仿真试验模型、平台和系统，而且在仿真试验技术管理和应用方面积累了丰富的经验。

美国国防部自 1972 年开始至今，一直将建模与仿真技术列为重要的国防关键技术，将建模与仿真列为有助于提高军事能力的四大支柱（战略现代化、部队结构、持续能力、建模与仿真）的一项重要技术，先后提出了分布式交互仿真（DIS）、聚合级仿真协议（ALSP）、高层体系结构（HLA）、试验与训练使能体系结构（TENA）等架构标准，有效支撑了模拟器的互联互通、数字半实物与实装的综合集成以及试验靶场的一体化建设等。

1990 年，美军提出了 ALSP 概念，并于 1992 年开发出第一个投入使用的协议与相关支撑系统，支持该年度美、德、日、韩的军事演习。聚合级仿真协议成功地解决了美国陆军兵团作战仿真（CBS）和美国空军空战仿真（AWSIM）聚合问题。

1995 年，美军正式启动三军联合的试验与训练使能体系结构项目，以建立一个能促进各试验靶场和设施、训练靶场、实验室以及其他建模与仿真活动之间共享、重用、互操作的体系结构标准。

1997 年，美国国防部制定了《联合试验与训练靶场路线图》（JTTRR），以逻辑靶场概念描述未来的试验训练与评估环境，描述靶场跨边界“无缝集成”进行一体化联合试验训练的概念设想。

2004 年 11 月，美国国防部发布了《联合环境下的试验路线图》。该路线图要求国防部在战场实验室、硬件在回路仿真、研制试验设施和实际使用部队的各种设备之间建立稳固的连接，并利用这种稳固的连接实现真实、虚拟、构造（LVC）的联合任务环境。

2005 年，作战试验与鉴定局启动了为期三年的联合试验与鉴定（JT&E）项目联合试验评估方法（JTEM），为装备联合试验开发一套完整的方法，项目于 2008 年结束，形成了“能力试验方法”3.0 版。

2005 年 12 月，美国国防部启动了联合任务环境试验能力（JMETC）项目。2006 年 10 月，JMETC 项目管理办公室在国防部试验资源管理中心正式成立。JMETC 是一种以网络为中心的使能工具，可跨实验室、工程、试验和训练领域进行联合演示验证，是美军装备试验发展到集实验、生产、试验、训练于一体的标志。JMETC项目的目标是把分散的试验设施设备、仿真资源和工业部门的试验资源连接起来，为用户（项目主任、试验机构、资源所有者）提供一种分布式真实、虚拟、构造试验能力，以便支持采办团队的项目研制、研制试验、作战试验以及在联合作战环境条件对关键性能参数进行演示验证。

截至2017年，美军实现了遍布全美陆、海、空军靶场与训练基地115个试验站点的连接，为网络化、信息化、体系化的系统在联合任务环境中的作战效能与适用性进行全面和真实的检验提供了重要支撑。

1.2.2.4 遥控武器站的试验技术

目前，遥控武器站作为一种新型车载武器系统在国内外引起广泛重视，逐渐成为武器领域的一个研究热点，军事强国纷纷对其展开了相关研究，部分国家已经装备了适合本国军队使用的遥控武器站。

遥控武器站的鉴定定型试验，尤其是行进间射击时的稳定精度试验、高速调炮过程中的调炮性能试验和连发射击试验等方面，都与以往小口径火炮、反坦克导弹、高射机枪和榴弹发射器等武器的定型试验存在较大的区别。

遥控武器站的稳定性能随着行驶工况的变化而变化，传统测试方案只要求进行不同车速的稳定精度测试，并不能全面地反映炮控系统稳定性能，测试得到的稳定精度只能单方面体现车速对稳定精度的影响，而无法体现不同路面对稳定精度的影响。有研究已提出一种基于仿真与实测的虚实结合稳定精度试验方法，该方法主要是构建遥控武器站行进间射击稳定精度模型，结合仿真与实测数据来测试遥控武器站行进间射击稳定精度。

调炮速度的传统测试方法已不满足高速调炮性能的测试要求，不能实现遥控武器站高速调炮性能的自动测试。已有研究提出一种基于激光指示和图像处理的调炮速度测试方法。采用激光指示炮口信息，光学成像单元捕获光斑靶板图像，图像处理软件分析调炮速度。系统工作时，将激光指示单元安装在火炮炮口处，在火炮正前方竖立可升降靶板，将光学成像单元放置在靶板的另一侧，且无视场遮挡。调炮过程中，激光指示单元随炮口一起移动，光学成像单元捕获光斑靶板图像，便携式工控机实时存储图像数据，提取并存储对应的时间信息，用于事后调炮速度的计算及资料存档。

连发射击试验技术主要通过建立遥控武器站参数化刚柔耦合动力学模型，对连发射击时各发之间的相关性和连发射击时炮口扰动对射击密集度的影响因素进行分析，设计连发射击命中率试验方法和综合修正量确定等方法为连发射击试验提供理论依据。

1.2.3 试验技术发展趋势

1.2.3.1 靶场试验技术发展趋势

未来常规火力打击装备的主要发展趋势可以用四个字表达,即“远、准、快、狠”。“远”是指打击距离要由目前的几十千米提高到数百千米以上,打击方式要实现由面打击向点打击转变,形成中远程精确打击能力;“准”是指制导精度高;“快”是指具有多种灵活的发射、截获方式,导弹机动性高,进一步扩大目标的不可逃逸区;“狠”是指引战配合良好,能够准确引爆,毁伤能力强。

武器装备的未来发展和作战形态及模式的转变,对武器系统的试验测试提出了更高的要求。在这种形势下,靶场试验必须超前研究面临的新问题、新特点。

1. 远距离、全弹道、多参数测量

(1) 远距离。随着武器装备系统朝控制复杂化、制导精确化、打击远程化的方向发展,常规兵器靶场的外弹道试验测试范围也朝着远程测试甚至更远的距离扩展。

(2) 全弹道和多参数。目前,兵器靶场远程制导武器要求从目标发射、制导飞行、命中目标直至毁伤目标全过程进行测量,不但要测量一般的外弹道参数,尤其要对发射、控制与制导过程及导弹响应、航迹测量、侦察定位精度测量,以及反辐射无人机的制导过程测量。

目前,兵器靶场虽然具备了中远程武器试验测试的能力,但由于在近几年才开展了多设备组网协同测试技术研究工作,组网协同测试技术应用也刚刚起步,还有目标飞行姿态测量、终点子母弹弹道测量、多台设备数据融合处理、通信网络平台覆盖范围小等技术问题没有解决,难以满足远程武器系统测试参数多、测试距离远、测试精度要求高等试验测试需求。

为此,兵器靶场应大力开展雷达光电经纬仪远程组网协同测试技术、远程制导弹箭全弹道综合参数遥测技术及弹箭姿态测量技术研究。通过测试技术的研究和测试设备设施的建设,进一步提高兵器靶场飞行弹道测量能力。

2. 毁伤威力试验测试

近年来,国内各个相关研究部门及高等院校参与,积极开展了新型含能材料和以装填新型含能材料为主的新型战斗部的系列化研制工作。

这些装填新型含能材料的战斗部爆炸后,除了像常规炸药爆炸后会形成冲击波和破片效应外,还会产生较强的热效应,甚至在密闭或半密闭空间中还会产生较强的窒息效应。采用以往仅以冲击波和破片效应为评价标准的方法,将不能准确全面地对新型含能材料及新型战斗部研制过程中性能或技术指标的实现情况进行评价或考核，需要根据其爆炸后形成的毁伤元的种类，研制新的测试方法和评价准则，应综合考虑多种毁伤元共同作用的效果，来实现对其威力性能指标的综合评价与考核。

为适应新型含能材料及新型战斗部爆炸威力性能考核对试验测试的需求，解决武器系统终点毁伤参数“测不出、测不准、测不可靠”的难题，今后在爆炸威力试验测试技术领域应着力开展以下几个方面的研究工作：

（1）温压弹药爆炸热毁伤效应的试验与测试技术，特别是毁伤快速参数获取传感器技术；

（2）多毁伤参量综合测试、融合与评估技术；

（3）高能毁伤炸药爆炸测试与评估技术；

（4）新型弹药数值仿真分析技术。

3. 复杂环境下的外场半实物仿真试验测试

半实物仿真试验具有低成本、可重复、环境等因素可控的优点，但由于室内半实物仿真的目标特性和背景特性与实际使用条件下的目标特性和背景特性存在较大差异，使得制导系统的动态性能不能得到真实全面的考核。而以实弹飞行的方式进行的制导弹药的靶场科研试验和定型试验均在特定的、无干扰的理想条件下，并且由于制导弹药昂贵、试验数量有限，其复杂干扰环境下的使用性能没有得到充分的考核和验证。因此，开发针对激光、红外、可见光、毫米波制导模式的外场半实物仿真测试系统意义重大。

在靶场构建外场半实物仿真试验系统，要求试验环境、靶标、干扰因素等与实际作战环境尽可能接近，基于这样的要求，必须研究四个方面的关键技术：

（1）外场半实物仿真试验与验证技术；

（2）目标特性及目标背景研究；

（3）智能弹药靶场干扰环境构建技术；

（4）制导弹药靶场复杂环境下网络化集成试验技术。

4. 体系化武器试验

试验的指挥控制对试验中的一切活动起着支配作用，它影响试验活动的进程和结果。指挥控制系统是靶场试验系统的核心。未来武器系统试验向整体试验转变，武器系统的试验半径在不断扩大，试验由单一靶场转为与其他靶场联合进行，武器试验方式由传统的单一武器系统战术技术性能试验转为在模拟实战环境下的作战效能试验。试验将向多维空间发展，实现空、天、地、电磁、网络多维一体联合试验。

试验模式的转变对靶场试验指挥控制系统也有了新的更高的要求，由原来的相对集中指挥发展成为集中指挥与分散实施的有机结合。广泛运用以虚拟试验验证使能支撑框架（VITA）为基础的战场自动化指挥系统和数字化网络通信技术，实现试验测试系统的组网测试、信息传输、数据融合、目标识别、数据分发及指挥控制，为在试验中及时获得、分析与判断大量信息提供促进作用。在这个信息爆炸的时代，随着高新技术在武器系统中的发展和广泛应用，兵器靶场的试验测试能力应紧跟现代常规武器系统发展方向，超前开展各种新概念武器试验测试方法研究，为武器系统研发提供良好的试验测试平台，促进武器系统的良性发展。

1.2.3.2 可靠性试验技术发展趋势

现代全球化、信息化战争对装备的可靠性水平提出了更高的要求，GJB 450A 中规定的试验种类和方法已不能完全适应现代装备研制、定型、生产和使用的要求，迫切需要新的试验方法和手段的出现。

1. 可靠性试验与环境试验并重

《装备环境工程通用要求》定义环境试验是装备暴露于特定的环境中，确定环境对其影响的过程，包括自然环境试验、使用环境试验和实验室环境试验。可靠性是指装备在规定的条件下和规定的时间内完成规定功能的能力。所谓可靠性试验是指为分析、评价装备的可靠性而进行的各种试验的总称，其作用是通过对试验结果的统计分析和失效分析，评价装备的可靠性，并提出改进建议，以便提高装备的可靠性。环境适应性是考核装备对未来可能遭遇使用环境一定风险率的环境“极值”的适应能力，环境试验应能提高和检验装备承受未来环境“极值”的能力。

可靠性试验与环境试验基本上都采用实验室试验方法，在规定的受控环境中进行，所采用的环境设备和试验方法可以相互借鉴。对进行环境试验所用的环境条件的研究，为可靠性试验条件的制定提供了先决信息，同时可靠性试验剖面中的温度、振动量值的确定与相应环境条件的确定基本相同。

环境试验必须在研制早期进行，以保证有足够的时间和信息来纠正环境试验中暴露出的缺陷，通常是性能检查合格的装备才能进行环境试验，通过环境合格鉴定试验的装备才能进行可靠性试验。因此，环境试验是可靠性试验的基础，许多环境试验工作为可靠性试验提供信息和依据，两种试验只能相互补充而不能取代。目前，可靠性试验中应注重结合成熟的环境试验技术和相应的研究成果，为提高装备可靠性发挥应有的作用。

2. 更加注重装备自然环境试验

在军用装备环境试验中，国内目前主要以实验室环境试验，即人工模拟试验为主，人工模拟环境试验是利用各种仪器设备在人造环境条件下进行试验，它是装备质量验收的基础。其特点是能精确控制各种环境条件，试验时间相对较短，结果重现性好;但费用较高,试验应力条件单一,与装备实际使用环境有一定的差距。自然环境试验是在有代表性的典型环境条件下进行试验。它的特点是更接近于实际使用环境,结果最可靠。目前,国内外都在大力开展这种试验,但试验周期长。

美国陆军试验与鉴定司令部在本土、阿拉斯加、马绍尔群岛和巴拿马运河区建立了适应其全球争霸战略的十大试验中心,并逐年增加投入,扩大规模,以适应军事需要和科学技术发展需求,其中 3 个自然环境试验中心分别是位于巴拿巴运河区的热带试验中心、位于阿拉斯加的寒区试验中心和位于亚利桑那州的尤马沙漠环境试验中心。3 个中心分别专门负责武器装备定型前的自然环境试验鉴定工作。这些中心根据试验需要,还建有若干有代表性的试验点,例如热带试验中心在巴拿马运河区建有很多试验点,从而覆盖整个热带环境。美国陆军规定:装备不经环境试验考核,不准定型和生产;经实验室和各试验场试验合格的装备尚需通过 3 个自然环境试验中心的考核,合格后才能装备部队。从而把武器装备定型后因环境问题带来的影响减至最小。实践证明:美军对环境试验工作的重视和投入取得了很好的效果,其装备在海湾战争、科索沃战争、阿富汗战争等全天候、高强度战争中表现出良好的环境适应性。

3. 加强装备高加速试验

由于装备原材料、元器件质量水平和工艺的提高,装备寿命和可靠性迅速提高,应用传统的可靠性统计试验方法,需要很长时间和很高费用,往往难以承受,甚至不太可能。另外,由于军用装备快速研制和更新换代的需求,迫使人们去寻求一种更为有效的试验方法。20 世纪中期,国外就开始将可靠性试验的重点转向快速激发故障的高加速应力试验,并用于对产品进行强化设计,也就是高加速寿命试验(HALT)和高加速应力筛选(HASS)。

HALT 是一种针对各种类型的单一或综合环境因素,采用步进应力的方法使装备经受强度水平越来越高的应力,找出装备的设计缺陷和薄弱环节,并加以改进,使装备越来越健壮,并最终确定装备耐应力极限的工艺过程。实际上是装备设计强化工作的组成部分。

HASS 是一种剔除批生产过程中装备潜在缺陷的筛选方法。一般用快速温度循环和随机振动两个应力综合进行,使用的应力远远高于装备规范所规定的应力,具体则根据 HALT 试验得到装备的工作应力极限和破坏应力极限来确定。HASS 用于研制阶段经过了 HALT 试验的装备。如果对装备批生产过程未进行统计过程控制,那么所有出厂装备均需进行 HASS。

HALT 和 HASS 分别用于研制阶段的改进设计与批生产阶段剔除早期故障,其试验效率较传统的可靠性研制/增长试验和环境应力筛选高得多,并大大节省了研制费用。按照国外经验，由于 HALT 和 HASS 中的环境应力远远超出规范与使用中实际遇到的应力值，通过 HALT 的装备，可不必进行可靠性鉴定试验。若一定要评估装备的可靠性水平，则可应用短时高风险方案进行验证。HALT 和 HASS 将在一定范围内逐步取代传统的可靠性试验。

4. 开展装备可靠性仿真试验

随着现代信息技术的发展，建模与仿真、虚拟现实、人工智能、计算机网络等技术有了巨大发展，促成了仿真、虚拟技术与试验和评价的有效结合，形成了试验与评价领域有应用前景的新技术——虚拟试验与仿真试验技术（简称虚拟试验技术）。

虚拟试验主要包括三方面内容：一是试验手段，即试验所需仪器设备的虚拟；二是试验对象的虚拟和仿真；三是试验环境的虚拟和仿真。虚拟试验是虚实结合的试验技术。在装备研制的不同阶段，构成虚拟试验的三方面虚实程度有所不同，例如：在装备最初的要求确定和方案论证阶段，虚拟试验是开展试验的主要手段，根据军事需求建立装备模型，主要利用构造仿真手段在计算机上开展虚拟试验，确定装备的战技指标和选择最佳的保障方案，分析评估各种技术途径和备选方案的可能性，为决策提供辅助支持；当装备采办进入系统研制阶段后，随着数据的不断积累，部件和分系统硬件的逐步增多，采用构造仿真和虚拟仿真（硬件在回路或人在回路仿真）相结合的方式开展虚拟试验成为主要手段，特别是在不可能进行重复的实物试验，却需要得到某些具有统计特性的总体技术指标时。

目前，虚拟试验技术已广泛用于国外装备的采办过程中，从系统方案论证到使用训练的各个阶段，在降低技术风险、缩短研制周期、降低费用等方面取得可观的效益。例如，美国在研第四代攻击机 F－35 项目提出“从设计到飞行试验全面数字化”，其研制周期比 F－22 缩短 50%，风洞试验减少 75%，试飞架次减少 40%，定型试验周期缩短 30%。

虚拟试验的成功需建立在大量实物试验积累的数据基础上，通过实物试验提供的信息来改进虚拟试验的效能和精确度。特别是虚拟试验场将成为未来军队大系统的主要试验验证手段。

5. 开展综合一体化可靠性试验

装备一体化试验与评价在美国称为综合试验与评价（IT&E）技术，最早由美国空军的阿诺德工程发展中心提出，并且越来越受到美国国防部的重视和倡导。其基本思想是对各种试验活动和方法、各类试验资源实施统一管理和规划，实现试验信息的综合利用，加速武器装备研制周期，降低研制风险和费用，提高装备试验效率和效益。

综合试验与评价是一种虚实结合的系统开发途径。“综合”的特征体现在三个方面:一是借助建模与仿真技术及有效的早期规划和组织管理,实现装备系统各组成部分试验的综合开展;二是装备各种传统的试验方法与仿真方法的综合应用;三是装备寿命周期各阶段试验与评价活动的综合实施(研制试验与鉴定和作战试验与鉴定的综合)。重点是推进从传统的“实物试验—改进实物—再试验”的实物验证模式,向“试验建模—仿真试验—改进模型—实物验证”的“虚实结合”模式转变。

近年来,美军着手改进其试验与评价流程,进一步推进综合试验与评价,在武器系统,特别是体系或称为系统之系统(SoS)研制中获得广泛应用并取得明显成效。

因此,在可靠性试验中应大力借鉴国外先进经验,开展综合一体化可靠性试验,确保装备质量、效益最大化。

1.2.3.3 仿真试验技术发展趋势

随着信息技术的发展,尤其是高性能计算能力的提升,建模与仿真试验技术步入新的发展阶段。一是计算机技术,包括硬件技术和软件技术的快速发展推动仿真试验技术不断向前发展;二是网络与通信技术广泛应用,推动核心基础试验设施朝分布式、网络化方向快速发展;三是仿真试验技术在无人系统、定向能武器、网络空间等领域的应用不断扩大;四是将基于大数据的建模与仿真技术应用于信息化背景下武器装备性能试验与鉴定成为重要的发展方向。以下主要介绍数字孪生和高性能计算等虚拟仿真试验技术的发展情况。

1. 数字孪生技术

数字孪生是一个集成了多学科、多物理量、多尺度、多概率的仿真过程,基于装备的物理模型构建其完整映射的虚拟模型,利用历史数据以及传感器实时更新的数据,刻画和反映实体装备的全寿命周期过程。数字孪生包括物理空间的实体产品、虚拟空间的虚拟产品、物理空间与虚拟空间之间的数据和信息交互三个部分。

Gartner 公司于 2016—2018 年连续将数字孪生列为当年十大战略科技发展趋势之一。美国洛克希德·马丁公司于 2017 年 11 月将数字孪生列为未来国防和航天工业六大顶尖技术之首。2017 年 12 月 8 日,中国科协智能制造学术联合体在世界智能制造大会上将数字孪生列为世界智能制造十大科技进展之一。数字孪生具有以下特点:①对物理产品的各类数据进行集成,是物理产品的忠实映射;②存在于物理产品的全寿命周期,与其共同进化,并不断积累相关知识;③不仅能够对物理产品进行描述,而且能够基于模型优化物理产品。数字孪生技术可以用于在虚拟空间中对装备的制造、功能和性能测试过程进行集成模拟、仿真和验证,并预测潜在的装备设计缺陷、功能缺陷、制造缺陷和性能缺陷。数字孪生可以为性能试验提供试验设计、试验管理决策和性能评估等方面的有效支持。

2. 高性能计算

高性能计算通常是指采用多个处理器或通过集群组织多台计算机,按照并行方式处理同一计算任务。高性能计算的主要优点是求解问题的效率更高和可处理的问题规模更大。高性能计算已被公认为继理论科学和试验科学之后,人类认识世界改造世界的第三大科学研究方法。目前,高性能计算已在装备性能试验(特别是在航空航天装备的性能试验)中得到越来越广泛的应用,在很多性能试验领域(如空气动力试验、雷达散射截面计算等)已成为一种关键的性能试验能力。

高性能计算相对于理论科学和试验科学有其独特的优越性:一是高性能计算既避免了实物试验的昂贵代价,又不会对环境产生任何影响;二是高性能计算可以实现全过程全时空的研究,获取研究对象发展变化的全部信息;三是高性能计算可以低成本地反复进行,获得各种条件下全面系统的数据。高性能计算的广泛应用已使现代装备设计和性能验证方式发生了很大改变。以飞机研制为例,目前,高性能计算已成为飞机研制各环节的必要的设计性能验证手段之一。在初步设计阶段,高性能计算已成为重要的设计分析与性能验证手段;在详细设计阶段,高性能计算可承担大量设计与分析工作,包括部件优化,载荷计算、动力影响分析,噪声预测、强度分析,颤振分析等;在试飞阶段,高性能计算还可高效进行故障诊断和飞行仿真等。

第2章 自行火炮试验技术

火炮作为陆军的主要火力突击力量之一,在战争中具有举足轻重的作用。在未来战场上,火炮将与导弹等武器一并履行火力打击、火力支援、火力封控等任务。自行火炮具有得天独厚的优势,特别是在机动性能(通过性能和火力机动性)方面,具有攻、防性能兼备,反应时间短,抗打击能力强,操作方便,性价比高,弹药种类丰富等优点。但越是好用、功能越强大的装备,其结构就越复杂,试验内容就越多,运用的试验技术就越精湛。

本章以某型自行加榴炮为例,详细介绍自行火炮的结构组成原理、试验设计方法、试验流程、试验内容、试验方法、结果评定等内容,为从事自行火炮设计、试验、使用的技术人员提供一定的技术支撑。

2.1 概　述

2.1.1 自行火炮作战使命

自行火炮主要装备于集团军炮兵旅、合成旅炮兵营、合成营火力连和山地/边防部队炮兵营或火力连等单位,实施远程火力压制,为地面部队提供火力支援,也可编配于海防炮兵部队进行特定地域有限机动作战,对海上目标实施火力打击。

主要作战任务是用于打击敌前沿至纵深地域内的各种目标,以火力支援步兵、装甲兵的作战行动,压制或歼灭敌兵及有生力量,破坏敌防御设施、指挥所、通信和交通枢纽、桥梁、渡口等重要目标,破坏敌工程设施和后勤、装备保障系统及其他重要目标,必要时在敌障碍区开辟通道。对敌海防作战时,远距离时以间瞄火力集中射击和阻拦射击打击敌水面舰艇,近距离时以直瞄射击打击敌登陆工具。

2.1.2 自行火炮基本组成

自行火炮一般由带炮塔的火炮、火控系统、底盘系统、全炮电气控制系统、通信系统、炮用弹药等组成,并配有火炮使用和维修所需的工具、备附件。

带炮塔的火炮由火炮起落部分、观察瞄准系统、炮塔及供输弹系统组成。

火控系统由火控计算机、定位定向导航系统、火炮随动系统、火控显示台、瞄准手显示器、姿态角传感器、初速雷达、药温实时测量装置和GPS定位导航装置组成。

底盘系统由车体、动力装置、传动装置、行动部分、操纵装置、底盘电气设备、高低行军固定器等组成。

全炮电气控制系统由主机电源、辅机电源、主配电箱、炮塔配电箱、二次电源、主管理控制器、副管理控制器、电气操作面板、行军固定器操作面板、炮塔辅助电气控制盒、底盘辅助控制盒、供输弹控制箱、供输弹驱动箱、供弹手操作面板、装药手操作面板、装药手显示面板和补弹开关组成。

通信系统由数传电台和车内通话器组成。

炮用弹药由常用的杀伤爆破榴弹及特种弹药组成。

全炮具有“三防”装置、灭火抑爆装置和辅助武器等。

2.1.3 自行火炮主要特点

某型自行加榴炮是配有长身管火炮，目前常用的有39倍口径、45倍口径、52倍口径的身管；采用任意角弹丸全自动装填，药包或药筒半自动装填方式；自动操瞄，采用新一代火控解算模式和新一代基型底盘的炮兵武器。

具有射程远、射速快、精度高、自主快速的作战能力和非常优越的机动性。能够以间接和直接瞄准方式进行目标攻击。具有较强的“三防”能力，且能够为乘员、随车弹药和相关设备提供对炮弹破片及机枪子弹的防御。

一般情况下，带炮塔的火炮布置在底盘的中后部，采用带吊篮结构，通过座圈与底盘连接，并与底盘之间形成自行火炮的战斗舱。战斗舱内的弹药舱位于炮塔尾部，可通过炮塔尾部的供弹口与弹药输送车对接，以完成向炮塔内的弹药补充，通过电子检测维修车可对自行火炮进行故障诊断。通过车载电台与指挥车、侦察车可进行数据自动传输。

2.2 自行火炮试验内容

火炮试验内容是由火炮的具体结构和要完成的功能、性能所决定的，所以在确定自行火炮试验内容时，要对自行火炮的结构原理、应具备的主要功能和性能指标进行分析。

2.2.1 总体性能指标

总体性能指标是反映自行火炮的主要性能和功能的指标，主要有以下指标：

（1）总体结构性能参数、几何尺寸（几何特征量）、形状、质量、质心（可通过静态测量检查确定、检验与考核）。

（2）内弹道性能参量（可通过内弹道性能试验考核）。

（3）外弹道性能参量（可通过立靶密集度、地面密集度、对空密集度、终点散布等考核）。

（4）结构强度、刚度。

（5）火力机动性能、战斗射速。

（6）行驶机动性能。

（7）作战使用性能。

（8）火控系统性能。

（9）底盘系统的综合性能。

（10）环境适应性。

（11）通用质量特性等。

2.2.2 各分系统性能指标

（1）火力分系统：射击精度、配用弹种、携弹量、机动性、刚强度、结构特性、电磁兼容性、可靠性、维修性、测试性、保障性、安全性等。

（2）火控分系统：计算精度、控制精度、反应时间、电磁兼容性、可靠性、维修性、测试性、保障性、安全性等。

（3）全炮电气分系统：容量、稳定性、电磁兼容性、可靠性、维修性、测试性、保障性、安全性等。

可靠性是整个通用质量特性的基础与核心。

2.3 自行火炮试验方法

2.3.1 静态测量检查

静态测量检查是自行火炮试验的一个重要项目，一般分为总装测量检查和分解测量检查，为确定被试自行火炮射击试验前后的状况及有关参数的变化量，为准确评定被试自行火炮的战术技术性能及战斗使用性能，为射击试验前后能定量分析问题和查找自行火炮故障原因提供重要依据。试验前、试验中和试验后都需要对自行火炮进行静态测量检查。

2.3.1.1 目的与要求

静态测量检查的内容，可根据试验任务的性质、目的、要求及自行火炮自身的结构特点进行科学合理的选定。

静态测量检查的主要目的有四个方面：

(1) 测量自行火炮的构造诸元、质量诸元及使用诸元，确定其是否满足战术技术指标和图定技术要求。

(2) 测量检查自行火炮主要零部件尺寸、材料力学性能和各种疵病，确定在射击和行驶试验过程中所测的各种表征量随射弹数的变化量，以及零部件磨损和永久变形量等，以考核其强度是否满足使用要求。

(3) 鉴定被试自行火炮分解与结合的方便性及配炮工具的适应性。

(4) 为考核身管及主要零部件的寿命提供基础数据。

为达到静态测量检查的目的，应对试验时机和原则进行规定。一般为射击前、强度试验前后、战斗射击试验前后、行驶试验前后、整个试验后。但对自行火炮的结构诸元、构造诸元、质量诸元，只在射击试验前测量一次。

2.3.1.2 内容与方法

静态测量检查一般包括结构尺寸、质量质心、外观、机构动作、各部件间隙、炮身、瞄具、各种操作力、底盘系统的检查等。

(1) 结构尺寸、质量质心检查常规项目，操作方法简洁易行。

(2) 外观检查：零部件表面有无毛刺、飞边、碰伤、损坏与锈蚀，各零部件之间固定连接是否牢固等。

(3) 机构动作检查：开关闩、击发、抽筒、保险装置、自动机或半自动机的动作、自动机循环图、反后坐装置、瞄准机构、瞄准装置、装填供输弹装置、后坐标尺等机构动作及工作情况进行检查，“行军”“战斗”两种状态测量，要求机构动作准确无误、灵活无卡滞。

(4) 间隙检查：主要零部件的组装间隙，射击冲击、磨损的间隙，行驶冲击振动、磨损的间隙。一般用塞规和专用工具进行测量。

(5) 炮身垂直、水平晃动量检查：炮身垂直、水平晃动量由自行火炮机构中存在的间隙(如炮身与摇架、摇架耳轴与上架耳轴室、上架与下架、方向机、高低机的间隙等)形成。它的表现形式是在炮口部施加垂直或水平方向的载荷时，炮身轴线产生角位移，它分为可恢复晃动量与不可恢复晃动量。

(6) 炮身检查：闩体的机构动作、击针的突出量、击针击痕的偏心量、身管的内外径、内膛检查等。

(7) 火炮瞄准装置零位、零线检查：零位零线检查是为了使炮身轴线与瞄准装置保持一致，当火炮在间接瞄准时减小射向误差，在直接瞄准时减小射角误差。零位是当炮身与瞄准镜座筒纵横向水平时，瞄具各水准气泡居中，各分划应归零。零线检查是在零位检查基础上进行的，零线是指炮身轴线与瞄准具光轴线平行。

(8) 瞄准具表尺装定器、炮目高低角与炮身实际射角一致性检查：瞄准具表尺装定器装定的射角值和实际射角是否一致，影响着火炮的命中精度，因此必须在全射角内满足图纸要求。

(9) 瞄准线偏移量检查：瞄准镜光轴与身管轴线在全射角内均应平行。

(10) 炮膛轴线偏离射面的偏离角检查：在火炮外弹道修正理论及射表编拟中均假设炮耳轴是水平且垂直炮膛轴线的，由于火炮耳轴倾斜等综合因素影响，而实际上是不可能的，它随射角不同而不同。所以必须准确地测出不同仰角下炮膛轴线偏离射面的偏离角，以便修正和消除其影响。

(11) 炮身水平台与炮膛轴线一致性检查：检查目的是为火炮立靶密集度试验、射表编拟、地面密集度试验提供射角修正量。将炮口塞头插入炮口内，象限仪置于炮口塞头上，使炮口平台调整水平，然后用象限仪测量炮身水平台是否水平，并读出角度值，即炮身水平台与炮膛轴线的误差。

2.3.2 内弹道性能试验

自行火炮射击后，从弹丸启动到飞行至目标并完成对目标的毁伤任务的过程为弹道过程。弹丸启动至弹丸的尾端面飞离炮口端面的过程称为内弹道；弹丸飞离炮口至火药后效期结束称为中间弹道；火药后效期结束至弹丸到达目标的过程称为外弹道；对目标的毁伤过程称为终点弹道。

2.3.2.1 目的与要求

内弹道性能试验的目的是测定自行火炮所配各种（或各装药号）装药的初速和膛压是否满足战术技术指标要求，确定符合试验和使用要求的装药量，校检炮身各断面的安全系数是否符合使用要求，确定初速和膛压随身管射击弹数增加的变化规律。

对于一种新研制的自行火炮，首先应进行选配及检查全装药药量或各号装药药量试验，使其初速、膛压满足指标要求，并将此药量作为后续试验中全装药的基准药量。然后进行内弹道性能检查试验，确定是否满足指标要求；在身管寿命的不同阶段，进行内弹道性能检查试验，得出初速、膛压随射弹数增加的变化规律，作为判定身管弹道寿命终止的依据之一。为了进行自行火炮强度试验、动态参数测试和勤务操作性能试验，需在这些项目试验前按指标要求进行选配强装药药量试验。为了考核自动机的使用寿命，需在新身管的寿命初期进行选配减装药试验。为了在战斗炮上测定炮口制退器效率，需在试验前选配专用减装药。

试验对自行火炮的要求是:射击前进行勤务检查满足试验要求,身管一般为新身管,膛内无火药残渣、挂铜和杂物。

试验对弹药的要求是:弹药应有合格证,并为同一批次;发射装药的内弹道修正参数齐全。

2.3.2.2 内容与方法

内弹道性能试验的主要项目有选配及检查全装药药量或各号装药药量试验,选配强装药药量和选配专用减装药药量试验,检查内弹道性能试验。测试的主要内容有初速、初速中间误差和膛压。

1. 选配及检查全装药药量

1) 试验依据和标准

选配全装药一般以初速为主进行选配,但膛压不能超过指标要求;有些特殊试验以膛压为主进行选配,但该装药量的高温初速增量不超过全装药指标要求初速的5%。如果超出膛压要求,在高温射击时就会影响射击安全;初速超出指标过多,在射击时会导致反后坐装置等部件的损坏。

选配后装药,检查一组的结果一般满足表2-1中的要求。

表2-1 选配装药的内弹道性能最大允许相差量

火炮种类	选配依据	弹道性能范围	最大允许相差量/%
加农炮	初速/(m/s)	$v_0 \leqslant 600$	±1.2
加榴炮		$600 < v_0 < 1000$	±0.7
榴弹炮		$v_0 \geqslant 1000$	±0.5
迫击炮		$v_0 \leqslant 200$	±2.0
无后坐炮		$v_0 > 200$	±1.0
加农炮	膛压/MPa	$p_m \leqslant 147$	±3.0
加榴炮		$147 < p_m < 196$	±2.5
榴弹炮		$p_m \geqslant 196$	±2.0
迫击炮		$p_m \leqslant 69$	±2.0
无后坐炮		$p_m > 69$	±3.0

2) 内弹道性能试验的实施方法

自行火炮停放在中等硬度的炮位上,履带张紧,油气悬挂系统闭锁,对自行火炮进行标定,赋予正确的射击诸元,进行稳炮(温炮)射击,气温在0℃以上时一般射击1发弹药,气温在0℃以下时一般射击2发弹药。

按发射装药合格证给出的全装药药量(或试验前计算好的全装药药量)装配弹药,自行火炮以小射角射击,大口径火炮射击 1 发;中、小口径火炮射击2 ~4 发。测量弹丸的初速和膛压。对于小口径火炮在每天射击前用弹道炮射击一组标准弹药,确定当日修正量,射击后将修正的初速和膛压与指标值进行比较,如果满足表 2 - 1 中的相应要求,则按此装药量检查一组。

当检查一组(小口径 10 发,中口径 7 发,大口径 5 发)的组平均初速满足表 2 - 1的要求时,膛压和初速中间误差符合指标要求后,则停止试验;否则,查明原因后,继续试验。

3) 数据处理与结果评定

按式(2 - 1)、式(2 - 2)和式(2 - 3)计算组平均初速、平均膛压和初速中间误差。

$$v_{0cp} = \frac{1}{n}\sum_{i=1}^{n} v_{0i} \tag{2-1}$$

$$p_{mcp} = \frac{1}{n}\sum_{i=1}^{n} p_{mi} \tag{2-2}$$

$$E_{v_0} = 0.6745\sqrt{\frac{\sum_{i=1}^{n}(v_{0i} - v_{0cp})^2}{n-1}} \tag{2-3}$$

式中 v_{0cp}、p_{mcp}——组平均初速(m/s)和膛压(MPa);

v_{0i}、p_{mi}——第 i 发弹的初速(m/s)和膛压(MPa);

E_{v_0}——初速中间误差(m/s);

n——计算发数。

将符合要求的装药量调整为初速和膛压符合指标要求的装药量,调整后的装药量可作为试验的标准全装药药量。

2. 选配及检查强装药、减装药试验

1) 试验目的

为了考核火炮在各种极限环境条件下使用是否安全,机构动作作用是否正常,需要模拟各种极限温度环境下的弹药条件。强装药模拟全装药在高温环境下的极限条件,减装药模拟全装药在低温环境下的极限弹药条件,目的是为火炮强度试验、动态参数测试、操作使用勤务性能试验及减装药机构动作试验提供装药量。

2) 试验依据及标准

选配强装药一般以膛压为主,兼顾初速。其膛压指标是按式(2 - 4)确定的:

$$p_{mq} = \overline{p_m} + \Delta p_t + \Delta p_q + 3\sqrt{\sigma_1^2 + \sigma_2^2 + \sigma_3^2} \tag{2-4}$$

式中 $\overline{p_m}$——强装药膛压指标和全装药平均最大膛压(MPa);

Δp_t、Δp_q——高温全装药膛压增量和弹丸质量引起的最大膛压增量(MPa);

σ_1、σ_2、σ_3——一批发射装药膛压标准差(MPa)、批发射装药间膛压标准差、火炮身管特性引起膛压标准差。

强装药一般没有初速要求,但在选配时应考虑到反后坐装置的使用极限,初速不应超过全装药初速的2%~5%,选配强装药有加温法、加药法、换药法和加温加药法,但无论哪种方法都不能改变原来的装药结构。如果改变装药结构,则需进行 p—t 曲线测试,其膛压曲线与全装药的膛压曲线相似。选配强装药时只修正测压器的体积,不对影响弹道性能的其他因素进行修正。

减装药一般没有指标要求,通常是按低温全装药的弹道性能作为选配减装药的指标。

3)试验实施方法

稳炮和初始装药量射击参见上节。将修正后的膛压与指标值进行比较,如果满足要求,则按此药量检查一组。否则,按式(2-5)和式(2-6)计算后进行调整药量或温度:

$$\Delta\omega = \frac{\omega}{m_\omega} \cdot \frac{\Delta p_m}{p_m} \tag{2-5}$$

$$\Delta t = \frac{\Delta p_m}{m_t p_m} \tag{2-6}$$

式中 ω、$\Delta\omega$——射击弹药的装药量和需调整的装药量(g);

p_m、Δp_m——射击发的膛压及该膛压与指标的相差量(MPa);

m_ω、m_t——发射装药的装药量、温度修正系数;

Δt——需增加或减少的保温温度(℃)。

以调整后的装药量进行射击,射击结果符合指标要求,则停止射击。否则,按式(2-5)和式(2-7)继续调整药量直到满足指标要求为止:

$$\Delta\omega = (\omega_1 - \omega_2) \cdot \Delta p_m / (p_{m1} - p_{m2}) \tag{2-7}$$

式中 $\Delta\omega$——需调整的装药量(g);

Δp_m——修正后第2发的膛压与指标值的相差量(MPa);

p_{m1}、p_{m2}——第1发和第2发射击后经修正的膛压(MPa);

ω_1、ω_2——第1发和第2发射击弹药的装药量(g)。

当计算组平均膛压满足表2-1的要求,初速和初速中间误差符合指标要求后则停止试验;否则,查明原因后,继续试验。

3. 检查内弹道性能

1)试验目的

在选配全装药药量试验中,内弹道只获取了一组数据,而试验过程中的系统误差和随机误差对试验结果的影响较大，且在试验过程中弹药条件与实际使用条件并不完全相符，因此还不能完全反映火炮的内弹道性能。为了全面评定火炮的初速、膛压、初速中间误差及身管的弹道寿命，必须检查火炮的内弹道性能。

2）试验依据及标准

对一批的弹药和一致的试验条件，火炮的初速、膛压和初速中间误差是固定的，其真值是不可知的，但可以通过试验对其真值进行估计。该项试验就是对其真值估计的过程。试验安排、分组及用弹量情况是由估计精度决定的。

如果是对初速和膛压进行估计，则总用弹量为

$$n = \frac{(u_\alpha + u_\beta)^2 \sigma^2}{\varepsilon^2} \tag{2-8}$$

式中 α、β——弃真和存伪公算；

ε——给定的误差界；

u_α、u_β——弃真和存伪公算在母体中的界限。

当 $\alpha = 10\%$、$\beta = 10\%$、$\varepsilon = E = 0.6745\sigma$ 时，求得 $n = 14.4$ 发，因此最少用弹量为 15 发。如果是对初速中间误差进行估计，则总用弹量为

$$n = \frac{3}{2} + \frac{1}{2}\left(\frac{u_\alpha + \gamma u_\beta}{\gamma - 1}\right)^2 \tag{2-9}$$

式中 α、β——弃真和存伪公算；

γ——母体的均方差与检验指标的比值；

u_α、u_β——弃真和存伪公算在正态母体中的界限。

当 $\alpha = 10\%$、$\beta = 10\%$、$y = 0.6745$ 时，求得 $n = 14.4$ 发，因此最少用弹量为 15 发。

火炮初速、膛压和初速中间误差的散布误差由两部分组成：一部分是火炮和弹药本身固有误差，它是一个固定值；另一部分是由于地理位置、装配及保温温度误差、气象条件、测试误差、操作手和观测误差的影响，这个误差是变化的。这个原因，试验分组和不分组影响试验的精度。

当火炮射击 m 组，每组 n 发，得到观测值为 X_{ij}，对数学期望估计值 $\overline{X}$ 的中间误差为

$$E_{\overline{X}} = \sqrt{\frac{1}{m}\left(\frac{E_b^2}{n} + E_q^2\right)} = \sqrt{\frac{E_b^2}{mn} + \frac{E_q^2}{m}} \tag{2-10}$$

式中 E_b——系统误差；

E_q——系统误差。

从式(2-10)中可以看出，分组越多，估计的中间误差越小。

对其中间误差进行估计时，其中间误差 E_X 的估计为

$$E_X = \sqrt{\frac{\sum_{j=1}^{m} E_{Xj}^2}{m}} = \sqrt{E_{xb}^2 + \frac{\sum_{j=1}^{m} E_{xqj}^2}{m}} \tag{2-11}$$

$$D(E_X^2) = D\left(E_{xb}^2 + \frac{\sum_{j=1}^{m} E_{xqj}^2}{m}\right) = D\left(\frac{\sum_{j=1}^{m} E_{xqj}^2}{m}\right) \tag{2-12}$$

由此可以得出，分组时的精度比较高。考虑到试验的消耗，试验时一般分3组进行。

3）实施方法

火炮经标定后，赋予正确的射击诸元，进行稳炮（温炮）射击，气温在0℃以上时射击×发；气温在0℃以下时射击×发。

火炮以0°射角射击三组（每组：大口径×发、中口径×发、小口径×发），分3天实施。射击时测定初速和膛压。

4）数据处理与评定

计算组平均初速、平均膛压和初速中间误差。用式（2－13）、式（2－14）和式（2－15）计算每次试验的平均初速、平均膛压和平均初速中间误差：

$$\overline{v_0} = \frac{\sum_{j=1}^{m} n_j \cdot v_{0j}}{\sum_{j=1}^{m} n_j} \tag{2-13}$$

$$\overline{p_m} = \frac{\sum_{j=1}^{m} n_j \cdot p_{mj}}{\sum_{j=1}^{m} n_j} \tag{2-14}$$

$$\overline{E_{v_0}} = \sqrt{\frac{\sum_{j=1}^{m} (n_j - 1) E_{v_0 j}^2}{\sum_{j=1}^{m} (n_j - 1)}} \tag{2-15}$$

式中　$\overline{v_0}$、$\overline{p_m}$、$\overline{E_{v_0}}$——每次试验的平均初速（m/s）、平均膛压（MPa）和平均初速中间误差（m/s）；

v_{0j}、p_{mj}、$E_{v_0 j}$——每次试验每组的平均初速（m/s）、平均膛压（MPa）和初速中间误差（m/s）；

m、n_j——每次试验的分组数和每组的计算发数。

初速减退量为

$$\Delta = \frac{v_{01} - v_{0j}}{v_{01}} \times 100\% \tag{2-16}$$

式中 v_{01}——第1次试验时的平均初速(m/s);

v_{0j}——后续试验的平均初速(m/s)。

当平均初速、膛压和初速中间误差不大于指标规定值要求时,判定内弹道性能满足指标要求。用初速减退量与身管寿命指标进行比较,判定此时身管寿命是否终止。

2.3.3 外弹道性能试验

外弹道性能试验测试弹丸在空中的运动规律及与此运动相关的各种参数。其目的是确定火炮的主要外弹道参数是否满足战术技术指标要求,在火炮的寿命期内,以外弹道性能的变化规律,确定火炮的身管寿命。

火炮外弹道性能试验的主要项目有定起角测定、立靶准确度与密集度试验、最大射程角及射程试验、地面密集度试验、射高及对空密集度试验、校正射击试验、有效射程及有效射高试验。

对于一门新火炮,在内弹道性能满足指标要求后,进行起始外弹道性能测试;并在身管寿命的不同阶段,分别检查其外弹道性能,得出射程与密集度随射弹数增加的变化规律,作为判定身管弹道寿命终止的依据之一。

根据试验项目要求,采用实弹、摘火引信,砂弹、摘火引信,实弹、真引信等。

为了减少各种误差对试验数据的影响,火炮及弹药应满足如下要求:

(1) 按技术文件的要求对火炮进行勤务准备和总装检查,检查结果应满足要求。

(2) 装药和弹丸为同一批次;弹丸的质量与图定弹丸质量偏差不应超过1.3%的图定弹丸质量;每组弹丸质量的偏差不能超过图定弹丸质量0.67%。

(3) 弹药应按技术文件要求进行保温。

2.3.3.1 定起角测定试验

1. 试验目的

弹丸飞离炮口瞬间速度的方向与射击前身管轴线在炮口端面处切线方向的夹角称为火炮定起角(跳角);该角在垂直面上的投影为垂直定起角,在水平面上的投影为水平定起角。该项试验目的是测定火炮的定起角,为火炮的精确瞄准提供依据。

2. 试验依据及标准

火炮定起角没有指标要求,试验是对其数学期望的估计,因此射击试验一般分为若干组进行。

3. 试验要求

立靶放置距炮口前方一定距离,靶面尺寸一般为1.5m×1.5m;靶中心画有十字线。

4. 试验实施

按要求将立靶布置在炮口前一定距离处，进行稳炮射击。通过炮膛轴线或校靶镜十字线瞄准跳角靶十字线中心，用象限仪和周视瞄准镜进行标定。试验分 3 天进行，每天射击 1 组若干发。

5. 数据处理与结果评定

计算平均弹着点坐标：

$$\bar{Y} = \frac{\sum_{i=1}^{n} Y_i}{n} \tag{2-17}$$

$$\bar{Z} = \frac{\sum_{i=1}^{n} Z_i}{n} \tag{2-18}$$

计算火炮定起角：

当射角小于 5°，用炮口瞄准镜瞄准时，有

$$\gamma_c = 3438\left(\frac{\bar{Y}}{X} + \frac{gX}{2v_0^2}\right) \tag{2-19}$$

$$\gamma_s = 3438\,\frac{\bar{Z}}{X} \tag{2-20}$$

用炮膛轴线瞄准时，有

$$\gamma_c = 3438\left(\frac{\bar{Y}}{X} + \frac{gX}{2v_0^2}\right) - \beta_c \tag{2-21}$$

$$\gamma_s = 3438\,\frac{\bar{Z}}{X} - \beta_s \tag{2-22}$$

当射角大于 5°，用炮膛轴线瞄准时，有

$$\gamma_c = 3438\left(\frac{\bar{Y}\cos\varphi}{X} + \frac{gX}{2v_0^2\cos\varphi}\right) - \beta_c \tag{2-23}$$

$$\gamma_s = 3438\,\frac{\bar{Z}}{X}\cos\varphi - \beta_s \tag{2-24}$$

式中 γ_c、γ_s——垂直和水平定起角(mil)；

$\bar{Y}$、$\bar{Z}$——平均弹着点坐标(m)；

v_0——弹丸初速(m/s)；

X——立靶距炮口端面的距离(m)；

β_c、β_s——垂直和水平炮口角(mil)；

φ——射角(mil)。

用三组定起角的算术平均值作为本炮的定起角。

2.3.3.2　立靶准确度及密集度试验

1. 试验目的

立靶密集度是直射武器重要表征量，是射击精度的一个重要组成部分。该项试验的目的是：考核火炮立靶密集度是否满足战术技术指标要求；为有效射程的判定提供数据；在身管寿命后期作为判定身管寿命是否终止的重要依据。

2. 试验要求

1）立靶距离的确定

立靶距离一般由战术技术指标规定。若无规定，则用直射距离或有效射程作为立靶距离。

2）立靶的要求

为了保证一组弹药的弹着点应全部在立靶上，弹着点落在8倍的中间误差范围内的概率几乎为100%，因此立靶高和宽均一般取为中间误差的16倍；进行校正射击的火炮，立靶高和宽均为中间误差的8倍。立靶应垂直地面和射向，其偏差不应大于30，靶面的缝隙不应大于1/4弹径。

3）试验时机的确定

立靶密集度试验分三组进行，每组不能在同一气象条件下进行，按军用气象学的规定，要间隔2h以上。一组射击时间不应超过60min。

4）评定要求

单管自动火炮立靶密集度试验分为单发密集度和连发密集度，一般用连发密集度进行评定；多管自动火炮密集度试验分为单管单发、多管齐射、单管连发和多管连发密集度，一般用多管连发密集度进行评定。

5）气象要求

以下情况不应进行试验：雷电交加或暴风雨临近，雨、雪、雾或能见度不好影响瞄准和标定；地面风速超过10m/s；阵风速度比平均风速大50%，平均风速在5m/s，阵风速度比平均风速大2.5m/s。

3. 试验实施

按要求架设立靶后，进行火炮标定，确定炮目高低角和射向。按下式确定射角：

$$\varphi=\varepsilon+\alpha-\gamma \tag{2-25}$$

式中　φ——射角（mil）；

α、β、γ——高角、炮目高低角和火炮垂直定起角（mil）。

进行稳炮射击(一般不应命中立靶)后,按确定的射击诸元对立靶进行1发试射,若弹着点相对立靶十字线距离小于1m,则应进行在式射击,单发密集度射击三组,大口径每组5发、中口径每组7发、小口径每组10发;多管齐射按管数加倍;连发密集度每组三个短点射(3~5发)。

根据试验数据,可用极差法按下式在炮位估算密集度试验结果:

$$E = \frac{a_{\max} - a_{\min}}{a_n} \tag{2-26}$$

式中 E——现场估算的立靶中间误差(m);

$a_{\max}$、$a_{\min}$——坐标的极大值和极小值(m);

a_n——系数,其取值见表2-2。

表2-2 系数 a_n

n	4	5	6	7	8	9
a_n	3.053	3.448	3.757	4.009	4.221	4.403
n	10	11	12	13	14	15
a_n	4.503	4.704	4.831	4.946	5.051	5.147

4. 数据处理与结果评定

按式(2-17)、式(2-18)计算平均弹着点坐标。按式(2-27)、式(2-28)计算密集度的中间误差:

$$E_Y = 0.6745\sqrt{\frac{\sum_{i=1}^{n}(Y_i - \overline{Y})^2}{n-1}} \tag{2-27}$$

$$E_Z = 0.6745\sqrt{\frac{\sum_{i=1}^{n}(Z_i - \overline{Z})^2}{n-1}} \tag{2-28}$$

式中 E_Y、E_Z——每组射弹的高低和方向中间误差(m);

Y_i、Z_i——每组试验各发弹丸的弹着点坐标(m);

$\overline{Y}$、$\overline{Z}$——每组试验的平均弹着点坐标(m);

n——该组的计算发数。

按式(2-29)计算平均中间误差:

$$E = 0.6745\sqrt{\frac{\sum_{i=1}^{n}(n_j - 1)E_j^2}{\sum_{j=1}^{m}(n_j - 1)}} \tag{2-29}$$

式中　E——平均中间误差(m)；

E_j——第 j 组的中间误差(m)；

n_j——第 j 组的计算发数；

m——试验组数。

在计算中对于试验条件、参试品、测试仪器人员操作原因产生异常数据进行剔除处理，否则不允许进行剔除。

各种密集度试验值不大于战术技术指标时，则认为符合要求。若大于指标但不超过指标的5%，则认为基本符合指标要求。否则，判为不合格。

2.3.3.3　最大射程角及最大射程试验

1. 试验目的

为了获得火炮的最大射程，需要用射击的方法确定最大射程角，然后在该角度上射击确定最大射程，标准化后与战术技术指标比较，确定其是否满足战术技术指标要求。

2. 试验依据及标准

1）射程标准化的标准条件

(1) 无雨、雪，地面风速为0m/s。

(2) 地面气温为15℃，空气压力为750mmHg，空气湿度为6.35mmHg，温度为288.9K，并遵守高度变化的标准规律。

(3) 初速为射表上的规定初速。

(4) 弹丸质量为图样上规定的标准质量。

(5) 发射装药量符合标准，药温为15℃。

(6) 火炮处于静止状态，炮耳轴水平，炮耳轴线与炮膛轴线相互垂直。

(7) 地表面为平面，弹着点在炮口水平面上。

(8) 重力加速度方向垂直向下，大小为9.8m/s²。

2）用弹量的确定

最大射程角试验最少为5组，最大射程试验为3组。

3. 试验要求

试验弹药条件为常温全装药、真引信(需摘除自炸装置)、实弹(或半爆弹)；落弹区内应平坦，便于观测和测量。以下情况不应进行试验：一组射击时间不应超过30min；在雷电交加或暴风雨临近；雨、雪、雾影响瞄准和标定；能见度小于3km；地面风速超过10m/s，高空风速超过40m/s；阵风速度比平均风速大50%；平均风速在5m/s，阵风速度比平均风速大2.5m/s；不能测定要求弹道高上的气象诸元。

4. 试验实施

1）最大射程角试验

试验时用象限仪赋予火炮射角，用周视瞄准镜标定方向。稳炮射击后进行试射1发，以便修正射向。以技术文件中规定的或经过计算得出的最大射程角及以这个射角加减5°各射击1组，每组5发，比较三组的试验射程。

2）最大射程试验

试验时用象限仪赋予火炮射角，周视瞄准镜标定方向。稳炮射击后进行试射1发，以便修正射向。

5. 数据处理与结果评定

1）最大射程角试验

按下式计算每组的试验射程：

$$X_{sh} = \sqrt{(\overline{X} - X_0)^2 + (\overline{Z} - Z_0)^2} \tag{2-30}$$

式中 $\overline{X}_{sh}$——每组射弹的试验射程（m）；

$\overline{X}$、$\overline{Z}$——每组射弹的平均弹着点坐标（m）；

X_0、Z_0——炮位坐标（m）。

将各组射程和射角绘在坐标纸上，并进行拟合，找出最大射程对应的射角。

2）最大射程试验

按下式计算最大试验射程的平均试验射程：

$$\overline{X_{sh}} = \frac{\sum_{j=1}^{m} n_j \cdot X_j}{\sum_{j=1}^{m} n_j} \tag{2-31}$$

式中 $\overline{X_{sh}}$——平均试验射程（m）；

X_j——第j组的试验射程（m）；

n_j——第j组计算发数；

m——计算组数。

若射角大于15°，弹着点与炮口水平面的高程差大于50m，则应按式（2-32）、式（2-33）换算成炮口水平距离，然后求出修正后的试验射程：

$$\Delta X = \frac{Y}{\tan|\theta_c|} \tag{2-32}$$

$$X_{sh} = X + \Delta X \tag{2-33}$$

式中 ΔX——距离修量（m）；

Y——弹着点与炮口水平面的高程差（m）；

θ_c——弹丸的落角(°);

X_{sh}——修正后的试验射程(m);

X——未进行修正的试验射程(m)。

将3组试验射程进行标准化处理,用其算术平均值与战术技术指标比较,当标准化射程不小于指标要求时则认为合格;否则,认为不合格。

2.3.3.4 地面密集度试验

1. 试验目的

检验火炮对地面目标射击时密集度是否满足战术技术指标要求,为毁伤效果计算和身管寿命评定提供试验依据。

2. 试验依据及标准

影响火炮密集度结果的因素很多,主要有弹丸的质量偏差、初速中间误差、瞄准误差、弹丸的起始扰动、火炮的位置误差、弹丸的表面质量和气象因素等。密集度随飞行时间的增加而增大,因此一般考核最大射程角的地面密集度。

地面密集度试验一般分3组进行。

3. 试验要求

与2.3.3.3节中试验要求相同。

4. 试验实施

稳炮射击后进行试射1发,以便修正射向。以规定的射角射击1组,大口径每组3发、中口径每组5发、小口径每组8发。试验时间不能超过30min。试验时用象限仪赋予火炮射角,用周视瞄准镜标定方向。按上述要求再射击两组,3组间的间隔时间在4h以上。

5. 数据处理

按式(2-31)计算试验射程。当射向与测量距离坐标轴的夹角大于15°时,按式(2-34)将每发的弹着点坐标转换成以射向为距离坐标轴的坐标系中:

$$\begin{cases} X' = X\cos\alpha + Z\sin\alpha \\ Z' = -X\sin\alpha + Z\cos\alpha \end{cases} \tag{2-34}$$

式中 X'、Z'——以射向为坐标轴的直角坐标系的弹着点坐标(m);

X、Z——试验时测量的弹着点坐标(m);

α——射向与测量坐标系距离轴的夹角(°)。

参照式(2-27)、式(2-28)计算地面密集度的距离中间误差和方向中间误差。按下式计算距离变异系数:

$$C = \frac{E_X}{X_{sh}} \tag{2-35}$$

式中　E_X——距离中间误差(m)；

X_{sh}——试验射程(m)。

当求变异系数的平均值时不能直接用算术平均的方法,而用平均中间误差除以平均试验射程的方法进行计算。

当距离中间误差(或距离变异系数)和方向中间误差不大于指标要求时,则判定为满足指标要求。当距离中间误差和方向中间误差大于指标要求,但不超过指标要求的5%时,则判定为基本满足指标要求。

2.3.4　安全性试验

火炮的设计强度是否可靠非常重要,设计强度不可靠不但影响火炮的寿命、勤务性能,而且关系到操作人员的安全,因此对新设计的火炮必须进行承受极限载荷的考核。目的是确定火炮的结构强度、疲劳强度是否满足使用要求。

火炮强度不足的原因很多,根据以往试验的经验可归结如下:

(1) 设计方面,计算的错误,安全系数过小,结构设计不合理等。

(2) 材料方面,用错材料,选材不当,材料本身有缺陷,耐高温、低温性能差。

(3) 工艺方面,材料中有灰尘、裂纹、刀伤、尺寸超差、热处理不当、工艺设计不合理。

(4) 安全联锁方面,电气安全联锁、机构动作安全联锁等。

为了验证这些问题,就必须对火炮进行充分的安全性试验,保证部队作战使用的安全。安全性试验的主要项目有普通强度、低温强度、高温强度、携弹行驶安全性、安全射界、行进间射击、安全联锁机构动作等。对于一门新研制的火炮,在进行安全联锁机构动作、初始内外弹道性能试验后,应进行其安全性试验。下面主要以普通强度、低温强度和携弹行驶安全性三方面试验为例进行说明。

2.3.4.1　普通强度试验

1. 试验目的

检验火炮在极限作战条件下受到的最大载荷作用时的结构强度、疲劳强度和安全性。在定型试验中,对规定的最大载荷是用强装药、高射速、多用弹量等进行模拟的,使身管和反后坐装置处于极限受力状态,来达到考核的目的。

2. 试验依据及标准

1) 极限条件的确定

身管和反后坐装置是火炮的重要部件,在连续射击后,其温度会升高:当身管温度升高到300℃时,相对强度下降16%;当身管温度升高到350℃时,相对强度下降21%;当身管温度升高到400℃时,相对强度下降26%。由于身管有一定的厚度，试验中监测身管外表面温度，炮口部的极限温度对大、中口径火炮为350℃，对小口径火炮为400℃。反后坐装置温度升高后，内部的气体和液体的压力升高，使后坐阻力增大，火炮的受力状况达到最恶劣程度；但受到反后坐装置内的密封器件限制，一般规定强度试验中，制退液的温度不得超过100℃。

2）用弹量的确定

火炮在使用过程中，1次发射的弹药数量为1个基数的弹药，考虑到特殊情况，试验用弹量规定为2个基数。

3. 试验要求

1）火炮

在射击试验前和试验后，对火炮进行分解检查和总装测量检查。

2）弹药

弹药一般为强装药、假引信和砂弹。

3）气象和阵地要求

为了使炮架受到最大载荷，后坐火炮要求在水泥炮位上进行试验。试验的气象条件以不影响火炮正常操作为原则。

4. 试验实施

稳炮射击后，火炮以炮架（车体、发射平台）受力最大的射角和射向进行射击。

5. 数据处理与结果评定

统计试验中发生的故障，整理静态测量的结果，确定主要零部件磨损、变形、裂纹、破损的原因。绘制身管或制退液温度与射击发数的关系曲线。根据上述结果，如果主要零部件发生破损、变形量超出规定范围或影响机构动作，则判定火炮强度不合格。

2.3.4.2 低温强度试验

1. 试验目的

检验火炮在低温条件下射击的结构强度和使用安全性是否满足使用要求。

2. 试验条件的确定

由于金属材料在低温情况下产生冷脆性，制退液及润滑剂黏度增大流动性变差，致使后坐阻力增大，改变了反后坐装置及自动机的受力状况。金属材料的冷脆性是以冲击值的大小进行衡量的，炮钢冲击值与温度的关系见表2－3。

表2－3　炮钢冲击值与温度的关系

温度/℃	20	0	－20	－40	－60
冲击值/(kg·m/cm²)	18.5	18.3	16.5	8.2	6.0

在 -20℃以上时金属材料冲击值最多相对下降 9%，而在 -20 ~ -40℃时，冲击值最多相对下降 50%，温度继续下降时冲击值相对下降又比较少；根据我国的自然条件，武器使用的环境温度为 +50 ~ -40℃，因此低温强度试验时的环境温度为 -40℃。

3. 试验要求

1）火炮

在射击试验前和试验后，对火炮进行分解检查和总装测量检查。在试验前将火炮的润滑油改换为低温润滑油。

2）弹药

弹药一般为常温全装药、假引信和砂弹。

4. 试验实施

将火炮放置在低温室内，温度降至某一温度后，恒温若干小时以炮架受力最大的射角和射向射击若干发或若干个短点射。

5. 数据处理与结果评定

统计试验中发生的故障，整理静态测量的结果，确定主要零部件磨损、变形、裂纹、破损的原因。根据上述结果，如果主要零部件发生破损，变形量超出规定范围或影响机构动作，则判定火炮低温强度不合格。

2.3.4.3 携弹行驶安全性试验

1. 试验目的

检验炮塔装满弹药的自行火炮、坦克炮在行军或受到冲击振动时的弹药安全性是否满足使用要求。

2. 试验依据及标准

由于自行火炮和坦克在行驶过程中会受到冲击和振动，容易使炮塔内弹药的外形、装药结构发生变化，引信解脱保险和发火，给操作人员带来危险，因此需要对携弹行驶安全性进行试验。

3. 试验要求

1）火炮

在试验前和试验后，对火炮的装弹机构进行静态测量检查和功能检查。

2）弹药

为了保证安全，试验前对弹药进行改装，并分 2 次进行试验。第 1 次试验的弹药为真底火假发射装药、砂弹和真引信，要求假发射装药与真发射装药的密度、质量一致，且不能燃烧和爆炸。第 2 次试验的弹药为假底火、真发射装药、实弹和摘火引信。

4. 试验实施

自行火炮按配比装满弹药,每种弹药在自然土路上各行驶若干千米,速度若干千米/秒。行驶后对行驶试验后的弹药与未经行驶试验的弹药进行内外弹道性能对比试验。

5. 数据处理与结果评定

如果药筒和弹丸发生变形使弹药不能在装弹机构上固定和装填,摘火引信结构发生紊乱,内外弹道性能与未经行驶时不一致,则判定装弹机构安全性不符合要求。

2.3.5 射击功能试验

火炮的射击功能是指火炮在各种规定条件下,完成射击任务所具有的能力。一般来讲,火炮的射击功能包括常温自然条件下的射击功能和极端环境条件下的射击功能。极端环境条件下的射击功能可以用模拟环境试验来考核,考核试验项目可参照相应模拟环境试验方法。本章介绍的试验项目都是针对常温自然条件下射击功能的考核项目。主要内容包括战斗射速射击试验、供输弹系统试验、射击稳定性及瞄准变位试验和对活动目标射击试验。

2.3.5.1 战斗射速射击试验

火炮也像各种机器一样,只具有一定的工作能力,若火炮以最大射速进行较长时间的连续射击,炮身就会吸收火药气体的热能,导致火炮身管温度升高,使得身管内膛金属表面氧化,抗冲击性能下降。由于火炮金属力学性能的改变,膛线受到加速磨损,从而使火炮过早失去原有的弹道性能。并且反后坐装置的液体和气体也因温度的升高,而改变原来的特性,导致炮身后坐复进不正常,甚至会引起制退机、复进机零件损坏。战斗射速射击试验就是为考核火炮在模拟实战条件下持续射击的能力而设置的火炮定型试验项目。

1. 试验目的

测定火炮最大发射速度,考核火炮机构动作可靠性及使用方便性,编拟炮兵允许发射速度表,测定火炮身管在热态下的射击密集度。

2. 试验条件

1)试验场地

试验场地应平坦、开阔、利于观测;炮位土质应是中硬土或硬土(舰、岸炮应安装在专用炮位上)。对于高射炮、舰炮、岸炮等具有随动系统的火炮的方向射界及射程应满足式(2-36)和式(2-37)的要求,并设有明显标记。

$$\beta=\alpha+2\Delta\beta \tag{2-36}$$

式中 β——试验场地的方向射界(°);

α——火炮射击的扇面角,高、海炮取 120° ~180°;

$\Delta\beta$——射击安全角,取 5° ~10°。

$$X > X_m + 3\sigma_x + \Delta X_a + \Delta X_b \tag{2-37}$$

式中 X——试验场地的纵深长(m);

X_m——火炮最大射程(m);

σ_x——射弹距离散布的均方差(m);

ΔX_a——纵风对射程的修正量(m);

ΔX_b——弹丸杀伤半径(m)。

2) 火炮

(1) 应有备附件及专用工具,火炮经总装检查并合格。

(2) 身管剩余寿命弹数必须大于该试验预计消耗的弹药数量。

(3) 必须经过内弹道性能试验、地面密集度试验、校正射击试验、强度试验、冲击波压力场及噪声测试,并满足指标要求后方能进行本项试验。

(4) 射击中火炮温度的要求:

① 身管炮口部外表面温度:小口径火炮不超过 400℃;大、中口径火炮不超过 350℃。

② 制退液温度:橡胶紧塞装置的制退机不超过 110℃;石棉绳紧塞装置的制退机不超过 100℃。

3) 弹药

(1) 弹药一般为同一批次。

(2) 除密集度试验用弹外,一般均采用全装药假引信砂弹或全装药摘火引信砂弹。

(3) 使用预先经过发火性检验的底火或点火具。

(4) 试验用弹量。

4) 射手

按实战条件配备发射员,并要求发射员能熟练操作火炮。

5) 气象

试验场区内,气象条件稳定。在编拟炮兵允许发射速度表的射击试验时,地面风速不大于 2m/s;试验时应有较好的能见度,无妨碍仪器正常工作和观测的雾、雨、雪、冰雹等。

3. 试验方法

1) 弹药分组原则

该项试验由于射击弹数较多,为了防止连续射击身管外表面温度或反后坐装置制退液温度超过规定温度,因而射前应按身管极限允许温度对弹药进行分组。

(1) 第1组弹药数量应保证身管或制退液的温度升至极限温度,并考虑到因射击故障对温度的影响,要比预计多20% ~30%。

(2) 第2组用于保温射击,弹数应为第1组的2/3。

(3) 第3组用于热态密集度试验用弹,弹药数量为1组或2组。

(4) 剩余弹药(含第1组剩余)编为第4组。

2) 现场实施

(1) 试验用全部弹药应预先运往炮位,放置在火炮附近的专用场地上或装在弹药架上;具有供弹机构的火炮1次应装填最大弹药数量。火箭炮应满管装填。

(2) 第1组弹药射击。进行稳炮(温炮)射击后,检查各个测试线路连接是否正确。火炮的射向应在装填(供弹)、操作方便的方向射界内和各种不同的射角上,带有冷却系统的火炮应使冷却系统处于工作状态,以最短的时间间隔或最高发射速度对第1组弹药采用不修正瞄准方式射击。火箭炮以规定的最小时间间隔射击1组火箭弹。当炮口部外表面或制退液温度达到规定的温度后停止射击。射击中要注意火炮工作情况,检查后坐长度,用高速摄影或高速录像捕捉故障现象。

(3) 第2组弹药射击。当炮口部外表面降至极限温度的2/3后进行保温射击。射击过程中,炮口部外表面温度应维持在极限温度的2/3至极限温度,但不允许超过极限温度。

(4) 热态射击密集度试验。当身管外表面温度降至极限温度的2/3时进行热态射击密集度试验。

(5) 升温射击。当身管炮口部外表面温度降至100℃以下时,开始最后1组弹药射击。

4. 应记录的数据

(1) 试验前后操作手的脉搏、血压和听力。

(2) 试验期间间隔5min的地面温度、风速和风向。

(3) 射击开始和结束时间、后坐长、故障发生时间、故障排除时间及测温时间。

(4) 射击中火炮故障次数、现象、原因、排除方法及损坏件照相。

(5) 身管炮口部外表面和制退液温度与时间的关系,射击发数与温度的关系(升温曲线),温度与时间曲线(降温曲线)。

(6) 反后坐装置的漏液量、气压情况。

(7) 随动系统和稳定装置工作状态和误差。

（8）每组弹射击完毕后，用点温计测量并记录药室内、炮身中部外表面、炮口部外表面、制退机外表面及带紧塞具的炮口气密垫温度。

5. 数据处理

1）火炮最大射速

（1）非自动炮在1°和最大射角上不修正瞄准的最大发射速度按下式计算：

$$n = 60(N-1)/t \tag{2-38}$$

式中 n——不修正瞄准的最大发射速度（r/min）；

N——在不修正瞄准时，火炮射击的一组弹数；

t——该组弹药射击所用的时间（s）。

（2）连发武器的最大发射速度按下式计算：

$$n = 60/t \tag{2-39}$$

式中 n——最大发射速度（r/min）；

t——该项试验中，两发弹的时间间隔（s）。

2）热态射击密集度

按立靶密集度试验和地面密集度试验数据处理要求进行数据处理。

3）升降温曲线的绘制与编拟“炮兵允许发射速度表”

将射击中时间—射击发数—炮口部外表面（或制退液）温度和降温时间—炮口部外表面（或制退液）的温度标注在坐标纸上，进行平滑或用最小二乘法拟合成曲线，并编拟“炮兵允许发射速度表”。

6. 结果评定

（1）判定最大发射速度是否满足战术技术指标要求。

（2）给出热态射击密集度的试验结果和炮兵允许发射速度表。

（3）根据操作手生理变化情况，判定火炮快速射击时对操作手的损害程度。

2.3.5.2 供输弹系统试验

1. 试验目的

考核火炮供输弹系统性能参数、可靠性是否满足战术技术指标要求及布局的合理性是否符合战斗使用要求。

2. 试验条件

1）被试品

被试供输弹装置应符合产品图样和技术条件要求，能在振动、冲击、倾斜和摇摆的条件下正常工作。装填机应满足装填条件要求。

2）参试品

试验台架或样品炮技术状态应符合技术条件的规定。

3. 试验方法

1）静态检查

（1）对火炮闭锁机构（或离合器）、输弹机、提弹机、推弹机、抛壳机构等所有运动构件进行外观检查。

（2）选择不同射角，用模拟弹检查火炮闭锁机构（或离合器）、输弹机、提弹机、推弹机、抛壳机构动作联动性、通过性和灵活性。

2）动态射击试验

根据火炮的具体特点，分别在0°、中间射角、最大射角和装填角各射击一定数量的强装药砂弹，或与火炮定型试验中强度试验结合，考核供输弹系统的强度和刚度，检查各机构动作的可靠性。

4. 结果评定

根据试验结果，判断装弹速度、补弹时间和卸弹时间等是否满足战术技术指标要求。

根据测试数据，判断供输弹系统机构动作是否符合设计要求。

若供输弹系统的强度和刚度满足使用要求，故障率满足战术技术要求，则供输弹系统可靠性评为合格。

2.3.5.3 射击稳定性及瞄准变位试验

1. 试验目的

火炮射击时，由于后坐力的作用，使火炮产生后移、跳动等动作，火炮不可能恢复到射击前的原始位置上，这种变化的程度表征了火炮的稳定性。确定火炮的稳定性：一是测定火炮在射击过程中的上跳、下压、前冲、后移、倾斜角的变化值；二是检查瞄准镜射击后的变化量，用这些数据来衡量火炮的稳定性。

火炮的射击稳定性，一方面与射角射向有关，在0°射角或俯角射击时产生的翻转力矩最大，因此稳定性也最差。在最大射角射击时对于车轮着地的火炮来讲，由于车轮承受的压力大，橡胶车轮储存的能量也很大，射击后，会引起较大的上跳量，使火炮的位置变化。另一方面与射击阵地的性质有关。因此，通过测定火炮在发射过程中的位移、瞄准装置装定分划值的变化量及总的瞄准变化量，考核火炮射击的稳定性。

2. 试验设施、设备及仪器

1）试验设施

（1）火炮系统射击、放列、行驶的场区及靶道。

（2）平坦的土质炮位、混凝土炮位、倾斜土质炮位。

2）设备及仪器

（1）高速摄影机，拍摄速度在 100 帧/s 以上。

（2）经校准的光学象限仪，与火炮配套的经检校合格的瞄准镜。

（3）位移测量系统。

3. 试验准备

1）检查火炮零位、零线，反后坐装置气压及液量

2）弹药

（1）试验用弹应有合格证，且为同一批次。

（2）每种试验条件准备若干发。对弹药按要求进行擦拭、改装、装配、编组，并按保温规程保温。

（3）当火炮配用多种弹药时，应选择初速最大的及炮口动量最大的弹种进行考核。

3）测试仪器设备

（1）位移测试系统：对于自行火炮应将位移传感器固定于主动轮或其他适当位置上，测量车体横向稳定性时，应固定于车体前甲板或后甲板上。

（2）用高速摄影机拍摄位移时，应在被试品上设立基准点，将高速摄影机放置在炮位的侧方适当位置，使高速摄影机到基准点连线与射面垂直。

4. 试验方法

（1）标定火炮，稳（温）炮射击。

（2）一般使用条件下的火炮稳定性试验。

（3）特殊使用条件下的火炮稳定性试验。

（4）瞄准变位试验。在射击前后，测定射角射向，检查瞄准镜装定分划的变位。

（5）记录试验数据。自行火炮应记录表 2－4 所列的内容。

表 2－4　自行火炮射击稳定性及瞄准变位记录表

日期	弹序	炮位	弹丸	装药	药温	履带静止状态	后退/mm		前冲/mm		头部上跳量/mm	尾部下压量/mm	瞄准变位				后坐/mm
							最大值	不可恢复	最大值	不可恢复			炮塔方位/mil	象限仪值/mil	瞄准装置高低分划	瞄准装置方向分划	

5. 数据处理与结果评定

1）数据处理

（1）整理试验数据，统计出每种条件下的上跳、下压、前冲、后移、倾角的最

大值。

(2) 统计瞄准变位角的平均值、最大值。

2) 结果评定

自行火炮按战技指标或验收技术条件中的有关规定进行评定。若无指标规定,则与同类型制式火炮进行比较。

2.3.5.4 对活动目标射击试验

1. 试验目的

考核自行火炮对活动目标跟踪和命中的性能,确定其是否满足战术技术指标要求。

2. 试验条件及要求

1) 场地设施

(1) 场地应宽阔平坦,不影响观察目标和射击。炮位为硬土炮位。

(2) 活动目标应能保证在各种速度与射面成不同角度的情况下可靠运动,并可按相反两个方向运动。

2) 火炮

(1) 经过内外弹道性能试验,且满足指标要求。

(2) 经过校正射击试验,并符合要求。

(3) 经过强度试验,且性能安全可靠。

3) 弹药

常温全装药弹,且应为同一批次。

4) 气象

要求同立靶密集度试验。

3. 试验方法

1) 确定射角射向

(1) 确定射击距离。

(2) 计算方向提前量,根据目标距离、弹丸初速和目标运动速度进行计算。

2) 现场实施

(1) 按试验要求放置火炮及弹药。

(2) 将火炮瞄向与活动目标并列的固定立靶,进行一组试射,发数与立靶试验相同,测定火炮平均弹着点与瞄准点的偏移量。

(3) 用同修正量换算出相应射角和方向修正量,并确定总的射角和方向提前量。

(4) 下达活动目标开始运动的口令,同时发射员做好射击准备,当目标进入射击位置时，发射员即开始对其射击。

(5) 每组射击完毕后，打高炮身，通知检靶，并准备下一组射击。试验中测量每组弹射击时间。

4. 结果整理与评定

1) 结果整理

在试验过程中应记录各种射击时间、目标运动速度、直接命中目标的弹数，并观察火炮使用的方便性，记录射击时的天气情况。

2) 结果评定

(1)判断命中率和射击速度是否达到战术技术指标要求，如无指标要求，则可与同类制式火炮进行比较。

(2) 对火炮使用的方便性进行评价。

2.3.6 动态参数测试试验

火炮动态参数测试是指火炮处于运输、行军和作战等工作状态时对其各种参数的测试，包括火炮反后坐装置抗力的测定、后坐体后坐及复进运动参数的测定、自动机运动参数的测定、各种火炮射击过程中炮架或车体稳定性测定、火炮主要零部件应力(应变)以及振动速度、加速度、位移的测定等。

火炮试验的目的主要是考核火炮在模拟的实战条件下是否满足战术技术要求，也就是说在火炮各主要零部件的性能达到静态要求的基础上，重点考核火炮在射击时各关键零部件的性能能否满足武器的强度和精度要求。射击时火炮各主要零部件可能因刚度和强度不足，或者因结构设计不合理而出现零部件配合失灵、工作不可靠的故障，将影响射击精度和可靠性，为了进行深入分析，需要对主要零部件的位移、速度、各危险截面应力以及振动情况进行测试。本节重点介绍火炮主要零部件位移速度、振动、应力及火炮后坐阻力测定。

2.3.6.1 主要零部件位移速度测试

1. 试验目的

火炮的开闩、抛壳是否到位，射击循环能否连续等都与后坐距离和速度有着直接关系。为分析、验证火炮自动机、反后坐装置等主要零部件的工作状态是否符合设计计算书的要求，需要测量这些零部件的位移、速度。

2. 试验实施

1) 开、关闩速度测定

首先检查反后坐装置的液量、气压是否正常，闭锁机构动作是否灵活，并固定测速仪。低温条件下测试时，火炮需更换冬用润滑油。

试验时,火炮在水平射角和最大俯、仰角条件下,以全装药、强装药各射击一组,每组射击若干发,测试开、关闩速度。每发射击后记录抽筒距离。必要时进行倾斜炮位条件下的考核,验证火炮在坡度上开关闩动作是否可靠。

2）反后坐装置测试

为分析后坐阻力受后坐速度的影响程度,检查后坐、复进动作完成情况,需要测试后坐部分的后坐、复进速度曲线。使用火炮配用的炮口动量最大的弹种,以全装药和强装药配假引信各射击若干发,测试后坐、复进速度。

测试中应注意以下事项:

(1) 安装测速仪时尽可能靠近炮尾部,最好在防盾后,以避免炮口冲击波的直接影响;要保证后坐部分运动不损伤仪器。

(2) 确实固定火炮,保证后坐、复进速度曲线测试的精度。

(3) 数据处理与结果评定。

整理开关闩速度、输弹速度及反后坐装置后坐、复进速度曲线等数据,并与设计计算书进行比较评价。

2.3.6.2　主要零部件振动测试

1. 试验目的

火炮行车、射击时,主要零部件承受了冲击振动作用。为了评定强度和为其他部件提供验收依据,需要测定零部件的振动参数。例如:为了检查瞄准具(镜)支座设计的合理性,并为瞄准具(镜)的设计和检验提供试验数据,需测定瞄准具(镜)支座的振动加速度;为了确定起始扰动的影响,需测定炮口(或定向器)的振动速度、加速度、角速度和角加速度。

2. 试验准备与实施

首先检查火炮连接的正确性。检查反后坐装置液量气压。对测试仪器进行调试,必要时对传感器加以防护,以避免炮口冲击波的影响。

通常使用炮口动量最大的弹种,以强装药配假引信在0°和最大射角各射击若干发,测量确定点振动参数。射后检查传感器状态,确定数据是否有效。

3. 结果评定

将结果中最大值、平均值分别与指标规定值相比较,判定是否符合要求。如果无指标要求,则可与同类型火炮进行对比。

2.3.6.3　主要零部件应力测试

1. 试验目的

测定火炮主要受力零部件的应力及身管膛内压力曲线的目的是校核设计,进一步分析主要零部件的强度,提供改进设计的试验依据。

2. 试验实施

为了便于控制被试火炮在强度试验中的发射速度和身管温升等条件，应力测定试验可在强度试验之前，在副炮上进行。若对身管断面应力测试时受到火炮结构限制，则可将其安装在自由后坐台上进行。

1）主要零部件应力测试

根据自动机、反后坐装置、炮架等结构确定需测试的各重要零部件。根据设计和工厂试验时的情况，判断零部件薄弱环节所在位置，确定被测部位。一般用电阻应变计、放大记录仪器进行测试，然后将试验结果变换为应力值。

2）膛内压力－时间（$p-t$）曲线测试

在试验前期的内弹道性能考核时进行此项目。要求弹丸质量偏差不大于一个弹丸质量符号。测试时可采用在身管上钻孔或在药筒上安装传感器，也可在身管壁上贴应变片进行间接测量应力。试验一般在自由后坐台上进行，取平均值作出 $p-t$ 曲线。

3. 数据处理及结果评定

整理应力测试结果，校核火炮设计的正确性或零部件变形、断裂部位处的应力是否超过材料的允许使用极限，并根据试验结果对火炮设计作出正确的评价。

2.3.6.4 后坐阻力测定

1. 试验目的

通过测定火炮射击时的后坐、复进时间、速度及后坐时驻退机液体压力，确定出火炮后坐阻力大小是否与设计计算书相符，或为其他承载平台提供依据。

2. 试验实施

（1）在反后坐装置上安装压力传感器，在炮上安装测速仪，测定后坐、复进速度。火炮先以全装药小射角射击，再以大射角射击，用记录设备记录其液压阻力－时间曲线，测量初速、膛压的有效数据。

（2）需记录以下数据：驻退机和复进机的液量，复进机初压，射前、射后驻退液的温度，复进到位情况；射角，初速，膛压，后坐长。

3. 数据处理

根据所测后坐、复进速度及驻退机液体压力，按式（2－40）计算出后坐阻力，绘制后坐阻力及其各分量的时间曲线，并整理数据。

$$R = F + f + cv^2 + T + H_1 + H_2 + F_1 + F_2 - Q\sin\varphi \tag{2-40}$$

式中 R——后坐阻力（N）；

F——后坐时驻退机的液压阻力（N）；

f——复进机的阻力（N）；

cv^2——液体被挤进外筒时产生的复进机液压阻力(N);

T——摇架定向滑道上的摩擦力(N);

H_1——驻退机皮碗内的摩擦力(N);

H_2——复进机皮碗内的摩擦力(N);

F_1+F_2——驻退机和复进机紧塞具摩擦力(N);

$Q\sin\varphi$——后坐部分重力在后坐方向上的分力(N)。

4. 结果评定

将结果与设计计算书及指标规定值进行比较,判断是否满足要求。并根据整个射击试验中反后坐装置的工作情况,综合评定其动态性能。

2.3.7 勤务性能试验

火炮在战场上发挥着重要作用,为了操作、使用、维护和维修方便,要求其结构与布局设计必须合理,放列、战斗和撤收时要具有良好的人-机-环系统工程的适应性;为了实现快速进入战场和战场转移,要求火炮在自行、牵引和运输过程中经受各种路面条件下的冲击和振动,具有良好的刚度和强度,携带性和运输性满足使用要求;为了保存自己、消灭敌人,要求火炮在发射时具有较小的炮口焰及炮尾焰(烟),不易暴露火炮阵地;为了保护发射员及仪器设备的安全,要求火炮在发射时炮口冲击波不能超出一定限值,以免对人耳甚至脏器造成损伤;为了防止一氧化碳、氮氧化物和二氧化硫等有毒气体对车内乘员造成危害,要求有通风和抽气装置,减少舱内有害气体含量;为了考核不利环境(如夜间、北方冬季、南方湿热及雨雪)条件下操作火炮的适应性,还要进行环境试验。

本节主要介绍操作方便性试验、反应时间测定、炮口焰及炮尾焰(烟)测定、炮口冲击波测定、有害气体含量测试。

2.3.7.1 操作方便性试验

1. 试验目的及主要试验内容

考核火炮结构与布局设计的合理性和人-机-环系统工程的适应性。主要包括火炮行车战斗状态转换的操作方便性、火炮射击前后的操作方便性、火炮现场分解与结合的操作方便性及火炮在不利条件下操作方便性试验等内容。

2. 试验实施

1) 火炮行军战斗状态转换的操作方便性试验

行车固定器锁紧和松开的操作方便性检查:行军固定器行进间锁紧和射击时松开的操作应方便,要求一次完成操作。

2）火炮射击前后的操作方便性试验

(1) 为了考核火炮的结构设计和布局对操作手的人体适应性,应检测火线高、发射员位置和操作空间尺寸;检查火炮上各安全装置(如射角限制器、射击保险与舱门联锁装置等)和通风、加热等技术设施,确认其功能是否正常、完好;对视觉显示器应检查火力、火控系统的各种开关的可达性、可辨性。

(2) 调平与锁定是为了达到精度要求的操作,应检查火炮发射或机动调平与锁定、手动与机动转换的操作是否方便,并测定调平锁定的时间。

3）火炮现场分解与结合的操作方便性试验

本项试验主要考核火炮在现场分解结合和维护保养的方便性。

(1) 分解结合检查:

① 按“使用说明书”规定,检查分解结合操作时随炮工具和备附件的齐全性。

② 按“使用说明书”规定要求进行分解结合操作。

③ 按分解结合的规定步骤,测定其操作时间和人数,并评定分解结合操作的方便性。

(2) 维护保养:

① 需润滑注油、注气、注液等部位(如制退机、复进机、液压传动箱等)应有明确标志,便于观察和识别,并检查现场维护的方便性和可达性。

② 随炮工具应齐全、适用、存放简便,并检查其操作方便性。

③ 在分解结合与维护保养中,易损件应便于检查和更换(允许更换时),且易于操作,可达性良好,并测定更换时间。

4）火炮在不利条件下操作方便性试验

本项试验主要考核火炮在常见不利条件下的操作方便性。

(1) 夜间操作检查。检查火炮夜间操作的方便性,要求对照明开关位置的布局应合理,便于操作、观察,对眼无刺激,视觉显示器等应有亮度可调的照明;照明电源的转换、蓄电池的充电更换应便于操作,并测定更换时间。检查火炮的操作方便性。

(2) 极端自然环境条件下的操作检查:

① 按各类火炮的热区试验环境条件依据操作规程进行操作,检查其操作是否方便。

② 按各类火炮的寒区试验环境条件与规定,在发射员着冬装的条件下,检查其操作是否方便。

③ 火炮各种开关与显示器的操作方便性试验。

本项试验主要考核火炮各种开关与显示器的操作、观察位置、空间布局的合理性,开关与显示器标志牌的名称、色泽与显示的清晰程度等可辨性方面是否满足要求。

3. 数据处理

对手轮力、各项操作力、时间等物理量进行整理,取其平均值作为试验结果。

4. 结果评定

根据试验中火炮使用操作方便性情况,综合评价火炮的结构设计是否合理,是否符合人-机-环系统工程要求。对不合理处应详细说明其部位及原因,纳入试验报告,并提出改进意见或建议。

2.3.7.2 反应时间测试

1. 试验目的

测定各种火炮反应时间,以评价火炮快速反应能力。

2. 试验方法

(1) 参试人员必须经过严格的岗前技术培训,完成了训练学时,且考试合格,方能操作。在操作过程中应按其使用说明书和操作规程进行。

(2) 当目标出现,指挥员下达“捕捉目标”或目标出现在视场里,火炮在规定条件下开始对目标进行捕捉的时刻,启动记录仪。当得到目标信息的瞬间是火炮反应时间的起始点,当接到射击信号,瞄准跟踪稳定后,启动火炮击发装置的瞬间,即是火炮反应时间测试的终止点。重复3组人员测试,且不少于7次的操作。用记录仪测试的同时,可用秒表同时测量,作为记录仪测试的参考和补充。

3. 数据处理

对数次测试的火炮反应时间,按下式计算平均值:

$$T = \sum_{i=1}^{n} \frac{t_i}{n} \tag{2-41}$$

式中 T——火炮反应时间(s);

t_i——第 i 次测得的火炮反应时间(s);

n——测试次数。

4. 结果评定

根据测得的火炮反应时间,判断是否满足战术技术要求。

2.3.7.3 炮口焰及炮尾焰(烟)测定

1. 试验目的

测定炮口焰是确定火炮发射时,对炮位可能暴露的程度以及确定装药内消焰剂的效能。炮口焰尺寸的大小、亮度及持续时间,将影响着群炮设置距离及炮口侧面、前方有关设备的设置距离,对于直接瞄准的火炮将影响跟踪目标时的视线。

2. 试验实施

1）炮口焰的测试

为了准确测定炮口焰尺寸、亮度、持续时间,试验一般在夜间进行。利用高速摄影机或普通相机进行拍摄,拍摄时相机快门要与火炮击发同步,以保证完整拍下炮口焰图像。亮度用照度计测量。

2）炮尾焰（烟）的测试

本项试验是为了确定火炮闭锁性能是否满足要求。可结合抽气装置效能试验、有害气体含量测试等项目进行考核。试验时,在炮尾端面上选择几个方向粘贴脱脂棉,或者用摄像设备进行拍摄,以定性分析是否发生炮尾焰（烟）及其严重程度。

3. 数据处理

炮口焰的宽度、持续时间从高速摄影机底片上求得,长度和高度从侧方普通相机底片上获得。量取炮口焰外形尺寸的方法是:在已照的底片中选择一个具有代表性的照片,将其放大的正片,用比例尺量取长、宽、高。火焰持续时间,根据高速摄影机底片上的时间坐标读取。火焰亮度用照度计测定。

4. 结果评定

（1）检测得的炮口焰最大横向、纵向尺寸与瞄准基线宽度比较,判定炮口焰对直接瞄准目标的影响程度。用测得的炮口焰亮度和持续时间对阵地暴露程度进行评价。

（2）根据炮尾焰对发射员和设备的安全影响程度进行分析,判断是否满足使用要求。

2.3.7.4 炮口冲击波测定

1. 试验目的

炮口冲击波的大小影响着设备安全和人身健康甚至生命,因此在火炮射击时,为了保证发射员、设置在火炮附近的设备、搭乘或伴随步兵的人员安全,必须检查发射员区冲击波压力场,为评价武器对发射员的耳损伤与防护提供规范数据。

2. 试验方法

（1）为了避免外界对所测冲击波的干扰,要将火炮放于较开阔的场地上,布置传感器和记录设备,将冲击波记录传感器布置在发射员及仪器设备所处位置上，其高度应与战斗员耳部、胸部或与仪器位置同高，敏感面向上，并详细记录布点坐标。

（2）在炮口冲击波压力场的测定中，由于炮口气流相对炮膛轴线的对称性，只需测定炮口一侧平面压力场。为了测试方便，通常测定火炮0°射角的冲击波压力场，传感器与炮管轴线同处于一个平面内，其压力接受方向要指向炮口。

（3）传感器设置距离可根据火炮的冲击波压力，以不损坏传感器为原则选定。

（4）对试验中人员防护要求：

① 暴露于炮（枪）口脉冲噪声中的所有人员，必须按规定进行听力保护。

② 试验期间，操作手、勤务人员都不应处于脉冲噪声测量位置，除非这些人员是操作炮（枪）所必需的，并且所提供的听力保护能把预计的脉冲噪声峰压级减少到没有危害的数量级。

③ 试验应当按被试品预计的野外训练或战斗状态的布设和操作来进行。

3. 结果评定

（1）将发射员位置上测定的冲击波压力值与生理损伤标准（一般可按式（2-42）计算）比较，评定炮口制退器的完善程度，确定对发射员应采取的防护措施。

$$L_p = 177 - 6\lg(T \cdot N) \tag{2-42}$$

式中 L_p——允许的压力峰值（dB）；

T——脉冲宽（ms）；

N——战术技术指标规定的射击发数，若无规定，$N=1$。

（2）将等压曲线提供给有关单位，为在火炮附近布置有关设备提供数据。

2.3.7.5 有害气体含量测试

1. 试验目的

测定坦克炮、自行火炮及人员运送车辆等战斗室的一氧化碳、氮氧化物、二氧化硫等有害气体的浓度，评价通过抽气装置的工作效能和乘员作业的安全性，为武器鉴定定型、改进、使用提供试验依据。

2. 试验要求

（1）地面应平坦，一般为水泥地或硬土地。

（2）风速要求：

① 关舱不超过4.5m/s；

② 开舱不超过2.3m/s。

（3）射击条件应符合下述要求：

① 射击方式可分为单发、多发或快速射击等，视试验要求而定；

② 射弹量和射击速度按武器战术条件规定执行；

③ 弹种以武器配备的主用弹为主，如需进行不同弹种、不同装药号的有害气体浓度的对比，则可在同样条件下射击与主用弹相同的弹数；

④ 药温一般为常温和低温；

⑤ 为确保仪器处于正常状态，应根据仪器的抗振性能采取相应的减振措施。将传感器固定于要测量的乘员呼吸带位置，传感器与分析仪用屏蔽线连接。

3. 试验实施

（1）射击前开启仪器，从射击时开始记录一氧化碳、氮氧化物、二氧化硫的浓度－时间曲线，待一氧化碳浓度、氮氧化物和二氧化碳浓度下降至一定浓度，且维持 1min，停止采样和记录。

（2）每种试验条件应测 3～5 次。

4. 数据处理

（1）时间平均浓度和标准差的计算。

时间平均浓度为

$$C_T = \sum_{i=1}^{m-1} [C_i + C_{i+1}] \Delta t / 2T \tag{2-43}$$

式中 T——接触时间（min）；

C_i——T 时间内测量的等间隔或不等间隔时间 m 点的有害气体浓度值，（mg/m^3）；

Δt——时间间隔（min）；

C_T——T 时间内的平均浓度（mg/m^3）。

标准差为

$$\sigma = \sqrt{\frac{\sum_{i=1}^{n} (x_i - \bar{x})^2}{n - 1}} \tag{2-44}$$

式中 σ——标准差（mg/m^3）；

n——测量次数；

x_i——第 i 次测量的有害气体浓度值（mg/m^3）；

$\bar{x}$——n 次测量的算术平均值（mg/m^3）。

（2）提供最大浓度、时间平均浓度、持续时间 3 个参量。用各次测量的算术平均值和标准差表示每种试验条件的试验结果。

5. 结果评定

(1) 根据不同试验条件有害气体浓度的测定结果,污染程度比较严重时,给出测量位置。

(2) 将测得的一氧化碳浓度与 GJB 967—90《坦克舱室一氧化碳短时间接触限值》进行对照,判断是否超过标准,并给出超标准值或使用条件。

(3) 在没有二氧化氮、二氧化硫短时间暴露的容许浓度的军用标准前,可由射击手体验是否产生刺激症状为依据进行评定,当出现有碍射击动作的不适反应时,应提出改进弹药或抽、排气装置的要求。

(4) 进行氮氧化物评定时应将一氧化氮浓度换算成二氧化氮浓度,以二氧化氮浓度进行评定。

2.3.8 环境试验

任何武器的使用都离不开一定的环境,对于主要由金属零部件组成的火炮来讲也不例外。在高温条件下,金属的力学性能会产生一定的变化,如韧性提高,在低温条件下金属的力学性能要变差,主要产生明显冷脆性,容易发生零部件的断裂。温度的变化,会使火炮各零部件的尺寸发生变化,从而引起配合间隙的改变,对机构的运动和传动精度产生一定影响。在高温条件下火炮的润滑油、驻退液黏度降低,减小了火炮运动的阻力,而低温时则相反。火炮在高温条件下射击,发射药燃烧速度快,则膛内气体压力上升快,导致膛内压力高,对火炮的烧蚀、磨损加快,火炮的受力大;低温条件下,发射药本身温度低,射击时火炮获得的后坐能量远比常温时低,如果太低会造成火炮开闩不到位、后坐不到位,就无法进行正常的射击循环。我国地域辽阔,温度变化范围广,一般高温可达 40~50℃,低温可达 -30~-40℃,因此武器装备通常应在全国范围内,各种温度条件都能适用。所以,考虑到温度条件对金属材料力学性能的影响、尺寸的变化、润滑油及驻退液黏度的变化、发射药燃烧速度变化等对火炮使用性能的影响,必须进行火炮的高低温环境试验,无特殊要求时一般规定高温为 50℃,低温为 -40℃。火炮在使用中,会接触一定灰尘,灰尘滞留在配合表面,会对机构动作产生一定影响,重者使射击动作不能正常完成。雨水也是火炮使用中面临的一个问题,高、海炮和自动炮电气控制系统都比较复杂,电气接头部位或电器箱体一旦进水,都会引起电气失去控制和烧毁机件,淋雨试验就是要模拟火炮冒雨作战时控制系统的工作可靠性。

火炮环境试验目前进行的项目主要有高温环境模拟试验、低温环境模拟试验、淋雨试验、热区试验、寒区试验、盐雾试验和霉菌试验等。

2.3.8.1　高温环境模拟试验

1. 试验目的

考核火炮在模拟高温环境试验条件下的储存及工作的适应性是否满足使用要求。

2. 试验条件

1）一般要求

（1）环境试验前、后静态检查时的大气条件：温度为15～35℃，相对湿度为20%～80%，气压为试验现场气压。

（2）若无其他规定，试验条件的允许误差：温度应在±2℃以内，其温度梯度不超过1℃/m，或总的最大值为2.2℃（试验样品不工作）；相对湿度±5%以内；气压为±5%。

（3）试验设备在试前必须检验，并遵循国家规定的有关标准或计量部门的检验规程。其精度不应低于试验条件允许误差的1/3。

（4）火炮达到温度稳定后，其中热容量最大的部件每小时温度不能大于2℃；为了缩短达到温度稳定的时间，实验室内的空气温度允许在1h内调到超过试验规定的最高温度5℃，但不能影响火炮的性能。

（5）试验所用弹药一般为全装药的制式弹。

2）高温储存试验

（1）试验温度为70℃或按火炮的制造与验收技术条件规定。

（2）试验时间为48h或按火炮的制造与验收技术条件规定。

（3）试验相对湿度不大于15%。

3）高温工作试验

（1）试验温度为火炮的最高工作环境温度。

（2）试验时间为火炮在非射击状态下达到温度稳定，然后进行射击。

4）实验室

（1）实验室中应有传感器，用于监控试验条件，为保证试验条件的均匀性可采用强迫空气循环，但火炮周围的空气速度不应超过1.7m/s，以防止产生不符合实际的热传导。

（2）若无其他规定，试验条件的容差应符合军用标准中相关规定。

（3）实验室内的绝对湿度不超过20%（相当于35℃时5%的相对湿度）。

（4）实验室内壁的温度与试验温度之差不超过试验温度（按K值计算）的3%。

（5）若无其他规定，温度变化速率不应超过10℃/min。

5）火炮

试验前将火炮的润滑油换为夏季用油，高温工作试验时应将火炮与参试弹药同时放入实验室内进行保温。

3. 试验实施

1）高温储存试验

（1）将火炮放置在正常大气条件下，按火炮静态测量要求的内容对火炮进行检查。

（2）将火炮放置于实验室内，若无其他规定，火炮应模拟实际使用状态放置于实验室内，火炮与实验室墙壁应有适当间隔，便于空气自由循环，然后将室内温度升至70℃或按制造与验收技术条件中规定的高温储存温度，并在相对湿度不大于15%的条件下，保温48h或制造与验收技术条件中规定的时间。

（3）实验室内的温度按变化速率不应超过10℃/min的规定恢复到正常的大气条件，直至火炮达到温度稳定。

（4）按火炮静态测量中要求的内容对火炮进行检查。

2）高温工作试验

（1）按火炮静态测量要求的内容对火炮进行检查。

（2）将火炮和弹药放入环境实验室内，进行温度测试检验，在实验室内对火炮进行勤务性能检查后即可射击，若无室内射击条件，则可移至室外射击。

（3）射击中要测火炮射速、记录火炮出现的故障和故障现象，并对故障现象照相。

（4）火炮停止射击后，实验室内的温度按变化速率不应超过10℃/min的规定恢复到正常的大气条件，直至火炮达到温度稳定。

（5）按火炮静态测量中要求的内容对火炮进行检查。

4. 结果整理与评定

（1）编制试验前后检查结果对照表。

（2）根据试验结果给出火炮在模拟高温条件下储存及工作的适应性能否满足使用要求的结论。

2.3.8.2 低温环境模拟试验

1. 试验目的

考核火炮在模拟低温环境试验条件下的储存及工作的适应性是否满足使用要求。

2. 试验条件

1）一般要求

见2.3.8.1节的规定。

2）低温储存试验

（1）试验温度为 -55℃或按火炮的制造与验收技术条件规定。

（2）试验时间为 24h 或按火炮的制造与验收技术条件规定。

（3）试验相对湿度不大于 15%。

3）低温工作试验

（1）试验温度为火炮的最低工作环境温度。

（2）试验时间为火炮在非射击状态下达到温度稳定，然后进行射击。

4）实验室

（1）见 2.3.8.1 节中的规定。

（2）实验室内壁的温度与试验温度之差不超过试验温度（按 K 值计算）的 8%。

5）火炮

试验前将火炮的润滑油换为冬季用油，低温工作试验时应将火炮与参试弹药同时放入实验室内进行保温。

3. 试验实施

1）低温储存试验

（1）将火炮放置在正常大气条件下，按火炮静态测量要求的内容对火炮进行检查。

（2）将火炮放置于实验室内，若无其他规定，火炮应模拟实际使用状态放置于实验室内，火炮与实验室墙壁应有适当间隔，便于空气自由循环，然后将室内温度降至 -55℃或按火炮的制造与验收技术条件中规定的低温储存温度，并在相对湿度不大于 15% 的条件下，保温 24h 或火炮的制造与验收技术条件中规定的时间。

（3）实验室内的温度按变化速率不应超过 10℃/min 的规定恢复到正常的大气条件，直至火炮达到温度稳定。

（4）按火炮静态测量中要求的内容对火炮进行检查。

2）低温工作试验

（1）将火炮放置在正常大气条件下，按火炮静态测量要求的内容对火炮进行检查。

（2）将火炮和弹药一起放入环境实验室内，开展低温环境模拟试验。

射击时应测定射速、后坐部分后坐、复进速度、后坐阻力，记录火炮故障及故障现象，并对故障现象照相。

（3）火炮停止射击后，实验室内的温度按变化速率不应超过 10℃/min 的规定恢复到正常的大气条件，直至火炮达到温度稳定。

(4) 按火炮静态测量中要求的内容对火炮进行检查。

4. 结果整理与评定

(1) 编制试验前后检查结果对照表。

(2) 根据试验结果给出火炮在模拟低温条件下储存及工作的适应性能否满足使用要求的结论。

2.3.8.3 淋雨试验

1. 试验目的

考核火炮在淋时环境条件下是否满足使用要求。

2. 试验条件

鉴于火力系统的工作环境,模拟淋雨试验属于有风源的淋雨试验。

1) 有风源的淋雨试验

试验用水若无特殊要求,可用当地水源,为了便于确定渗水部位和分析水的渗漏,可在试验用水中加入水溶性染料。

2) 试验场(实验室)

(1) 试验场(实验室)有足够的降雨能力,整个试验周期中降雨速度可以调节。

(2) 雨滴由喷头产生,喷头设计应能使水成滴状。

(3) 风源相对于火炮的方向,应能使雨水从不同角度均匀地对火炮一面吹打。

3. 试验实施

(1) 将火炮放置在正常大气条件下,按火炮静态测量要求的内容对火炮进行检查。

(2) 将火炮装好弹成待发状态,按不同淋雨时间进行三组射击试验。

(3) 射击中记录故障次数、故障原因及排除方法,对故障现象照相。

(4) 按火炮静态测量中要求的内容对火炮进行检查,尤其是对密封情况和电气控制部分进行检查。

4. 结果整理与评定

(1) 编制试验前后检查结果对照表。

(2) 根据试验结果给出火炮在模拟淋雨条件下能否满足使用要求的结论。

2.3.8.4 热、寒区试验

环境实验室能做高低温试验,并不受季节限制,但受其结构和火炮本身特点的影响,模拟环境试验尚不能达到完全令人满意的程度。因为设施的限制,只能进行固定角度的射击,对带有随动系统的自动火炮来讲,不能满足试验要求,所以还需要进行极端自然温度环境试验,即热区试验和寒区试验,考核火炮在我国自然环境中能否正常使用。

1. 试验目的

热、寒区试验就是考核火炮在我国最炎热地区、最寒冷地区的自然环境中能否正常工作,确定射击精度、工作可靠性以及操作方便性。

2. 试验条件

1)热区试验

将被试火炮运抵试验场区,对火炮进行总装、自动机各部件间隙尺寸和勤务性能检查,而后将火炮曝露野外不得少于一定时间,试验用弹要储存在同一环境中,但需避免太阳直晒,并及时测量药温变化情况。当气温达到一定温度以上时,视天气情况保持一定时间后,即可投入射击试验。

2)寒区试验

火炮运抵寒区后在低温情况下做静态测量检查,然后将火炮曝露在室外一定时间,目的是使火炮零、部件内部也具有相同的环境温度,试验用弹储存在同一环境中,并及时检查药温,当气温达到一定温度并保持一定时间后,立即投入试验。

3. 试验实施

1)热区试验

一般按要求进行以下项目试验:

(1)立靶密集度及弹道性能检查,试验用弹为全装药弹、摘火引信。

(2)后坐阻力测定。

(3)战斗射速射击试验。

(4)操作使用性能鉴定。

(5)火炮在射前、射后进行静态测量检查,检查项目有总装测量检查,自动机各部件间隙和勤务性能检查。

2)寒区试验

一般按要求进行以下项目试验:

(1)立靶密集度及内弹道性能检查,试验用全装药弹、摘火引信。

(2)后坐阻力测定。

(3)战斗射速射击试验。

(4)检查操作使用性能。

4. 结果评定

(1)整理试验结果。

(2)将立靶密集度结果与给定指标比较,并与同类火炮以前试验结果比较,确定地区自然环境的影响程度。

(3) 以战斗射速射击试验结果,评定火炮对环境的适应性和机构动作可靠性。

(4) 以静态测量结果评定金属材料对环境的适应性,并确定制造工艺方面的缺陷。

(5) 确定火炮在极端环境中,操作方便性及火炮润滑、驻退液保养维修方面的缺陷。根据上述结果,对火炮在地区自然环境中的作战能力做出结论并提出改进意见。

2.3.8.5 盐雾试验

以某型加榴炮为例,对其盐雾试验目的、试验条件、试验方法、结果评定等进行说明。

1. 试验目的

考核某型加榴炮(含单体)抗盐雾大气影响的能力是否满足战术技术指标要求。

2. 试验条件

(1) 某型加榴炮若干门,检测维修车1辆。

(2) 环境模拟实验室。

(3) 温度35℃、pH值6.5~7.2、盐雾沉降率1~3mL/(80cm^2·h)、盐溶液浓度5%。

3. 试验方法

(1) 将加榴炮置于盐雾实验室内,打开舱门,不戴炮口帽,不穿炮衣,以35℃保温2h。

(2) 连续喷雾24h后,在标准大气条件温度和相对湿度不高于50%条件下干燥24h。

(3) 交替进行喷雾和干燥共两个循环。

(4) 恢复到自然环境,检查外观、功能、性能及机构动作。

(5) 将检测维修车置于盐雾实验室内,关闭门、翻板、窗、孔口,按上述方法进行试验。

4. 结果评定

若某型加榴炮(含单体)和检测维修车试验后无严重锈蚀,工作正常,则判定合格。

2.3.8.6 霉菌试验

以某型加榴炮为例,对其霉菌试验目的、试验条件、试验方法、结果评定等进行说明。

1. 试验目的

考核某型加榴炮瞄准镜和发射通话器耐霉菌的能力是否满足战术技术指标要求。

2. 试验条件

霉菌试验箱,温度控制精度 ±1℃,相对湿度控制精度 ±5%。

3. 试验方法

将被试品放入温度30℃、相对湿度95%的霉菌试验箱,保温4h;向被试品接种,并保持试验箱温度及相对湿度不变,持续 28 天;试验后检查外观和功能。

4. 结果评定

若瞄准镜试验后外观影响等级不大于 1 级(微量),发射通话器试验后外观影响等级不大于 2 级(轻度),功能正常,则判定合格。

2.3.9 行驶试验

火炮(含牵引式火炮、坦克炮和自行火炮)在行驶过程中许多零部件将承受比射击时更大的负载和冲击,因此需要确定火炮以及牵引连接部分的刚度和强度。火炮在平坦的道路上高速行驶,轮胎在路面上会受到强烈摩擦,在高速行驶时实施紧急刹车,更会加大轮胎与路面的摩擦,应在这种条件下考核轮胎和刹车装备的性能。火炮通过恶劣路面和复杂地形时,会使运动体受到强烈的振动,这时可以考核运动体的缓冲能力。

1. 试验目的

自行火炮行驶试验是为了考核安装在自行火炮车体上的被试火炮的强度、刚度及在自行火炮的战斗室内连接固定的可靠性。

2. 试验时机与条件

1)试验时机

行驶试验一般在火炮射击试验项目结束后进行。试验前后应对火炮进行静态检查。

2)试验条件

(1) 行驶试验范围通常为 1000km,其中 500km 起落部分与旋转部分不固定,另 500km 则固定成行军状态。

(2) 行驶里程的分配如下:在卵石路上行驶 400km;在土路上行驶 400km;在无路野地上行驶 200km。

(3) 在行驶试验过程中坦克或自行火炮的弹药架上应装满按弹药基数比例规定的炮弹(模拟弹、填砂弹)。

(4) 对火炮进行总装检查;对主要受力件(如炮身、高低机、方向机、瞄准镜支臂、行军固定器等)进行冲点划线。

(5) 按射击要求保养、检查火炮。

(6) 选择并熟悉行驶试验的道路。

(7) 准备牵引救护车辆及常用修理工具。

3. 试验实施

1) 起落部分和旋转部分不固定时的行驶试验

行驶过程中一律闭窗行驶;各乘员按分工职责不断操纵火炮,并对火炮所有机构进行观察,特别注意高低机、方向机的工作,当自行火炮在起伏地上或侧坡上、急转弯时,观察这些机构是否有滑动、使用不安全及不方便的情况,并记录每天行驶里程及时间。

2) 起落和旋转部分固定成行军状态时的行驶试验

按自行火炮在各种不同路面上的最大行驶速度行驶,试验时可以采用闭窗驾驶,也可以开窗驾驶。

4. 结果整理与评定

(1) 整理行驶试验的里程、各种道路所占的比例、行驶速度、出现的故障等。

(2) 整理行驶前后静态检查测量的结果。

(3) 根据试验结果,分析火炮能否经受住行驶的考验及存在的问题,得出是否合乎要求的结论。

2.3.10 寿命试验

寿命试验一般包括身管弹道寿命、身管疲劳寿命、自动机寿命试验。

2.3.10.1 *身管弹道寿命与疲劳寿命*

该项试验测定火炮以最大允许发射速度,在身管弹道寿命终止瞬间或身管疲劳破坏前已射击的等效全装药弹数,以确定被试品是否满足战术技术条件及使用要求。寿命指标指的是一个最小使用寿命,而在实际使用中的寿命可能比本方法测得的寿命要长,原因是随使用的条件(射速、射击时间、环境温度等)变化而不同。

1. 身管弹道寿命

身管弹道寿命又称为身管烧蚀寿命。火炮随着射弹数的增加,因内膛受到高温、高压火药气体的热作用、化学作用和弹丸机械摩擦作用,膛壁表层金属质地变脆,熔点变低,进而出现网状裂纹、龟裂等情况。身管经射击后内膛出现白色脆硬层,脆硬层逐渐剥落,这种现象一般称为烧蚀。同时炮膛尺寸和形状不断发生变化,药室增长或定向部直径扩大,这种现象一般称为磨损。身管内膛不断烧蚀和磨损,将影响弹丸的正常装填条件和运动,使弹道性能下降。身管寿命是身管以许可的战斗发射速度规定在其达到寿命极限的瞬间,即在身管的战斗性能消失瞬间已发射的等效全装药弹数。

2. 身管疲劳寿命

身管疲劳破坏一般有裂纹起始、裂纹稳定扩展、裂纹不稳定扩展破坏三个阶段。身管经实弹射击,膛壁上就产生小裂纹,随着射弹的增加,裂纹沿膛壁径向不断扩展,当某部分的裂纹深度达到一定程度时,即导致身管壁突然断裂破坏,此时的等效全装药射弹数即身管疲劳寿命。

3. 自动机寿命

自动机是完成火炮自动发射动作的装置,一般包括装弹、测试、输弹、开关闩、击发、退壳等一系列装置。自动机寿命目前还没有比较明确的定义,按可靠性观点来看,由于自动机的零件一般是允许更换的,因此,只要自动机能在规定的条件下完成规定动作,自动机的寿命则不能算终止,这样自动机的寿命将是比较长的。但一门火炮又不可能无休止地使用下去,因此,当更换零件的代价认为太高时,则认为自动机寿命终止。另外,就是人为规定自动机的寿命发数。目前经济上的原因,专项进行自动机寿命试验和用大量的炮弹考核自动机寿命是不多见的,大都是考核在规定的条件下、规定发数内的自动机寿命,并结合火炮定型试验一并进行。当炮身寿命终止或其他零件寿命终止,自动机寿命尚未终止时,则应更换寿命件后继续进行试验。

2.3.10.2 身管弹道寿命试验

1. 试验目的

(1) 确定身管的弹道寿命是否满足指标要求或为部队提供使用依据。

(2) 确定改变身管材料或改变工艺的可能性。

2. 判定标准及试验条件要求

1) 身管寿命判定标准

确定身管战斗性能消失的参数,也就是确定身管寿命结束参数,当无特殊要求时一般满足下列条件之一,则认为身管弹道寿命终止。

(1) 初速减退超过一定值。一般地面压制火炮的初速下降10%,高射炮、反坦克炮、坦克炮、海军炮的初速下降4% ~6%。

(2) 射击精度下降:当立靶密集度试验高低和方向中间误差(或地面密集度试验距离和方向中间误差)的乘积超过新身管相应的中间误差乘积的8倍时。

(3) 由于磨损、烧蚀使身管内膛扩大,造成膛压降低,致使引信不能解脱保险，造成引信连续（不少于2次）瞎火和弹丸在膛内早炸。

（4）弹丸导带全部削光或出现横弹。由于脱线烧蚀、磨损严重，弹丸启动后导带不能很好地嵌入膛线，使弹丸在膛内偏向某一方向，导致弹丸的动力不平衡，使弹轴与身管轴线产生较大的夹角。由于晃动量过大，弹丸在高速运动时就会出现弹带被削光，因此弹丸得不到所需的转速而出现横弹、近弹的现象。

2）试验条件要求

为了求得身管的弹道寿命的极限发数，要求在最严酷的条件下（用全装药和以火炮最大允许发射速度等）进行试验，以便在试验中确定身管寿命的最小可能值。

3. 试验方法

1）身管弹道寿命试验

（1）原始数据的确定。

① 检查和测量身管内膛（内径、药室长、光学管窥膛及膛面照相）。

② 选配全装药药量（确定用于立靶或地面密集度试验用弹的装药量）。

③ 检查全装药内弹道性能（确定用于射击循环的试验用弹是否满足战术技术指标要求）。

④ 立靶或地面密集度试验。

⑤ 弹丸导带性能试验，确定弹丸导带的起始作用状况。

（2）测量和射击循环。

① 磨损射击试验（要求和战斗射速射击试验相同）。

② 检查和测量身管内膛，确定火炮状态。

③ 检查全装药内弹道性能同时进行立靶或地面密集度试验。

④ 弹丸导带性能试验。

重复测量和射击循环按照有关试验方法一直进行到身管达到寿命为止。在身管给定寿命指标的情况下，则只需进行到规定的寿命发数为止。

2）弹丸导带性能试验

（1）对于弹丸导带性能试验，要求每次射击强装药、砂弹、假引信（或摘火引信）10～15发，并在试验前对弹丸定心部直径、导带直径、导带与弹体对应位置上冲点、赤道转动惯量、质心与弹轴偏差量进行静态测量检查。

（2）对射出的弹丸要进行回收，以便测量检查弹带及弹体表面状况。小口径火炮（37mm以下）一般采用锯末箱回收，即在距炮口80～120m距离上设置锯末箱，并在箱体后面设置经筛选的砂土袋，拦截弹丸。大口径火炮可用跳弹射击的方法进行回收，跳弹射击的射角一般为10°～12°，根据落弹区的地形适当调整射角，使跳弹不超过两跳为好，射击时要在落弹区附近观察弹着点，以便射击后较快地找回弹丸。

（3）在10~15发的一组射弹中，要回收90%的弹丸作静态测量检查，一般有以下项目：

① 弹丸定心部直径，阳线印痕深度与条数。

② 弹丸导带位移量及接缝宽。

③ 弹丸导带直径。

④ 弹丸导带上膛线印痕特征。

⑤ 对弹丸导带状况、阳线印痕状况进行照相。

除了上述测量外，还要对弹丸导带特征进行如下分析：

① 弹丸导带上阳线印痕是否加宽。

② 检查对着膛线导转侧的弹带凸起部侧面上是否产生压伤，并在辅助侧上是否产生金属结瘤，若出现这些现象，则说明膛线导转侧已经磨圆。

③ 弹丸定心部和船尾部若产生阳线印痕，这说明炮膛已经磨损比较严重，并接近寿命终止。这种现象是由于炮膛和弹丸之间出现了较大的间隙，使得弹丸在炮膛内进动时产生了较大的摆动。

④ 弹丸导带出现阶梯形印痕，就说明膛线导转侧和辅助侧已经磨圆，造成弹带两次刻槽所致。

⑤ 在上述基础上，火炮继续射击，弹丸导带将会出现全部削光现象，这表明炮身寿命已经终止。

4. 数据处理及评定

1）不同弹种的换算方法

在目前的试验中，经济的原因，单独做炮身的寿命试验是比较少，大多数与火炮定型试验结合进行，在火炮定型试验中，火炮要进行强装药和减装药射击，而炮身寿命是以全装药射弹数来表示的，所以要将强装药和减装药的射弹数折算成全装药的射弹数。

（1）等效全装药系数为

$$K=[v_i/v_0]\cdot[p_i/p]^{1.4} \tag{2-45}$$

式中 p_i——强装药或减装药的膛压（MPa）；

v_i——强装药或减装药的初速（m/s）；

p——全装药膛压（MPa）；

v_0——全装药初速（m/s）。

（2）全装药弹数为

$$N_1=N_{\mathrm{i}}\times K \tag{2-46}$$

式中　N_1——等效全装药弹数；

N_i——强装药或减装药弹数。

2）评定炮身寿命所做的工作

（1）绘制初速、膛压与射弹数关系曲线。

（2）绘制药室增长量与射弹数关系曲线。

（3）绘制身管内径在全长上随射弹数增加的磨损曲线。

（4）绘制密集度与射弹数关系曲线。

（5）将回收弹丸测量结果列表统计。

（6）统计引信瞎火与弹丸在弹道上早炸，以及靶板上椭圆孔或横弹出现时机与数量。

根据前面所述的炮身寿命结束参数评定标准，评定身管弹道寿命是否满足战术技术指标要求。

2.3.10.3　自动机寿命试验

1. 试验目的

（1）考核自动机的工作可靠性和保证连续自动发射的能力。

（2）为合理确定备件数量提供试验依据。

2. 试验方法

（1）为了考核自动机寿命以及与各零部件之间的磨损关系，试验开始时，就必须对自动机零部件尺寸与自动机静态循环图进行测量和测定。

（2）若自动机是靠后坐能量工作，则在试验开始和结束时，应进行减装药机构动作试验，确定自动机在最小后坐速度情况下工作是否可靠。

（3）在试验前期进行一次强度射击试验，之后按战斗射速射击的方法进行磨损射击试验，并在各阶段对自动机重复试前的静态测量项目，直至自动机寿命终止。

3. 结果标准

（1）自动机寿命评定标准。

出现下述现象之一，则可认为自动机寿命终止：

① 自动机不允许更换的零部件变形、断裂或严重磨损而不能正常工作。

② 自动机故障率已超过规定指标。

③ 在列装定型试验中，已用完自动机某一种备件规定数。

（2）零部件寿命评定标准：

① 零部件出现超出规定的变形、断裂、严重磨损，即为寿命终止。

② 在状态鉴定试验中，应确定合理的备件数量。当零部件已达到规定寿命未损坏时，可以进行延寿射击，以摸清零部件的实际寿命。

2.3.11 可靠性试验

2.3.11.1 概述

1. 可靠性的定义及分类

在规定的使用条件下和规定的时间内,完成规定功能的能力称为可靠性。规定的条件是指使用条件、维护条件、环境条件和操作技术等。时间是一个广义的时间概念,可以是工作时间、行驶里程、动作次数和发射弹数等。功能是指被试品的主要用途及各项性能指标。能力是指完成规定功能的能力,在可靠性中用概率或寿命来表示。

武器系统的可靠性设计有两大目标:一是提高武器系统的作战效能;二是减少费用。对应这两个目标,可进一步将可靠性分为基本可靠性和任务可靠性。基本可靠性是指被试品在规定条件下无故障的持续时间和能力。基本可靠性说明被试品将经过多长时间可能要发生故障,即需要维修的间隔时间。不管被试品是否有冗余和替代工作模式结构,其基本可靠性是一个全串联的模型。基本可靠性是估计对维修和维修保障的要求,可作为用户费用度量指标的重要组成部分。任务可靠性是指在规定任务剖面内完成规定功能的能力。它是度量作战效能指标的重要组成部分。任务可靠性只考虑影响完成规定功能的故障模式。

2. 故障的分类和定义

被试品的一部分不能或将不能完成预定功能的事件和状态称为故障。由被试品本身产生的而不是由于另一个产品故障引起的故障称为独立故障。使被试品不能完成任务的或可能导致人或物重大损失的故障或故障组合称为致命性故障。故障一般分为关联故障和非关联故障两种。关联故障是在规定的条件下,被试品发生的且预期在现场使用中可能出现的故障。非关联故障指不是被试品自身引起的,不属于考核范围且在现场使用中不会出现的故障。在可靠性试验中把故障又分为责任故障和非责任故障。责任故障是被试品在试验中发生的既关联又独立的故障。非责任故障是火炮在试验中发生的非关联故障和从属故障,以及其他不能断定为责任故障的故障。

在可靠性试验中,一般需要对平均故障间隔时间(MTBF)、致命性故障间任务时间(MTBCF)和故障率进行计算和评定。在规定的条件下和规定的时间内,产品的寿命单位总数与故障总次数之比称为平均故障间隔时间。在规定的一系列任务剖面中,产品的任务总时间与致命性故障总数之比称为致命性故障间任务时间。在规定的条件下和规定的时间内,产品的故障总数与寿命单位总数之比称为故障率。

3. 可靠性试验原则

可靠性试验要考虑到费用、效益和实际的可能，既要真实反映武器系统的可靠性水平，又要降低试验的消耗。试验样品不应少于3个，每个样品的试验时间不应少于被试品平均试验时间的一半。试验所施加的应力类型要根据武器的任务和训练剖面来确定，试验应力应尽量和使用中的工作条件和环境条件一致。可靠性试验的应力循环周期应不少于5个，每个周期应有确定的工作时间、施加应力的种类和大小。可靠性试验的时间是指系统在规定应力条件下的工作时间。在试验过程中的准备时间、维修时间及应力转换时间不应计入总试验时间。

2.3.11.2 试验方案制定

1. 指数分布下的可靠性抽样检验方案

如果假定产品的故障服从指数分布。在总数 N 的产品批中抽取 n 个产品进行试验，在 $[0,t]$ 时间内有 r 个产品发生故障，c 为合格判定数。在 $[0,t]$ 时间内有 r 个产品发生故障的概率为

$$P(X=r)=\binom{n}{r}[F(t)]^{r}[R(t)]^{n-r} \tag{2-47}$$

在指数分布条件下的接受概率为

$$P(X=r)=\binom{n}{r}[1-\mathrm{e}^{-\lambda t}]^{r}[\mathrm{e}^{-\lambda t}]^{n-r} \tag{2-48}$$

当 n 较大，$n\lambda t$ 不太大时，二项分布近似为泊松分布：

$$L(\lambda)\approx\sum\frac{(N\lambda t)}{r!}\mathrm{e}^{-n\lambda t}=\int_{2n\lambda}^{\infty}g(x,2c+2)\mathrm{d}x \tag{2-49}$$

$g(x,2c+2)$ 为自由度 $2c+2$ 的 χ^2 分布的密度函数。给定 λ_0、λ_1 和 α、β 时，就有

$$2n\lambda_0 t\leqslant\chi^2_{\alpha,2c+2} \tag{2-50}$$

$$2n\lambda_1 t\leqslant\chi^2_{1-\beta,2c+2} \tag{2-51}$$

根据上述式就能得出总试验时间和合格判定数 c。

当指标是平均故障间隔时间时，可按下列公式进行计算：

$$\frac{2T}{\theta_0}\leqslant\chi^2_{\alpha,2c+2} \tag{2-52}$$

$$\frac{2T}{\theta_1}\leqslant\chi^2_{1-\beta,2c+2} \tag{2-53}$$

$$d=\frac{\theta_0}{\theta_1}\geqslant\frac{\chi^2_{2c+2,\beta}}{\chi^2_{2c+2,1-\alpha}} \tag{2-54}$$

式中　T——总试验时间(h),$T=nt$;

d——鉴别比;

θ_0、θ_1——平均故障间隔时间的置信下限和上限(h);

α、β——生产方和使用方风险。

2. 方案的选取原则

选取定时截尾试验方案。根据检验下限 θ_1,按给定的使用方和生产方风险及鉴别比确定试验时间及合格的故障判定数。在选取各项参数时应注意以下几点:

(1) 置信下限应选取指标值,这样才能给出正确的评定结果。

(2) 使用方风险不能取得过大,如果取得过大,就会降低试验结果的置信度;同时生产方风险和使用方风险应尽量一致。

(3) 鉴别比不能太大,如果太大,结果的置信区间就会太大。

2.3.11.3　试验周期及应力确定

1. 试验周期的确定

试验周期是试验计划的重要组成部分,是产品寿命历程的浓缩,因此一般按给定的训练和任务剖面确定应力循环周期。如果没有给出任务和训练剖面,就可以参照类似武器可靠性试验的循环周期进行确定。

2. 施加应力的种类及要求

施加综合应力时,试验条件和等级及其随试验时间而发生各种变化情况,应能反映武器的现场使用环境及战斗任务;施加部分综合应力或单项应力,要按比例模拟现场使用寿命期内起支配作用的工作条件和环境条件。战术技术指标中要求的最严酷的条件在试验周期应占有一定的比例。试验应力的量级按战术技术指标的要求进行施加。若无特殊规定,则按下列推荐的应力种类和大小进行施加:

(1) 在极限高低温应力条件下的射击发数应各占总发数的10%;在自然环境温度应力(−30~+35℃)条件下应占总发数的80%。

(2) 具有电气装置的武器,在技术条件规定的电压上、下限条件下的工作时间应各占总工作时间的25%;在技术条件规定的电压范围内的工作时间应占总工作时间的50%。

(3) 行火炮一般以行驶试验代替冲击振动应力。总里程一般规定为1000km,其中:土路600km,行驶速度为15~30km/h;中等起伏路400km,行驶速度为6~20km/h。牵引火炮在专用路面上进行牵引试验代替冲击振动应力。

2.3.11.4 故障判别及处理

1. 故障的分类与判别

1）责任故障

（1）下述情况定为责任故障：

① 设计、生产、工艺或材料缺陷引起的故障。

② 同时发生几个故障，则每个故障均记为责任故障。

③ 出现的间歇故障。

④ 内部检测设备失效引起的故障。

⑤ 对于人员可达的调节装置，由于其指示器未提供需进行调整的信息，而经乘员观察发现后进行调整时，则每次调整均记为责任故障。

⑥ 不能查明原因的故障。

（2）根据责任故障对被试品影响的程度，将责任故障分为以下五级：

① 灾难性故障：导致人员伤亡或系统毁坏的故障，如胀膛、走火、膛炸等。

② 致命故障：使被试品不能完成规定任务或可能导致人或物重大损失的故障，如强度件裂纹或破坏等不能射击的现象。

③ 严重故障：严重影响被试品完成规定的功能，不排除无法正常使用的故障，如火炮零部件损坏或丧失功能，不进行维修火炮不能继续使用。

④ 一般故障：对被试品完成规定的功能有一定影响，暂时不排除也不影响规定功能完成的故障，如反后坐装置轻微漏液、漏气现象。

⑤ 轻微故障：对被试品完成规定功能有轻微影响，暂时不排除也不会使被试品丧失完成规定功能的故障。如不影响射击的渗液、漏气、脱漆等。

2）非责任故障

（1）未按规定的试验要求进行试验引起的故障。

（2）未按规定的操作程序进行操作引起的故障。

（3）意外事故引起的故障：由超负荷使用引起的故障。

（4）计划预防维修过程中未更换的使用寿命到期的机件发生的故障。

（5）外部检测仪器发生故障引起的故障。

（6）从属故障。

2. 故障统计及处理

用下列原则进行责任故障的统计和处理：

（1）未查明故障原因的故障，按故障的次数进行统计。

（2）由于设计原理上的缺陷，多次引起的重复故障，在修改设计后，经充分复试，未再出现者，按一次故障进行统计。

（3）当出现灾难性故障时，立即停止试验，按不合格进行评定。

（4）当已出现的责任（当量或致命）故障数大于合格判定数时应停止试验。

3. 故障维修

按下列要求对故障进行修理及故障零部件的更换：

（1）故障修理仅限于按技术文件把产品恢复到原来正常状态。

（2）修理有故障的零部件应不影响其他未出现故障的零部件。

（3）更换有故障的零部件，包括由其他零部件故障引起超过允许容限的零部件。

（4）除了事先已规定的之外，不应随意更换未出现故障的零部件。

（5）除按操作使用说明书的规定对被试品进行预防性维修。

2.3.11.5 试验实施

1. 试验计划的制定

按给定的试验方案制定试验实施计划。在实施计划中应含有的内容：试验的依据、时间、目的和火炮的名称、研制厂家；统计试验方案；试验的周期、施加应力的种类及大小、试验条件和要求；检查的时机和内容；任务分工及注意事项等。

2. 现场实施

按试验实施计划的要求进行实施。实施中应注意试验条件的控制及检查时机的掌握。一般在周期试验前后进行静态检查，在周期试验中进行功能检测和性能参数测试。

3. 主要检查和测试内容

在实施中应检测的内容：总装检查和分解检查的内容；主要功能的检查，如各种射击方式和瞄准方式等；主要性能参数测试，如初速、射速、射程和密集度等；主要参数的变化情况；记录故障的现象、时机、部位、原因及采取的措施等。

2.3.11.6 数据处理及结果评定

1. 平均故障间隔时间的点估计

按下式计算平均故障间隔时间的观测值：

$$\hat{\theta} = \frac{T}{r_g} \tag{2-55}$$

式中 T——总试验时间（h）；

r_g——责任故障（致命性故障或当量故障）总数。

2. 采用不加权方法时平均故障间隔时间的估计

采用不加权方法评定可靠性时，用所有的责任故障和从属故障评定被试品的基本可靠性，用责任故障中的致命故障评定被试品的任务可靠性。按下列方法进行平均故障间隔时间的估计：

（1）当试验结束的瞬间，火炮未发生故障时，有

$$\theta_{\mathrm{L}}=\frac{2T}{\chi^{2}_{2r_{g}+2,(1-C)/2}} \tag{2-56}$$

$$\theta_{\mathrm{u}}=\frac{2T}{\chi^{2}_{2r_{g}+2,(1+C)/2}} \tag{2-57}$$

式中 T——总试验时间(h)；

θ_{L}、θ_{u}——平均故障间隔时间估计区间的下限和上限(h)；

C——置信度，取 $C=1-2\beta$，β 为使用方风险。

（2）当试验结束的瞬间，发生故障时，有

$$\theta_{\mathrm{L}}=\frac{2T}{\chi^{2}_{2r_{g},(1-C)/2}} \tag{2-58}$$

$$\theta_{\mathrm{u}}=\frac{2T}{\chi^{2}_{2r_{g},(1+C)/2}} \tag{2-59}$$

3. 采用加权方法时平均故障间隔时间的估计

如果采用加权方法评定可靠性时，需要使用方给出故障的分类分级准则和各级故障的加权系数，各级故障总数乘以其加权系数的总和称为当量故障数。当量故障数为

$$r_{XZ}=\sum_{i=1}^{n}K_{i}r_{i} \tag{2-60}$$

式中 K_i——不同类型责任故障的加权系数；

r_i——不同类型责任故障数。

用前面的方法计算 MTBF 的观测值，并按下式估计 θ_{ZL}、θ_{Zu}：

（1）当试验结束的瞬间，被试品发生故障时，有

$$\theta_{ZL}=\frac{T}{\Gamma_{r_{XZ},(1-C)/2}} \tag{2-61}$$

$$\theta_{Zu}=\frac{T}{\Gamma_{r_{ZX},(1+C)/2}} \tag{2-62}$$

（2）当试验结束的瞬间，被试品未发生故障时，有

$$\theta_{ZL}=\frac{T}{\Gamma_{r_{ZX}+1,(1-C)/2}} \tag{2-63}$$

$$\theta_{Zu}=\frac{T}{\Gamma_{r_{XZ},(1+C)/2}} \tag{2-64}$$

式中 $\Gamma_{v,P}$——自由度为 v 的 χ^2 分布的 p 上侧分位数；

C——置信度，取 $C=1-2\beta$，β 为使用方风险。

4. 结果评定

根据试验结果,当被试品发生灾难性故障时,对被试品进行不合格判决。当被试品发生的责任故障总数(或致命故障)不大于试验方案规定的合格判定数(r_z)时,判定被试品的可靠性满足指标要求。

第 3 章 车载炮试验技术

车载炮是将牵引火炮的回转部分装在相应的军用牵引车或装甲底盘上，构成一种车驮炮的结构，并配有以供输弹机构、数字化火控系统等以提高快速反应能力的一种火炮。其试验方案设计、试验内容、试验方法、结果评定等都与牵引火炮和自行火炮有较大区别。

3.1 概　　述

3.1.1 车载炮作战使命

车载炮主要装备于集团军轻型合成旅炮兵营、合成营火力连以及山地/边防部队炮兵营或火力连等单位，实施远程火力压制，为地面部队提供火力支援，也可编配于海防炮兵部队进行特定地域有限机动作战，对海上目标实施火力打击。

车载炮主要作战任务：用于打击敌前沿至纵深地域内的各种目标，以火力支援步兵、装甲兵的作战行动，压制或歼灭敌兵及有生力量，破坏敌防御设施、指挥所、通信和交通枢纽、桥梁、渡口等重要目标。对海防作战时，远距离以间瞄火力集中射击和阻拦射击打击敌水面舰艇，近距离时以直瞄射击打击敌登陆工具。

3.1.2 武器系统组成

武器系统组成如图 3-1 所示。

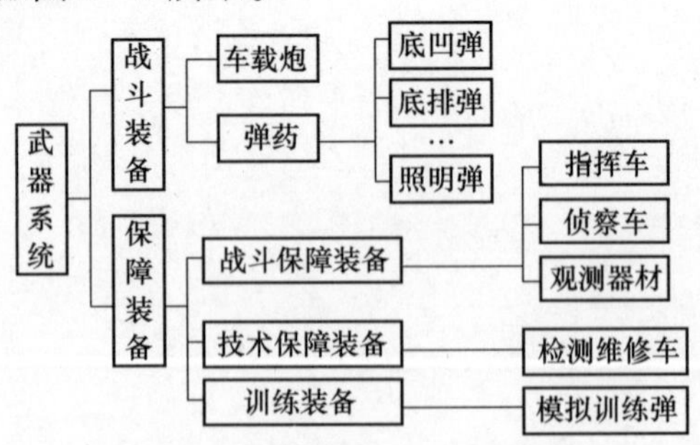

图 3-1　武器系统组成示意图

3.2　车载炮试验内容

车载炮试验是一项综合性的工作,它既是工程设计的具体验证,又是发现缺陷的关键阶段。本章以一种典型车载炮为例,详细介绍车载炮的结构组成原理、试验设计方法、试验流程、试验内容、试验方法、结果评定等试验技术。

以某型加榴炮武器系统研制为例,参照有关国家军用标准、产品图样及制造与验收规范详细阐述车载炮的试验内容。

3.2.1　总体性能指标

该试验的目的是考核某型加榴炮、检测维修车及指挥车软件改进后的功能与性能是否满足战术技术指标及使用要求,为产品能否鉴定定型提供试验依据。

3.2.2　各分系统性能指标

某型加榴炮:炮车总体性能试验,火力系统试验,火控系统试验,通信系统试验等。

检测维修车:静态测量检查,安全性、供配电、单体设备、电源适应性、连续工作时间、检测诊断能力、机械维修保养能力、展开撤收时间、夜间作业、定位导航、通信、方舱温度调节、维修性、保障性、测试性、人机工程、可靠性、行驶机动性等。

指挥车软件:射击指挥功能、互联互通功能、诸元计算精度等。

电磁兼容性:设备和分系统、系统试验等。

环境适应性:冲击、振动、低温储存及工作、高温储存及工作、湿热、淋雨、低气压储存、霉菌、盐雾、沙尘、太阳辐射、跌落等。

软件试验:文档、功能、与指挥系统接口、软件安全性、软件安装性、软件稳定性、人机交互界面等。

基本作战性能试验。

高原适应性试验。

复杂电磁环境适应性试验。

3.2.3　试验品数量及技术状态要求

1. 被试品

(1) 某型加榴炮(包括火力系统、火控系统、底盘系统和总体直属组件)2门。

(2) 某型加榴炮检测维修车1辆(简称检测维修车,含便携式电子检测仪、便携式液压检测仪、便携式电缆检测仪、擦膛机各1套)。

(3) 某型软件各1套。

(4) 钢板(与火炮防护钢板同材质、尺寸不小于500mm×500mm)2块。

2. 陪试品

准备试验相关陪试品,并符合试验技术要求。如模拟装甲目标若干个、模拟弹药若干发、电子检测仪调试台、液压检测仪试验工装台架、电缆检测仪模拟电缆检测工装、人头躯干模拟器和声级计、超短波通信干扰模拟设备、卫星导航干扰模拟设备、电磁兼容性试验系统和模拟信号源等。

3.2.4 测试参数与精度要求

主要测试参数和精度要求如下:

(1) 弹丸初速、径向速度,测量精度。

(2) 膛压,测量误差。

(3) 立靶坐标,测量精度。

(4) 落点坐标,测量精度。

(5) 地面点位高斯平面坐标和大地平面坐标,高斯平面坐标测量精度,大地坐标分辨率。

(6) 大地方位角,测量精度。

(7) 瞄准线稳定精度,测量精度。

(8) 武器线稳定精度,测量精度。

(9) 调炮精度,测量精度。

3.2.5 试验中断处理与恢复

1. 试验中断处理

试验过程中出现以下情况时,试验中断:

(1) 出现安全、保密事故征兆。

(2) 试验结果已判定关键战术技术指标达不到要求。

(3) 出现影响性能和使用的重大技术问题。

(4) 出现短期内难以排除的故障。

2. 试验恢复

承研承制单位对试验中暴露的问题采取改进措施,经试验验证和相关单位确认问题已解决,承试单位应向监管单位提出恢复或重新试验的申请,经批准后,由承试单位实施试验。

3.3 车载炮试验方法

3.3.1 某型加榴炮

3.3.1.1 炮车总体性能试验

炮车总体性能试验主要包括静态测量检查，通用化、系列化要求，不除尘射击，全炮电气控制，供电特性，行战转换时间，系统反应时间，射击及行驶综合可靠性，控制系统可靠性，行战转换机构动作可靠性、维修性、测试性、保障性、安全性，弹炮适配性试验，电源拉偏试验，强度试验，液压系统耐久性试验。

1. 炮车静态测量检查

1）试验目的

检查某型加榴炮总装性能、诸元、关重件等是否满足战术技术指标及制造与验收规范要求。

2）试验条件

（1）某型加榴炮。

（2）电子经纬仪。

（3）弹簧试验机。

（4）硬度计。

（5）地中衡、米尺等。

3）试验方法

在试验初期、普通强度试验前后、战斗射速射击试验后及试验末期等阶段对某型加榴炮进行静态测量检查，内容包括：

（1）总体：战斗全重、乘员、外廓尺寸（行军、运输状态）、携弹量、弹药装填方式、车内预留单兵武器固定位置、加榴炮装具工具及备附件安放和行军固定位置、标志、迷彩等。

（2）冲点划线（复点复线）：炮身、炮口制退器、闩体、凸轮、复进机筒、复进杆装配、制退机筒、制退杆小装、节制杆小装、摇架、上架、大架、行军固定器架体、千斤顶、座盘、协调支臂、弹药箱、驻锄、齿圈、车架、驾驶室、车门等。

（3）硬度测试：曲臂轴、凸轮、抽筒子、击发杠杆、发射器压杆、复拨器、挡弹板拨动板、闩体挡杆、拨动子、拨动子轴、拨动子驻栓、挡弹板轴、柱销、击发器体、曲臂、击针、开闩板、内链板、外链板等。

（4）弹簧负荷:关闩机构弹簧、复进簧、击针簧、压栓簧。

（5）底盘参数:接近角、离去角、最小离地间隙、油气悬架系统升降调节功能、充放气系统等。

（6）检查某型加榴炮电气、机械零位一致性。

（7）液压系统密封性检查。

4）结果评定

若检测结果符合相关规定,则判定合格。

2. 通用化、系列化要求

1）试验目的

考核某型加榴炮通用化、系列化是否满足战术技术指标要求。

2）试验条件

（1）某型加榴炮。

（2）模拟弹药若干发。

（3）某型指挥车。

3）试验方法

（1）对比某型加榴炮身管图纸与某型自行加榴炮的身管图纸,检查身管长度、药室容积、内膛直径等。

（2）检查火控系统采用的电台、通信网络控制设备、北斗差分用户机是否适用。

（3）按自主作战要求设置指挥模式。

（4）手动调炮的降级使用模式。

（5）检查底盘合格证或质量证明。

（6）检查炮车和指挥车之间是否能够进行数传和话传信息。

4）结果评定

若检查结果满足战术技术指标及使用要求,则判定合格。

3. 不除尘射击

1）试验目的

考核加榴炮不除尘射击是否满足使用要求。

2）试验条件

（1）某型加榴炮。

（2）杀爆弹若干发。

（3）模拟弹药若干发。

（4）草原自然路。

（5）噪声测试仪。

3）试验方法

（1）某型加榴炮满载模拟弹药。

（2）匀速在水泥路行驶，关闭门窗，测量驾驶室稳态噪声。

（3）不穿炮衣在草原自然路行驶，平均速度不低于20km/h，行驶100km后进入射击阵地。

（4）不除尘，擦拭火炮身管内膛，随机取出若干发模拟弹药进行外观检查。

（5）以自动或半自动方式调炮，车外击发，分别以主射向最大射角和辅助射向最小射角射击杀爆弹各若干发。

（6）记录加榴炮初速雷达初速测试数据、射角、射向、射击时间、后坐长度及故障情况。

4）结果评定

若某型加榴炮工作正常，则判定合格。

4. 全炮电气控制

1）试验目的

考核某型加榴炮全炮电气控制功能是否满足战术技术指标和使用要求。

2）试验条件

（1）某型加榴炮若干门。

（2）大功率低压直流稳压电源1台、数字万用表1台、测温仪器1台、计时仪器等。

（3）模拟弹药若干发。

3）试验方法

在试验初期、普通强度试验后、环境试验后及试验末期等阶段进行检查，内容包括：

（1）外观。检查外观是否完好，各部件有无损伤，组件安装是否正确牢固，电缆连接是否可靠。

（2）供配电管理控制：

① 分别在底盘供电、上装蓄电池供电和大功率低压直流稳压电源供电的情况下检查供电配电管理控制功能。

② 将配电面板上总电源开关拨到“通”位置，查看配电电压显示值。

③ 分别将配电面板上综合控制、电气管理、惯性导航、北斗、液压随动、初速雷达和电台天线倒伏的开关拨到“通”位置，观察各分系统上电情况，同时查看显示终端配电状态界面的各分系统配电状态显示，并用万用表测量系统供电电压。

④ 当出现配电故障时（除电机泵外的设备，如无自然故障则采用模拟故

障),查看电气操作面板配电界面上的故障提示,排除故障后按下电气操作面板"配电复位"按钮,观察设备重新上电情况,检查系统配电复位功能。

(3) 天线倒伏控制。接通电源,使系统处于工作状态;将配电面板上电台天线倒伏电源开关置于"通",通过拨动升降开关,实现天线的升起和降下,动作到极限位置后,观察倒伏机构的动作是否自动停止。

(4) 安全管理控制。通过电气操作面板检查系统安全联锁(调炮联锁、装填联锁、击发联锁)控制功能是否正常。

① 调炮联锁。行军战斗转换完毕,在左右大架收起、行军固定器抱住身管、正在进行装填、弹盘不在初位、装填装置未处于调炮位或接弹位、火炮不在允许调炮区域、按击发按钮 2s 内收炮时,行军固定器关闭,向行军固定位调炮等状态时,检查系统能否进行自动和半自动调炮。

② 装填联锁。行军战斗转换完毕,在开闩未到位、复进未到位、调炮过程中、火炮不在装填区域、预射保险开关接通、后坐超长、膛内有弹等状态时,将装填手操作面板工作方式置于"自动",按下启动按钮,检查装填装置能否工作。

③ 击发联锁。行军战斗转换完毕,在火炮不在允许射击区域、调炮过程中、弹盘不在初位、开闩未到位、复进未到位、后坐超长、自动调炮瞄准未到位、预射保险开关断开等状态时,按下瞄准手操控台的击发按钮,观察击发电磁铁是否动作。

(5) 安全警示功能:

① 射击安全联锁。结合击发联锁控制功能检查进行,当允许射击条件不具备时,按下击发按钮,查看电气操作面板主界面显示的不允许射击条件。

② 配电状态监控。结合供配电管理控制功能检查进行,查看电气操作面板所显示的系统配电状态。

③ 联锁状态查询。结合安全联锁控制功能检查进行,当条件不满足时,查看电气操作面板的安全联锁界面,以及其显示的不允许调炮、装填和射击的联锁条件。

④ 设备自检和故障报警:

a. 结合火控系统功能检查进行,通过显示终端,查看系统各设备的自检情况;

b. 结合系统维修性试验进行,检查显示终端上显示的故障信息和故障内容。

⑤ 射击安全界限提示。在终端界面查看射击安全界限提示信息。

(6) 行战/战行转换控制功能。结合行军战斗/战斗行军转换时间试验进行,接通电源,使系统处于工作状态。

(7) 电击发控制功能:

① 车上击发。

② 车外击发。

(8) 装填控制功能。

(9) 液压系统控制功能。

(10) 随动调炮控制功能。

4) 结果评定

若检查结果满足战术技术指标及使用要求,则判定合格。

5. 供电特性

1) 试验目的

考核加榴炮供电特性是否满足战术技术指标和使用要求。

2) 试验条件

(1) 某型加榴炮若干门。

(2) 大功率低压直流稳压电源 1 台、数字万用表 1 台、测温仪 1 台,钳形电流表 1 台、示波器 1 台、电站通用测量系统(负载部分)1 套等。

(3) 模拟弹药若干发。

3) 试验方法

(1) 低压直流供电性能检查:

① 打开配电面板电源开关,在配电面板上查看电源电压显示值,观察电压是否稳定。

② 施加负载,用万用表测量供电系统稳态电压,用示波器测量纹波电压峰值,重复测量 3 次取平均值。

(2) 供电功率检查。按要求施加模拟负载,用伏安法测试系统供电功率,重复测量 3 次取最小值。

4) 结果评定

若检查结果满足战术技术指标及使用要求,则判定合格。

6. 行战转换时间

1) 试验目的

考核加榴炮行军战斗/战斗行军转换时间是否满足战术技术指标要求。

2) 试验条件

(1) 某型加榴炮。

(2) 计时仪器。

3) 试验方法

(1) 战斗行军转换时间:加榴炮以行军状态进入阵地,做好驻锄放置准备,从加榴炮停止到位开始，解脱行军固定器、悬架下降、各乘员就位、大架驻锄落地、千斤顶及座盘支撑到位、输弹机回接弹位、加榴炮方向瞄准基准射向、高低调到500mil至人工开闩为止所用的时间。

（2）战斗行军转换时间：从接收收炮命令开始，人工关闩、加榴炮身管自动归位、行军固定器闭锁、输弹机协调至行军位置并固定、千斤顶及座盘收起、大架驻锄收回、悬架升起至各乘员进入驾驶室为止所用的时间。

（3）测量3次，取平均值。

（4）分别在自然温度、高温、低温和夜间条件下进行。

4）结果评定

若行军战斗/战斗行军转换时间在自然温度、高温、低温和夜间条件下均不大于1min，则判定合格。

7. 系统反应时间

1）试验目的

考核某型加榴炮系统反应时间是否满足战术技术指标要求。

2）试验条件

（1）某型加榴炮。

（2）计时仪器。

3）试验方法

火炮处于战斗状态、做好射击准备（含引信装定、装药号调整），初始射向0°、射角30°，在高低和方向调炮不超过30°的范围内，从接收到目标诸元（距离火炮不小于29km的1个目标点）起，到完成弹药装填、自动瞄准后击发瞬间为止，记录所用的时间，进行3次，取平均值。

4）结果评定

若系统反应时间平均值不大于30s，则判定合格。

8. 射击及行驶综合可靠性

1）试验目的

考核加榴炮射击及行驶综合可靠性是否满足战术技术指标要求。

2）试验条件

某型加榴炮若干门。

3）试验方法

（1）结合性能试验进行，按照行驶-射击-行驶的剖面进行。

（2）行驶可靠性可以选取准定时截尾试验方案制定。

（3）加榴炮满载行驶，每日行驶后检查：行战转换、开闩、关闩，击发、复拨动作、输弹机动作、灯光、雨刷工作情况、驾驶室门窗开闭、天线倒伏、弹药箱外观。

(4) 记录试验项目、试验条件、故障时机、故障现象、故障原因和解决措施等。

(5) 按相关文件规定进行预防性维修。

4) 结果评定

若检查结果满足战术技术指标及使用要求,则判定合格。

9. 控制系统可靠性

1) 试验目的

考核控制系统平均故障间隔时间是否满足战术技术指标要求。

2) 试验条件

某型加榴炮若干门。

3) 试验方法

(1) 结合性能试验进行。

(2) 选取标准型定时截尾试验方案。

(3) 记录试验项目、试验条件、故障时机、故障现象、故障原因和解决措施等。

(4) 若性能试验结束,试验累计时间未满足可靠性统计要求,则进行补充试验。

(5) 按相关文件规定进行预防性维修。

4) 结果评定

若检查结果满足战术技术指标及使用要求,则判定合格。

10. 行战转换机构动作可靠性

1) 试验目的

考核行战转换机构动作的可靠性是否满足战术技术指标要求。

2) 试验条件

某型加榴炮若干门。

3) 试验方法

(1) 结合性能试验进行,一次行战转换机构动作包括行军战斗转换与战斗行军转换。

(2) 选取标准定时截尾试验方案。

(3) 记录试验项目、试验条件、故障时机、故障现象、故障原因和解决措施等。

(4) 若性能试验结束,行战转换机构动作次数未满足可靠性统计要求,则进行补充试验。

(5) 按相关文件规定进行预防性维修。

4）结果评定

若检查结果满足战术技术指标及使用要求,则判定合格。

11. 维修性

1）试验目的

考核加榴炮的维修性是否满足战术技术指标要求。

2）试验条件

某型加榴炮若干门。

3）试验方法

（1）结合性能试验进行,记录自然故障维修情况。

（2）若基层一级或基层二级自然故障样本量大于30个,则按实际样本量进行统计。

（3）若基层一级或基层二级自然故障样本量不足30个,则采用模拟故障进行维修,记录维修情况。

（4）统计基层一级和基层二级修复性维修时间,分别取平均值。

4）结果评定

若检查结果满足战术技术指标及使用要求,则判定合格。

12. 测试性

1）试验目的

考核加榴炮测试性是否满足战术技术指标要求。

2）试验条件

（1）某型加榴炮若干门。

（2）检测维修车1辆。

3）试验方法

结合电子检测仪主要功能、液压检测仪主要功能、检测诊断能力等试验项目,检查加榴炮是否具有下列测试性设计。

（1）总线接入设备测试性:设置接入CAN总线上的设备为正常或故障状态,系统上电,在显示终端检查自检结果是否正确,然后将便携式电子检测仪与加榴炮预留CAN总线检测接口连接,检查便携式电子检测仪检测结果是否正确;将数据导出线缆两端分别与综合控制箱、USB闪存驱动器连接,在终端“数据管理”界面选择需要导出的数据,检查导出数据是否正确。

（2）可修复电子设备测试性:检查可修复电子设备是否预留检测接口;设置可修复电子设备为正常或故障状态,将便携式电子检测仪与可修复电子设备检测接口连接,检查便携式电子检测仪检测结果是否正确。

（3）检查液压系统油源回路、高平机回路、方向机回路、高平机蓄能器充放液回路、协调回路、摆动回路、输弹回路、大架回路、千斤顶回路、座盘回路和悬架回路预留状态检测接口，通过液压检测仪检查回路状态。

4）结果评定

若加榴炮总线预留检测接口，总线接入设备能够完成自检和设备状态上报，设备收发数据能够记录、存储和导出，可修复电子设备预留检测接口，可通过电子检测仪实现最小可更换单元状态检测功能，液压系统预留状态检测接口，可通过专用检测设备实现回路状态检测，则判定合格。

13. 保障性

1）试验目的

考核加榴炮保障性是否满足战术技术指标要求。

2）试验条件

（1）某型加榴炮若干门。

（2）某型指挥车1辆。

3）试验方法

（1）结合静态测量，对照图样中的随炮工具、备附件明细检查加榴炮装具、工具及备附件是否齐全，是否设置安放和行军固定位置。

（2）训练保障。

（3）检查供配电管理控制功能。

（4）检查随炮各种手册资料以及备件清单是否齐备。

4）结果评定

若勤务保障、训练保障、电源接入及技术资料检查结果符合规定，则判定合格。

14. 安全性

1）试验目的

考核加榴炮安全性是否满足战术技术指标要求。

2）试验条件

某型加榴炮若干门。

3）试验方法

（1）安全警示功能：结合电气控制功能，检查加榴炮是否具有射击安全联锁、设备自检和故障报警功能，是否能提供射击安全界限提示、配电状态监控和联锁状态查询。

（2）软件安全性：检查重要参数是否具有访问和修改权限限制功能，重要参数包括方位/高低传感器零位修正、定位定向修正参数、协调器零位修正、初速预测数据管理、通信控制器和电台等相关参数；检查是否具有防止非法操作的功能。

4）结果评定

若安全警示功能及软件安全性符合规定，则判定合格。

15. 弹炮适配性试验

1）试验目的

考核某型加榴炮对弹药的适配性。

2）试验条件

（1）某型加榴炮若干门。

（2）多种类型弹药若干发。

（3）模拟装甲目标若干个。

（4）激光测距目标指示器、指挥同步装置、指挥车等。

3）试验方法

（1）杀爆弹和远程杀爆弹适配性结合加榴炮试验进行。

（2）弹药携行距离若干千米，携行后，检查火炮弹药箱对弹药的磨损情况。

4）结果评定

若火炮机构动作正常，弹药弹道无异常，则判定合格。

16. 电源拉偏试验

1）试验目的

考核加榴炮在极限电源条件下工作是否正常。

2）试验条件

（1）某型加榴炮。

（2）大功率低压直流稳压电源 1 台。

3）试验方法

（1）加榴炮液压系统从底盘取电，通过配电控制箱上的专用插座连接大功率低压直流稳压电源。

（2）在拉偏试验前后和拉偏试验时按工作流程进行供配电管理控制、自检、寻北、行战转换、数传与话传、初速测量、诸元计算、自动调炮、装填控制、安全管理等主要功能检查。

4）结果评定

若加榴炮工作正常，则判定合格。

17. 强度试验

1）试验目的

考核加榴炮在最大射击载荷下的刚强度和性能是否满足战术技术指标及使用要求。

2）试验条件

（1）某型加榴炮。

（2）远程杀爆弹若干发，保常温。

（3）冲击波压力场测试系统。

（4）人头躯干模拟器和声级计。

（5）温度测试设备。

3）试验方法

（1）试前对加榴炮各系统进行静态测量检查和技术性能检查。

（2）加榴炮全系统工作。

（3）控制加榴炮身管和反后坐装置温升。

（4）射击试验。

（5）试验过程中，测量身管、反后坐装置温度。

（6）试中进行技术性能检查、试后对加榴炮各系统进行静态测量检查。

（7）提供加榴炮射击 140dB 等压曲线、炮口压力场和入耳噪声。

（8）记录加榴炮初速雷达初速测试数据、射角、射向、射击时间、后坐长度及故障情况。

4）结果评定

若加榴炮主要零部件未发生损坏或超过规定的变形，工作正常，则判定合格。

18. 液压系统耐久性试验

1）试验目的

考核加榴炮液压系统在长时间工作状态下的性能是否满足使用要求。

2）试验条件

（1）某型加榴炮。

（2）测温仪器 1 套。

3）试验方法

（1）试验在全部射击项目结束后进行。

（2）系统工作若干小时。

（3）周期内进行行战转换和调炮动作。

（4）在液压系统工作期间，每 10min 进行行战转换 1 次、调炮 4 次。

（5）记录液压系统温升、故障次数及种类、故障修复时间。

4）结果评定

若加榴炮液压系统能保持正常工作，则判定合格。

3.3.1.2 火力系统试验

1. 火力静态测量检查

1）试验目的

检查加榴炮射界、身管等火力系统静态性能是否满足战术技术指标及制造与验收规范要求。

2）试验条件

（1）某型加榴炮。

（2）电子经纬仪。

（3）光学窥膛仪。

（4）测径仪。

3）试验方法

在试验初期、普通强度试验前后、战斗射速射击试验后及试验末期等阶段对加榴炮进行静态测量检查，内容包括：

（1）诸元（仅在试验初期进行）：主射界（自动调炮、手动调炮）、辅助射界（半自动调炮、手动调炮）、火线高、回转半径等。

（2）总装性能：外观、机构动作、方向机啮合间隙、方向机空回量、高低机手轮力、方向机手轮力、开闩手柄力等。

（3）身管：划线、窥膛照相、身管长度、内外径、药室容积等。

4）结果评定

若检测结果满足战术技术指标及制造与验收规范要求，则判定合格。

2. 选配强装药

1）试验目的

确定满足试验要求强装药药量。

2）试验条件

（1）某型加榴炮。

（2）膛压测试系统。

（3）初速雷达。

（4）杀爆弹若干发，保常温。

3）试验方法

按《火炮内弹道试验方法》执行。

4）结果评定

若检查结果满足战术技术指标及使用要求，则判定合格。

3. 装药内弹道性能检查

1）试验目的

检查杀爆弹和远程杀爆弹内弹道性能是否满足试验要求，给出身管寿命不同阶段的内弹道性能。

2）试验条件

（1）某型加榴炮。

（2）初速雷达。

（3）膛压测试系统。

（4）杀爆弹若干发，保常温。

3）试验方法

按《火炮内弹道试验方法》执行。

4）结果评定

若检查结果满足战术技术指标及使用要求，则判定合格。

4. 立靶密集度

1）试验目的

考核加榴炮千米立靶密集度是否满足战术技术指标要求，提供身管不同时期立靶密集度数据以评价身管寿命。

2）试验条件

（1）某型加榴炮。

（2）初速雷达。

（3）校靶镜。

（4）象限仪。

（5）杀爆弹，保常温。

（6）靶面尺寸不小于 $10m \times 10m$。

（7）地面平均风速不大于 10m/s，阵风不大于平均风速 50%。

3）试验方法

（1）按照《火炮外弹道试验方法》执行。

（2）用校靶镜和瞄准镜标定射向，用象限仪装定射角，对千米立靶进行射击。

（3）测量地面气象诸元、初速及弹着点坐标。

（4）在身管寿命初期、普通强度试验后及身管寿命末期，各射击 3 组杀爆弹，每组 7 发，组与组间隔不少于 4h，分别计算弹着点的方向和高低中间误差，取 3 组平均值。

（5）记录加榴炮初速雷达测试数据、射角、射向、射击时间、后坐长度及故障情况。

4）结果评定

若身管寿命初期千米立靶密集度不大于0.5m×0.5m，则判定合格。

5. 常温最大射程及地面密集度

1）试验目的

考核身管寿命初期杀爆弹最大射程及地面密集度、远程杀爆弹最大射程是否满足战术技术指标要求，提供远程杀爆弹最大射程地面密集度和不同时期杀爆弹最大射程地面密集度数据。

2）试验条件

（1）某型加榴炮。

（2）GPS测量站。

（3）初速雷达。

（4）象限仪。

（5）杀爆弹若干发，保常温。

3）试验方法

（1）用瞄准镜标定射向，用象限仪装定射角。

（2）测量气象诸元、初速及落点坐标。

（3）记录加榴炮初速雷达初速测试数据、射角、射向、射击时间、后坐长度及故障情况。

（4）对杀爆弹和远程杀爆弹进行射程标准化，计算杀爆弹落点坐标的距离和方向中间误差，取3组平均值。

4）结果评定

若检查结果满足战术技术指标及使用要求，则判定合格。

6. 高低温最大射程地面密集度

1）试验目的

检查杀爆弹高、低温最大射程地面密集度。

2）试验条件

（1）某型加榴炮。

（2）GPS测量站。

（3）初速雷达。

（4）象限仪。

（5）杀爆弹若干发，保低温。

（6）地面平均风速不大于10m/s，阵风不大于平均风速50%。

3）试验方法

（1）用瞄准镜标定射向，用象限仪装定射角。

(2) 测量气象诸元、初速及落点坐标。

(3) 记录加榴炮初速雷达初速测试数据、射角、射向、射击时间、后坐长度及故障情况。

(4) 提供身管寿命初期杀爆弹高、低温最大射程地面密集度。

7. 减装药机构动作

1) 试验目的

考核在身管寿命初期和末期,射击低温装药杀爆弹时火炮机构动作是否正常。

2) 试验条件

(1) 某型加榴炮。

(2) 杀爆弹若干发,保低温。

(3) 初速雷达。

3) 试验方法

(1) 以自动或半自动方式调炮,车外击发。

(2) 测试弹丸初速。

(3) 记录加榴炮初速雷达初速测试数据、射角、射向、射击时间、后坐长度及故障情况。

4) 结果评定

若火炮机构动作正常,则判定合格。

8. 弹带性能

1) 试验目的

检查身管不同寿命阶段,膛线对弹带的导转情况,为判断身管弹道寿命是否终止提供依据。

2) 试验条件

(1) 某型加榴炮。

(2) 杀爆弹若干发,保常温。

3) 试验方法

(1) 射前检查弹丸弹带直径并冲点。

(2) 以自动或半自动方式调炮,车外击发。

(3) 射击若干发弹药选择便于回收弹丸的射角。

4) 结果评定

若检查结果满足战术技术指标及使用要求,则判定合格。

9. 普通强度

1) 试验目的

考核火力系统在最大射击载荷下的结构强度和刚度是否满足使用要求。

2）试验条件

同炮车总体试验中的强度试验。

3）试验方法

结合炮车总体试验中的强度试验进行。

4）结果评定

若火力系统工作正常，主要零部件未发生损坏或超过规定的变形，则判定合格。

10. 低温强度

1）试验目的

考核火力系统在低温条件下射击的结构强度和刚度是否满足使用要求。

2）试验条件

（1）某型加榴炮。

（2）环境模拟实验室。

3）试验方法

（1）结合低温环境试验进行，低温条件下检查机构动作正常后，火炮机动到预定阵地，以自动或半自动方式调炮，车外击发。

（2）记录加榴炮初速雷达初速测试数据、射角、射向、射击时间、后坐长度及故障情况。

（3）恢复到常温后，对大架、闩体、行军固定器架体和车门进行复线检查。

4）结果评定

若火力系统工作正常，主要零部件未发生损坏或超过规定的变形，则判定合格。

11. 射击噪声及生物效应

1）试验目的

测试加榴炮射击噪声及生物效应，为发射员防护提供基础数据。

2）试验条件

（1）某型加榴炮。

（2）冲击波和噪声测试系统。

（3）人头躯干模拟器和声级计各1套。

（4）有害气体含量测试系统。

（5）远程杀爆弹若干发，保高温。

3）试验方法

（1）测试噪声、炮尾战位有害气体含量。

（2）试验后检查生物器官是否受到伤害。

（3）提供驾驶室内、战位等位置的噪声及生物伤害结果。

12. 射击稳定性及振动加速度

1）试验目的

测量加榴炮射击过程中的上跳、下压等变化值，检查瞄准镜变化量，测量部分单体位置振动加速度。

2）试验条件

（1）某型加榴炮。

（2）振动位移测试系统。

（3）振动加速度测试系统。

（4）高速摄影。

（5）远程杀爆弹若干发，保常温。

3）试验方法

（1）以自动或半自动方式调炮，车外击发，以右极限最大射角和最小射角、左极限最大射角和最小射角分别射击。

（2）用振动位移测试系统测试加榴炮射击过程中的上跳、下压、位移等变化值。

（3）用高速摄影测量炮口振幅及持续时间。

（4）在瞄准具、雷达、显示终端等设备附近布置传感器，测量振动加速度。

（5）测定射角射向，检查瞄准镜装定分划变位。

（6）提供火炮上跳、下压、位移等最大值，炮口最大振幅及持续时间，瞄准具、雷达、显示终端等位置振动加速度最大值，瞄准变位量的平均值、最大值。

（7）记录加榴炮初速雷达初速测试数据、射角、射向、射击时间、后坐长度及故障情况。

13. 炮口焰测试

1）试验目的

测量炮口焰尺寸。

2）试验条件

（1）某型加榴炮。

（2）高速摄影。

（3）杀爆弹若干发。

3）试验方法

（1）以左极限射向，15°射角射击。

（2）提供炮口焰尺寸。

（3）记录加榴炮初速雷达初速测试数据、射角、射向、射击时间、后坐长度及故障情况。

4）结果评定

若检查结果满足战术技术指标及使用要求，则判定合格。

14. 战斗射速射击

1）试验目的

在模拟实战条件下，考核加榴炮射速是否满足战术技术指标要求。

2）试验条件

(1) 某型加榴炮。

(2) 杀爆弹若干发，保常温。

(3) 测温装置。

3）试验方法

按《火炮内弹道试验方法》执行。

4）结果评定

若检查结果满足战术技术指标及使用要求，则判定合格。

15. 携行弹药弹道性能检查

1）试验目的

检查弹药经过加榴炮携行后弹道性能是否有显著差异。

2）试验条件

(1) 某型加榴炮。

(2) GPS 测量站。

(3) 初速雷达。

(4) 象限仪。

(5) 杀爆弹若干发，保常温。

(6) 地面平均风速不大于 10m/s，阵风不大于平均风速 50%。

3）试验方法

(1) 结合射击及行驶综合可靠性试验进行，将弹药放入弹药箱对应位置，携行 100km 后，检查弹药外观是否完好。

(2) 以自动或半自动方式调炮，车外击发。

(3) 测量气象诸元、初速与落点坐标。

(4) 记录加榴炮初速雷达初速测试数据、射角、射向、射击时间、后坐长度及故障情况。

4）结果评定

若加榴炮射击工作正常，携行前后弹药最大射程和地面密集度无显著差异，则判定合格。

16. 身管寿命

1）试验目的

考核身管的弹道寿命。

2）试验条件

某型加榴炮若干门。

3）试验方法

按《火炮内弹道试验方法》执行。

4）结果评定

若身管弹道寿命大于若干发，则判定合格。

17. 瞄准具

1）横倾规正范围

（1）试验目的。

考核瞄准具调平机构横倾规正范围是否满足战术技术指标要求。

（2）试验条件：

① 某型加榴炮若干门。

② 象限仪 1 具。

③ 水平炮位。

④ 6°坡度炮位。

（3）试验方法：

① 瞄准具倾斜调整范围（零位时）。在武器系统作战使用状态下进行测试。

a. 将加榴炮置于水平炮位上，火炮炮管处于辅助射向。

b. 将瞄准具的修正计数器归零，装定射角为 0。

c. 转动瞄准具的倾斜手轮，使横向水准泡的气泡居中。转动火炮高低机手轮使纵向水准气泡的气泡居中。反复调整瞄准具的倾斜手轮和火炮高平机手轮，直至纵、横水准泡的气泡居中为止。

d. 使倾斜机构向右摆动到极限位置，将象限仪放置在瞄准具镜座安装平台上测量瞄准具右倾转角，测量 3 次，取最小值为右倾调整范围 $\alpha_{右}$；使倾斜机构向左摆动到极限位置，同法可得左倾调整范围 $\alpha_{左}$。

② 瞄准具调平机构横倾规正范围。将加榴炮置于坡度炮位上，车体向左横倾不小于 6°。在武器系统作战使用状态下进行测试。

（4）结果评定。若加榴炮横倾不小于 6°，在主射向和辅助射向的射向左极限和右极限状态下，装定最大射角均能够使瞄准具规正，则判定合格。

2）装定值一致性

（1）试验目的。检查瞄准具装定值与火炮身管实际射角是否一致。

(2) 试验条件：

① 某型加榴炮若干门。

② 自动调炮精度测试系统 1 套。

③ 水平炮位。

④ 6°坡度炮位。

(3) 试验方法。武器系统在作战使用状态下分别在水平炮位和坡度炮位上进行测试。

① 先按修正数对修正计数器进行装定，再按测试点数据在瞄具上装定射角 α_i。

② 调整瞄准具倾斜手轮和火炮高平机，使横向水准器和纵向水准器气泡均居中。

③ 使用自动调炮精度测试系统测量火炮身管实际射角 β_i。

④ 每个测试点重复①～③测量 5 次，射角装定一次差 Δ_i 的平均值作为该测试点射角装定误差 E。公式如下：

$$\Delta_i = |\alpha_i - \beta_i| \quad (i = 1,2,3,4,5) \tag{3-1}$$

$$E = \frac{\sum_{i=1}^{5} \Delta_i}{5} \tag{3-2}$$

(4) 结果评定。

若结果满足战术技术指标及使用要求，则判定合格。

18. 瞄准镜

1) 修正量装定范围。

(1) 试验目的。检查瞄准镜单炮方向修正量装定范围是否满足战术技术指标要求。

(2) 试验条件：

① 某型加榴炮若干门。

② 光电仪器参数测试系统 1 套。

③ 电子经纬仪 1 台。

(3) 试验方法。在转台上架设被试品和经纬仪，用经纬仪测量转台转动角度。在单炮方向修正量装定范围内选择 4 个测试点，按下述方法分别进行测试：

① 瞄准镜瞄准目标中心，修正计数器归零，归零计数器归零。

② 调整电子经纬仪瞄准目标中心，将电子经纬仪归零。

③ 先在修正计数器上装定单炮方向修正量 α_i，再在归零计数器上装定方向角，调整转台，使瞄准镜重新瞄准目标中心。

④ 调整电子经纬仪重新瞄准目标中心,记录电子经纬仪转角 β_i。

⑤ 每个测试点重复①～④测量 5 次,单炮方向修正量装定一次差 Δ_i 的平均值为该测试点单炮方向修正量装定误差 E。公式如下:

$$\Delta_i = |100 - \alpha_i - \beta_i| \, (i = 1,2,3,4,5) \tag{3-3}$$

$$E = \frac{\sum_{i=1}^{5} \Delta_i}{5} \tag{3-4}$$

(4) 结果评定。

若 4 个测试点可以进行单炮方向修正量装定,且单炮方向修正量装定误差均不大于 1mil,则判定合格。

2) 方向装定误差和范围

(1) 试验目的。考核瞄准镜方向装定误差和范围是否满足战术技术指标要求。

(2) 试验条件:

① 瞄准镜 2 套。

② 光电仪器参数测试系统 1 套。

③ 电子经纬仪 1 台。

(3) 试验方法。在转台上架设瞄准镜和经纬仪,用经纬仪测量转台转动角度。在方向角装定范围内选择 6 个测试点,按下述方法分别进行测试:

① 瞄准镜瞄准目标中心,归零计数器归零,修正计数器归零。

② 调整电子经纬仪瞄准目标中心,将电子经纬仪归零。

③ 按测试点数据在瞄准镜归零计数器上装定方向角 α_i 后,调整转台,使瞄准镜重新瞄准目标中心。

④ 调整电子经纬仪重新瞄准目标中心,记录电子经纬仪转角 β_i。

⑤ 每个测试点重复①～④测量 5 次,方向装定一次差 Δ_i 的平均值为该测试点方向装定误差 E。公式如下:

$$\Delta_i = |\alpha_i - \beta_i| \, (i = 1,2,3,4,5) \tag{3-5}$$

$$E = \frac{\sum_{i=1}^{5} \Delta_i}{5} \tag{3-6}$$

(4) 结果评定。若 6 个测试点的方向装定误差均不大于 1mil,则判定合格。

3) 直接瞄准功能

(1) 试验目的。检查周视瞄准镜是否兼具直接瞄准功能。

(2) 试验条件。

① 某型加榴炮若干门。

② 坦克 1 辆。

③ 1.7m 高的人形目标 1 个。

④ 瞄准镜分划板图纸 1 份。

(3) 试验方法:

① 分划板检查。对照瞄准镜分划板图纸目视检查直瞄曲线和分划的刻制是否完整。

② 测距。在武器系统作战状态下进行测试。

将瞄准镜的方向计数器、零位计数器、修正计数器和瞄准具的高低计数器、修正计数器归零,使瞄准具横向水准器和纵向水准器的气泡居中。

对人形目标选 5 个测试点进行测试。将曲线 1 和水平分划 1 压住人形目标高度边缘,从水平分划 1 上读出被测目标的距离。每个测试点读数 3 次,取平均值作为目标距离值。

对坦克目标选 5 个测试点进行测试。将曲线 2 和曲线 3 压住坦克炮塔的边缘,从分划 2 上读出被测目标的距离。每个测试点读数 3 次,取平均值作为目标距离值。

③ 射角装定检查。在武器系统作战状态下进行测试。

(4) 结果评定。

若瞄准镜直瞄曲线和分划的刻制与图纸相符且可进行测距和射角装定,则判定合格。

4) 光学性能

(1) 试验目的。检查周视瞄准镜的视放大率、视场、视度、分辨力是否满足使用要求。

(2) 试验条件:

① 瞄准镜 2 套。

② 光电仪器参数测试系统 1 套。

③ 标准光阑和倍率计各 1 个。

④ 视场仪 1 个。

⑤ 视度筒 1 个。

⑥ 四倍前置镜 1 个。

⑦ 平行光管(配分辨力板)1 个。

(3) 试验方法:

① 视放大率。将标准光阑置于瞄准镜入射窗位置,并与光轴垂直,然后用置于目镜筒后端面的倍率计测量标准光阑所成像的大小,标准光阑与光阑像的尺寸之比即为该瞄准镜的视放大率。测量 3 次,取平均值。

② 视场。将瞄准镜放置在靠近视场仪物镜前面的位置，调整瞄准镜光轴与视场仪光轴重合，在水平和垂直方向上所看到的视场仪最大分划线的范围即为瞄准镜的视场。测量3次，取平均值。

③ 视度。用视度筒，通过瞄准镜观察平行光管分划板上的刻线，调节视度筒同时看清平行光管分划线和视度筒的分划线，从视度筒上读取视度分划值，即为瞄准镜的视度。测量3次，取平均值。

④ 分辨力。通过瞄准镜观察长焦距平行光管分划板上的标准分辨力图案，将4个方向的黑白线条能分辨开的那一单元对应的角度值，即为瞄准镜的分辨力。测量3次，取平均值。

3.3.1.3 火控系统试验

1. 火控系统功能

1）试验目的

考核火控系统功能是否满足战术技术指标要求。

2）试验条件

某型加榴炮若干门。

3）试验方法

检查火控系统工作方式、基本功能、数据输入、诸元计算、射击修正与复瞄、辅助计算、卫星定位、初速测量雷达等功能是否正常。

4）结果评定

若上述功能正常，则判定合格。

2. 自动瞄准精度

1）试验目的

考核自动瞄准精度是否满足战术技术指标要求。

2）试验条件

(1) 某型加榴炮。

(2) 拟定水平、坡度炮位射击诸元解算题目各1道。

(3) 火炮身管指向测量系统1套。

3）试验方法

炮车在起始点对准停稳，火控系统开机，定位定向与导航系统启动，装定起始点坐标并寻北，寻北完毕后进入导航状态；炮车从起始点出发，行驶至炮位(水平、坡度)，在炮位对准停稳后自主决定炮位坐标；按拟定题目完成射击诸元解算、操瞄调炮；使用火炮身管指向测量系统测量炮管方位角 α 和高低角 ε。

重复上述过程7次，计算方位角中间误差：

$$E_{\alpha} = 0.6745\sqrt{\frac{\sum_{i=1}^{7}(\alpha_i - \alpha_0)^2}{7}} \tag{3-7}$$

式中 E_{α}——自动瞄准精度方位角中间误差(mil);

α_i——第 i 次炮管方位角实际指向值(mil);

α_0——方位角标准值(mil)。

计算高低角中间误差:

$$E_{\varepsilon} = 0.6745\sqrt{\frac{\sum_{i=1}^{7}(\varepsilon_i - \varepsilon_0)^2}{7}} \tag{3-8}$$

式中 E_{ε}——自动瞄准精度高低角中间误差(mil);

ε_i——第 i 次炮管高低角实际指向值(mil);

ε_0——高低角标准值(mil)。

4)结果评定

若炮车在水平、倾斜状态下方位角中间误差均不大于1.4mil、高低角中间误差均不大于1.0mil,则判定合格。

3. 自动复瞄精度

1)试验目的

检查自动复瞄精度。

2)试验条件

(1) 某型加榴炮。

(2) 水平、坡度炮位(左倾3°、右倾3°)各1个,炮位附近选定3个测试点、距测试点约1km标杆1个。

(3) 远程杀爆弹3组,每组7发。

(4) 火炮身管指向测量系统1套。

(5) 初速雷达2部。

3)试验方法

(1) 射击诸元。

(2) 炮车停放在水平炮位上,进入射击准备状态。

(3) 装定射击诸元,完成自动调炮,射击1组远程杀伤爆破弹。

(4) 第1发装填前,使用火炮身管指向测量系统测量炮管指向,作为初始值。

(5) 每发射击前后火炮复瞄到位时,测量炮管方位角 α 和高低角 ε,作为复瞄值。

(6) 计算方位角中间误差:

$$E_\alpha = 0.6745\sqrt{\frac{\sum_{i=1}^{7}(\alpha_i - \alpha_0)^2}{7}} \tag{3-9}$$

式中 E_α——自动复瞄精度方位角中间误差(mil);

α_i——第 i 发炮弹射击后炮管方位角实际指向值(mil);

α_0——第 1 发炮弹装填前炮管方位角(mil)。

(7) 计算高低角中间误差:

$$E_\varepsilon = 0.6745\sqrt{\frac{\sum_{i=1}^{7}(\varepsilon_i - \varepsilon_0)^2}{7}} \tag{3-10}$$

式中 E_ε——自动复瞄精度高低角中间误差(mil);

ε_i——第 i 发炮弹射击后炮管高低角实际指向值(mil);

ε_0——第 1 发炮弹装填前炮管高低角(mil)。

(8) 炮车停放在坡度炮位上(左倾 3°、右倾 3°)重复步骤(3) ~ (7)。

(9) 射击过程中,记录加榴炮初速雷达初速测试数据。

4. 自动操瞄反应时间

1) 试验目的

考核自动操瞄反应时间是否满足战术技术指标要求。

2) 试验条件

(1) 某型加榴炮。

(2) 火炮处于战斗状态。

(3) 水平炮位,调整火炮水平误差不超过 1°。

(4) 3°坡度炮位。

(5) 计时仪器。

3) 试验方法

(1) 在调炮范围内,按技术条件规定输入调炮诸元,在横倾为 0°和 3°状态下检查。

(2) 分别记录火炮方位、射角调转起始、结束时间和位置。

(3) 每个方向取 3 点,每个点重复测量 3 次,取最大值。

4) 结果评定

若自动操瞄反应时间最大值不大于 15s,则判定合格。

5. 诸元计算精度

1) 试验目的

考核诸元计算精度是否满足战术技术指标要求。

2）试验条件

（1）某型加榴炮。

（2）通用计算机上运行的标准值计算程序3套。

3）试验方法

按《火炮内弹道试验方法》执行。

4）结果评定

若结果满足战术技术指标及使用要求，则判定合格。

6. 定位定向导航系统

1）试验目的

考核定位定向导航系统功能、性能是否满足战术技术指标要求。

2）试验条件

（1）某型加榴炮。

（2）水平定位精度检测路1条。

（3）计时仪器。

（4）火炮身管指向测量系统1套。

3）试验方法

（1）定位定向导航功能。

（2）水平定位精度试验。

（3）高程测量精度试验。

（4）静态寻北精度试验。

（5）动态寻北精度试验。

（6）静态方向保持精度试验。

（7）动态方向保持精度试验。

（8）静态寻北时间。结合静态寻北精度试验进行，统计所有寻北时间的平均值作为静态寻北时间。

（9）动态寻北时间。结合动态寻北精度试验进行，统计所有寻北时间的平均值作为动态寻北时间。

4）结果评定

若结果满足战术技术指标及使用要求，则判定合格。

7. 初速测量精度

1）试验目的

考核初速测量雷达测速精度是否满足战术技术指标要求。

2）试验条件

（1）某型加榴炮若干门。

（2）初速雷达2部。

（3）杀爆弹。

3）试验方法

按《火炮内弹道试验方法》执行。

4）数据处理

（1）数据预处理：

① 剔除由于设备故障或操作失误导致的初速测量值。

② 对被试雷达测试数据，计算除单个可疑数据外测试数据的均值 $\overline{V}$ 和标准差 $\widetilde{\sigma}$，若发现该可疑数据值处于区间 $[\overline{V}-3\widetilde{\sigma},\overline{V}+3\widetilde{\sigma}]$ 外，则将其与对应的初速雷达测试数据剔除，重复以上过程，直至无可疑数据。

③ 对初速雷达测试数据，并剔除异常数据。

④ 从被试雷达数据中剔除的异常数据归为漏测数据，参与漏测数目的统计。

（2）独立性检验。对初速雷达和被试雷达的两组数据进行相关性检验。对于给定的显著水平 $\alpha=10\%$，原假设 $H_0: r=0$，则统计量

$$T=\frac{\bar{r}}{\sqrt{1-\bar{r}^{2}}}\sqrt{n-2} \tag{3-11}$$

式中 $\bar{r}$——被试雷达与测试雷达测量数据相关系数的估值，且有

$$\bar{r}=\frac{\sum_{i=1}^{n}(v_{xi}-\bar{v}_x)(v_{yi}-\bar{v}_y)}{\sqrt{\sum_{i=1}^{n}(v_{xi}-\bar{v}_x)^2}\sqrt{\sum_{i=1}^{n}(v_{yi}-\bar{v}_y)^2}} \tag{3-12}$$

式中 v_{xi}——被试雷达第 i 发弹的初速测量值（m/s）；

v_{yi}——初速雷达第 i 发弹的初速测量值（m/s）；

$\bar{v}_x$——被试雷达测量数据的均值（m/s）；

$\bar{v}_y$——初速雷达测量数据的均值（m/s）。

当统计量 T 落入拒绝域 $(-\infty,-t_{\alpha/2})$，$(t_{\alpha/2},\infty)$，则判定两组数据相关；否则，认为两者独立。

（3）精度一致性检验。根据独立性检验的结果，若初速雷达与被试雷达的测速数据相关，则对两者的初速测量精度进行单侧 χ^2 检验。对于给定的显著水平 $\alpha=10\%$，原假设 $H_0:\sigma_x\leqslant\sigma_y$（$\sigma_x$ 为被试雷达标准差，σ_y 为初速雷达标准差），则统计量：

$$\chi_v^2=(n-1)\frac{\overline{\sigma}_x^2}{\sigma_y^2} \tag{3-13}$$

式中　$\overline{\sigma}_x^2$——被试雷达方差的无偏估计；

$\overline{\sigma}_y^2$——初速雷达方差的无偏估计。且有

$$\overline{\sigma}_x^2 = \frac{\sum_{i=1}^{n}(v_{xi} - \overline{v}_x)^2}{n-1} \tag{3-14}$$

$$\overline{\sigma}_y^2 = \frac{\sum_{i=1}^{n}(v_{yi} - \overline{v}_y)^2}{n-1} \tag{3-15}$$

检验的拒绝区间为(χ_α^2, ∞)。

若两组数据独立，则对两者的初速测量精度进行单侧 F 检验。对于给定的显著水平 $\alpha = 10\%$，原假设 $H_0: \sigma_x \leqslant \sigma_y$，作统计量：

$$F = \frac{\overline{\sigma}_x^2}{\overline{\sigma}_y^2} \tag{3-16}$$

检验的拒绝区间为(F_α, ∞)。

（4）对照明弹、预制破片弹、末敏弹和末制导炮弹只统计测速误差 Δv，不进行精度考核。

$$\Delta v = \overline{v}_c - \overline{v}_b \tag{3-17}$$

式中　Δv——测速误差（m/s）；

$\overline{v}_c$——初速雷达测试平均值（m/s）；

$\overline{v}_b$——被试雷达测试平均值（m/s）。

（5）结合初速测量精度试验统计漏测率 P，P =（漏测的射弹数/总的射弹数）×100%。

5）结果评定

若结果满足战术技术指标及使用要求，则判定合格。

8. 连续工作时间

1）试验目的

考核连续工作时间是否满足战术技术指标要求。

2）试验条件

（1）某型加榴炮。

（2）指挥车 1 辆。

（3）计时仪器。

（4）测温仪 1 台。

3）试验方法

（1）炮车自身供电，将炮车与指挥车以无线方式通信。

(2) 系统所有单体设备全部开机运行,连续工作12h,待机时间与工作时间按3∶1分配;在工作时间内,按工作流程进行自检、寻北、行战转换、数传与话传、初速测量、诸元计算、自动调炮、装填控制等主要功能检查。

(3) 记录系统运行参数、液压系统温升、工作时间、环境温度等。

4) 结果评定

若在12h内系统工作正常,则判定合格。

3.3.1.4 通信系统试验

1. 外部通信试验

1) 试验目的

考核外部通信是否满足战术技术指标要求。

2) 试验条件

(1) 某型加榴炮。

(2) 指挥车1辆。

3) 试验方法

(1)互联互通功能:

① 检查电台、通信网络控制设备。

② 检查数传和话传信息是否正常。

(2) 无线最大通信距离。

(3) 首次成功率。

(4) 运动通信。

4) 结果评定

若结果满足战术技术指标及使用要求,则判定合格。

2. 通信系统功能检查

1) 试验目的

考核炮班通信系统功能是否满足战术技术指标要求。

2) 试验条件

某型加榴炮。

3) 试验方法

(1) 人机特性。

(2) 信道设置。

(3) 控制功能。

(4) 发射员强插通话功能。

(5) 音量调节。

(6) 话音拾取。

4) 结果评定

若人机特性所有样本均无“严重影响”或“影响”选项,上述其他功能正常,则判定合格。

3. 通信系统性能试验

1) 试验目的

考核炮班通信系统性能是否满足战术技术指标要求。

2) 试验条件

(1) 某型加榴炮。

(2) 指挥车。

(3) 人头躯干模拟器和声级计。

(4) 频谱分析仪。

3) 试验方法

(1) 基本性能试验:

① 频道频率。

② 通信距离。

③ 连续工作时间。

(2) 可靠性试验。

(3) 话音质量试验。

4) 结果评定

若结果满足战术技术指标及使用要求,则判定合格。

3.3.2 检测维修车

1. 静态测量检查

1) 试验目的

检查检测维修车的总装性能、结构诸元等是否满足战术技术指标及制造与验收规范要求。

2) 试验条件

检测维修车 1 辆。

3) 试验方法

(1) 总装性能:整车及各单体(包括电子检测仪、液压检测仪、电缆检测仪、擦膛机)的外观、涂装及标志等。

(2) 诸元:乘员人数,战斗全重,质心位置,整车外廓尺寸(行军状态和铁路运输状态),方舱形式及外形尺寸,各单体质量(包括电子检测仪主机质量、液压检测仪主机质量、电缆检测仪主机质量、擦膛机单箱质量)等。

(3) 冲点划线(复点复线):车门、方舱等。

(4) 齐套性:检查随车文件、配套工具、备附件是否齐全。

(5) 底盘参数:选用的底盘型号、接近角、离去角、最小离地间隙等。

(6) 其他:检查单兵武器、单兵携行具、伪装网的固定及存放位置,按提供的备件清单检查是否携带必要的易损备件并具备携带备件空间。

4) 结果评定

若检测结果符合研制总要求及制造验收规范规定,则判定合格。

2. 安全性

1) 试验目的

考核检测维修车安全性是否满足战术技术指标要求。

2) 试验条件

(1) 检测维修车 1 辆。

(2) 兆欧表 1 台。

(3) 工频耐压测试仪 1 台。

3) 试验方法

(1) 采用兆欧表 500V 挡,分别在正常温冷态、湿热冷态、热态三种条件下,测量检测维修车供配电系统各独立电气回路对地及相互间的绝缘电阻,取最小值。

(2) 自然环境条件下,用工频耐压测试仪在检测维修车供配电系统 380V、220V 独立电气回路对地及相互间,分别施加频率为 50Hz 的 1.4kV 和 1.2kV 交流电压,历时 1min,检查有无击穿或闪络现象。

(3) 检查检测维修车供配电系统各输入、输出接口等位置是否具有明显的安全警示标志,燃油空气加热器、各种电源插座、测试电缆及接口等关键部位是否具有安全保护和防误操作功能。

(4) 检测维修车处于行车状态,拨动取力器,检查取力器是否工作;检测维修车处于驻车发电状态,将变速箱置于前进挡或倒车挡,检查车辆是否行驶。

(5) 检查检测维修车是否设有接地点、接地桩、接地连接线,测量接地桩与接地点之间接地连接线的导通电阻。

(6) 检查检测维修车是否配备了灭火器和避雷器。

4) 结果评定

若结果满足战术技术指标及使用要求,则判定合格。

3. 供配电

1) 自发电系统供电品质

(1) 试验目的。考核检测维修车自发电系统供电品质是否满足战术技术指标要求。

(2) 试验条件:检测维修车 1 辆;电站通用测试系统 1 套。

(3) 试验方法:

① 施加模拟负载,测量自发电系统输出电压和频率的稳态调整率、波动率、瞬态调整率及稳定时间等。

② 结合上述试验检查检测维修车自发电系统的供电体制、额定功率。

(4) 结果评定。若结果满足战术技术指标及使用要求,则判定合格。

2) 配电装置

(1) 试验目的。检查检测维修车供配电系统配电装置是否满足战术技术指标要求。

(2) 试验条件:检测维修车 1 辆;变频电源 1 套;宽频带功率分析仪 1 台;万用表 1 台。

(3) 试验方法:

① 检查检测维修车是否具有外接电源输入接口。

② 检测维修车通过外接电源输入接口连接外接电源,将配电箱切换至自备电源供电模式检查配电箱有无输出,切换至外接电源供电模式检查配电箱输出及设备工作是否正常;启动自发电装置,将配电箱切换至自备电源供电模式,检查配电箱输出及设备工作是否正常,切换至外接电源供电模式检查配电箱有无输出;自备电源与外接电源同时开启情况下,检查供配电装置是否可实现两种供电电源的自由切换,配电箱输出及设备工作是否正常。

③ 在配电装置分别切换到自备电源与外接电源后,检查配电输出能否满足用电设备正常工作。

④ 检测维修车在输入外接电源工况下,测量配电装置输出电压及频率。

⑤ 利用变频电源为检测维修车提供外接电源,以宽频带功率分析仪为标准,对比检查配电装置交流配电输入电压、电流、频率显示功能。

⑥ 通过在配电装置交流输出端模拟设置短路、过压、欠压、过流、漏电等异常情况,检查配电装置交流配电相应的警示与保护功能。

⑦ 通过在配电装置直流输出端模拟设置短路、过流等异常情况,检查配电装置直流配电是否具有短路、过流保护功能。

⑧ 充电前先测量检测维修车专用蓄电池组上的电压,在自发电及外接市电两种工况下,打开“交流电源”开关,观察“充电”指示灯是否点亮,再次测量专用蓄电池组上的电压,并检查能否给所配置的专用蓄电池组充电。

(4) 结果评定。若检测维修车具有(外接电源)外接电源输入接口并能够正常输入外接电源,配电装置上述功能正常,则判定合格。

3）专用蓄电池组

（1）试验目的。检查检测维修车供配电系统专用蓄电池组是否满足战术技术指标要求。

（2）试验条件：检测维修车 1 辆。

（3）试验方法：

① 在无交流电情况下，打开驾驶室内的专用蓄电池开关。

② 打开照明开关，观察照明灯是否亮。

③ 打开 26V 接口开关，将电子检测仪连接到任意一个 26V 用电接口上，观察电子检测仪供电是否正常。

（4）结果评定。无交流电情况下，若检测维修车供配电系统专用蓄电池组具备独立为检测仪器设备等供电的能力，则判定合格。

4. 单体设备

1）电子检测仪

（1）模拟信号检测能力：

① 试验目的。考核电子检测仪模拟信号检测能力是否满足战术技术指标要求。

② 试验条件：电子检测仪 1 套；信号标准源 1 台。

③ 试验方法：

a. 检查电子检测仪模拟信号测试通道数。

b. 利用信号标准源对电子检测仪所有模拟信号测试通道输入电压。

c. 直流信号，检查其直流信号电压测试范围，并在输入标准直流信号时记录电子检测仪电压读数，每个测试点测试 3 次取平均值，计算每个测试点读数的绝对误差，取所有绝对误差的最大值。

d. 利用信号标准源对电子检测仪所有模拟信号测试通道输入电压等参量，记录电子检测仪频率读数，每个测试点测试 3 次取平均值，计算每个测试点读数的绝对误差，取所有绝对误差的最大值。

④ 结果评定。若结果满足战术技术指标及使用要求，则判定合格。

（2）数字信号检测能力：

① 试验目的。考核电子检测仪数字信号检测能力是否满足战术技术指标要求。

② 试验条件：电子检测仪 1 套；信号标准源 1 台；示波器 1 台。

③ 试验方法：

a. 检查电子检测仪数字信号测试通道数。

b. 利用信号标准源对电子检测仪所有数字信号输入通道输入数字信号，低电平0.5V、高电平22~30V,记录电子检测仪显示值。

c. 利用示波器对电子检测仪所有数字信号输出通道输出的数字信号进行检测,检查其高低电平输出范围。

④ 结果评定。若结果满足战术技术指标及使用要求,则判定合格。

(3) 主要功能:

① 试验目的。考核电子检测仪主要功能是否满足战术技术指标要求。

② 试验条件:电子检测仪1套;某型加榴炮若干门;电子检测仪调试台1台。

③ 试验方法:

a. 状态检查功能:

• 结合检测维修车检测诊断能力试验进行。

• 按照使用维护说明书规定的操作流程,将电子检测仪与某型加榴炮通过CAN总线接口和以太网接口进行连接,使用电子检测仪对某型加榴炮的自检信息进行检测,完成各节点设备的在线技术状态检查;使用电子检测仪导出某型加榴炮总线记录的数据,并通过对数据进行离线解析、查询和显示,完成各节点设备的离线技术状态检查。

• 按照使用维护说明书规定的操作流程,将电子检测仪与某型加榴炮上规定的各可修复单体电子设备通过预留的检测接口进行连接,使用电子检测仪对该单体设备进行技术状态检查。

• 记录状态检查结果,并与某型加榴炮实际情况进行比对。

b. 故障诊断功能:

• 结合检测维修车检测诊断能力试验进行,当某型加榴炮出现自然故障或被设置模拟故障时,按“状态检查功能”中规定的方法对某型加榴炮节点设备和可修复单体电子设备进行技术状态检查。

• 操作人员按照检测维修流程,利用上述检测信息、火炮自检信息和数据库等完成对检测对象的故障诊断与故障隔离。

• 记录故障诊断与故障隔离结果,并与某型加榴炮实际情况进行比对。

c. 检测维修信息。结合“状态检查功能”和“故障诊断功能”,对试验中生成的检测维修信息进行记录、检索、导出等操作,检查相关操作功能是否正常。

d. 通信接口。

• 结合“状态检查功能”和“故障诊断功能”,用自行武器综合电子管理测试系统与CAN总线接口连接,采集电子检测仪和炮车之间通信的总线数据,分析数据是否符合制式要求。

• 检查电子检测仪的以太网接口采用的网络通信芯片的型号及说明书。

e. 人机工程。结合“状态检查功能”和“故障诊断功能”过程中的操作,检查电子检测仪操作控制面板及交互界面的布局、标志,检查与某型加榴炮的连接接口是否具有防误操作措施。

④ 结果评定。若检查结果满足战术技术指标要求,则判定合格。

2) 液压检测仪

(1) 检测能力:

① 试验目的。考核液压检测仪的温度、压力、固体污染度、运动黏度、介电常数等参数检测能力是否满足战术技术指标要求。

② 试验条件:液压检测仪;二等铂电阻标准装置;压力检定装置;具备资质(可对固体污染度、运动黏度、介电常数三项参数检测能力进行计量)的计量单位。

③ 试验方法:

a. 按照国家计量检定规程 229—2010《工业铂、通热电阻检定规程》,利用二等铂电阻标准装置中的低温槽和恒温槽为被试品提供一个恒温环境,采用 Pt25 标准铂电阻作为主标准器,对被试品的温度偏差进行计量检定或校准。每个测试点各检测 10 次取平均值,将每个点的平均值与标准值进行比对,计算每个点的测量绝对误差,取所有绝对误差的最大值。

b. 按照国家计量检定规程 860—1994《压力传感器(静态)检定规程》,将液压检测仪的压力传感器安装在压力检定装置上,连接并开启液压检测仪使其正常工作后,用液压检测仪检测压力。每个测试点各检测 6 次取平均值,将每个点的平均值与压力检定装置上的标准值进行比对,计算每个点的测量绝对误差,取所有绝对误差的最大值。

c. 委托具备资质的计量单位按国家有关标准对此三项参数检测范围及精度进行计量,每项参数在性能试验开始阶段和结束阶段分别计量一次。

④ 结果评定。若结果满足战术技术指标及使用要求,则判定合格。

(2) 主要功能:

① 试验目的。考核液压检测仪主要功能是否满足战术技术指标要求。

② 试验条件:液压检测仪 1 套;某型加榴炮若干门;液压检测仪试验工装台架 1 台。

③ 试验方法:

a. 状态检查功能。结合检测维修车检测诊断能力试验进行,按照使用维护说明书规定的操作流程,将液压检测仪与某型加榴炮通过炮车液压系统预留状态检测接口进行连接,使用液压检测仪对炮车液压系统检测点的压力、温度、固体污染度、介电常数、黏度等油液参数进行检测,完成对炮车液压系统的技术状态检查,记录状态检查结果并与某型加榴炮实际情况进行比对。

b. 故障诊断功能：

• 结合检测维修车检测诊断能力试验进行，当某型加榴炮出现自然故障或被设置模拟故障时，按“状态检查功能”中规定的方法对某型加榴炮液压系统进行技术状态检查。

• 操作人员按照检测维修流程，利用上述检测信息、火炮自检信息和数据库等完成对检测对象的故障诊断与故障隔离。

• 记录故障诊断与故障隔离结果，并与某型加榴炮实际情况进行比对。

c. 检测维修信息。结合“状态检查功能”和“故障诊断功能”，对试验中生成的检测维修信息进行记录、检索、导出等操作，检查相关操作功能是否正常。

d. 人机工程。结合“状态检查功能”和“故障诊断功能”过程中的操作，检查液压检测仪操作控制面板及交互界面的布局、标志，检查与某型加榴炮的连接接口是否具有防误操作措施。

④ 结果评定。若检查结果满足战术技术指标要求，则判定合格。

3）电缆检测仪

（1）试验目的。考核电缆检测仪主要功能是否满足战术技术指标要求。

（2）试验条件：

① 电缆检测仪 1 套。

② 某型加榴炮若干门。

③ 电缆检测仪模拟电缆检测工装 1 套。

（3）试验方法：

① 结合检测维修车检测诊断能力试验进行，按照某型加榴炮的电缆分布表，利用电缆检测仪对炮车各电缆芯线的导通情况和各电缆间的绝缘情况进行检测，观察电缆检测仪上显示的测试结果。

② 利用电缆检测仪模拟电缆检测工装串联接入标准的 20Ω、21Ω 导通电阻和 29MΩ、30MΩ 绝缘电阻，检查电缆检测仪当导通电阻大于 20Ω 或绝缘电阻小于 30MΩ 时的自动报警和故障显示功能。

（4）结果评定。若检查结果满足战术技术指标要求，则判定合格。

4）擦膛机

（1）试验目的。考核检测维修车配备的擦膛机主要功能性能是否满足战术技术指标要求。

（2）试验条件：

① 检测维修车 1 辆。

② 某型加榴炮若干门。

(3)试验方法:

① 检查擦膛机型号。

② 结合火炮射击试验进行,火炮每日射击试验结束后利用擦膛机(采用电动工作方式)对该身管进行除铜、清洁等擦拭保养工作,除铜保养前后分别对身管进行窥膛照相(照相部位为身管起始段、中段、炮口部),记录该身管当日射击发数、累计射击发数、射击后到除铜的时间间隔、擦拭次数及时间、窥膛结果。

③ 利用擦膛机对该身管进行涂油、除油等保养工作,记录擦拭次数、擦拭效果。

④ 结合上述除铜、清洁、涂油、除油等擦拭保养工作,统计最大的单程擦拭时间(自动条件下)。

⑤ 在车炮相距 8m、身管位于可擦拭状态条件下,测量从检测维修车上取箱开始至擦膛机安装完毕处于可工作状态(不含油、液准备与使用)为止的过程所需时间,即为擦膛机展开时间,重复 3 次,计算平均时间。

⑥ 测量从擦膛机处于可工作状态(不含油、液处理)开始拆卸与装箱到装载箱在车上安装固定完毕为止的过程所需时间,即为擦膛机撤收时间,重复 3 次,计算平均时间。

(4) 结果评定。若结果满足战术技术指标及使用要求,则判定合格。

5. 电源适应性

1) 试验目的

考核检测维修车供配电系统、电子检测仪、液压检测仪、电缆检测仪、擦膛机的电源适应性是否满足战术技术指标要求。

2) 试验条件

(1) 检测维修车 1 辆。

(2) 变频电源 1 套。

(3) 大功率直流电源 1 套。

(4) 多通道数字采集系统 1 部。

3) 试验方法

(1) 利用变频电源为检测维修车提供外接电源,测量配电装置输出电压及频率,检查各用电设备工作情况。

(2) 利用大功率直流电源为电子检测仪供电。

(3) 液压检测仪、电缆检测仪、擦膛机等单体试验方法与电子检测仪相同,在进行电源适应性的同时用多通道数字采集系统测试擦膛机功率。

4) 结果评定

若结果满足战术技术指标及使用要求,则判定合格。

6. 连续工作时间

1）试验目的

考核检测维修车自发电装置供电条件下供配电系统连续工作时间是否满足战术技术指标要求，以及电子检测仪、液压检测仪、电缆检测仪连续工作时间是否满足战术技术指标要求。

2）试验条件

（1）检测维修车1辆。

（2）模拟负载装置1套。

（3）大功率直流电源1套。

3）试验方法常温条件下，检测维修车在自发电装置供电条件下，连续工作12h，工作期间按如下条件施加负载：

（1）常温条件下，利用大功率直流电源为电子检测仪供电，工作12h，每隔1h利用工装检查其主要功能，高、低温条件下的外接电源供电连续工作时间结合环境试验进行；常温条件下，利用电子检测仪自备电池供电，工作2h，每隔1h利用工装检查主要功能。

（2）液压检测仪、电缆检测仪试验方法与电子检测仪相同。

4）结果评定

若自发电装置供电条件下、供配电系统按规定的作业剖面连续工作12h期间工作正常，电缆检测仪、液压检测仪、电缆检测仪在上述工况下连续工作时间内工作正常，则判定合格。

7. 检测诊断能力

1）试验目的

考核检测维修车检测诊断能力是否满足战术技术指标要求。

2）试验条件

（1）检测维修车1辆。

（2）某型加榴炮若干门。

（3）电子检测仪调试台1台。

（4）液压检测仪试验工装台架1台。

（5）电缆检测仪模拟电缆检测工装1套。

3）试验方法

（1）利用电子检测仪、液压检测仪、电缆检测仪以及通用/专用电子检测工具等，对某型加榴炮进行状态检查和故障诊断。

（2）根据某型加榴炮故障分析，结合检测维修车使用维护说明书及其数据库中列出的被检测对象故障诊断流程。

(3) 优先采用某型加榴炮在鉴定定型试验阶段出现的基层级自然故障，其余结合某型加榴炮维修性试验设置模拟故障或在工装上设置模拟故障。

(4) 统计待检测故障样本量总数 N、正确检测出的故障数 N_{fd}、正确隔离的故障数 N_{fi}。

(5) 分别计算故障检测率、故障检测率的点估计值以及置信水平为 80% 的单侧置信下限。

(6) 在试验过程中，按照相关技术文件，检查检测维修车配备的万用表、电笔、卡尺、塞尺、气压表等通用/专用测量工具的型号和数量。

4) 结果评定

若检测维修车按规定配备了上述通用/专用测量工具，并具备利用各检测仪和通用/专用测量工具对某型加榴炮进行技术状态检查和故障诊断的功能，则判定合格。

8. 机械维修保养能力

1) 试验目的

考核检测维修车机械维修保养能力是否满足战术技术指标要求。

2) 试验条件：

(1) 检测维修车 1 辆。

(2) 某型加榴炮若干门。

3) 试验方法

(1) 按照相关的使用维护说明书，操作配备的氮气瓶、灭火设备、拖救器材、供电电缆(含接口)、土木工具、千斤顶、台虎钳、电动工具、电焊机、充电机等辅助器材与设备，对其进行功能检查。

(2) 利用配备的通用/专用工具、设备对某型加榴炮反后坐装置进行气压、液量检查和补液、补气，对某型加榴炮高平机、座盘进行气压检查和补气。

(3) 对照某型加榴炮易损件、接口密封件、接头件、板级接插等换件修理需求，检查检测维修车配备的通用/专用工具、设备。

(4) 对照某型加榴炮基层级现场换件检测维修作业需求，检查检测维修车配备的通用/专用工具、设备。

4) 结果评定

若利用配备的通用/专用工具、设备，能完成上述机械维修保养任务，则判定合格。

9. 展开撤收时间

1) 试验目的

考核检测维修车展开撤收时间是否满足战术技术指标要求。

2）试验条件

检测维修车 1 辆。

3）试验方法

(1) 乘员在驾驶室内就位，在驻车（无伪装网）状态下，从车长下达展开命令开始，经历架设登舱梯，打开舱门、舱内照明灯、舱窗，设置好地线，启动自发电装置供电，配电装置上电工作，打开排风扇等，达到基本展开状态，测量展开时间。

(2) 从上述展开时间对应的基本展开状态开始，进行撤收，至乘员就位、整车处于可行军状态，测量撤收时间。

(3) 白昼条件下，该项试验重复 3 次，计算平均时间。

(4) 结合夜间作业试验，该项试验重复 3 次，计算平均时间。

4）结果评定

若白昼和夜间条件下，展开时间平均值、撤收时间平均值均不大于 8min，则判定合格。

10. 夜间作业

1）试验目的

考核检测维修车夜间作业是否满足战术技术指标要求。

2）试验条件

检测维修车 1 辆。

3）试验方法

(1) 检测维修车在夜间进行展开撤收作业，记录展开撤收时间，在此过程中检查作业工位的照明措施。

(2) 在无月光的夜晚，在公路和草原自然路上，按照使用维护说明书规定的夜间驾驶方式，以道路条件允许的最大安全行驶速度各行驶 20km 无照明的道路条件下，记录驾驶情况。

4）结果评定

若检测维修车作业工位具有照明措施，夜间条件下的展开时间、撤收时间均不大于 8min，具备夜间驾驶能力，则判定合格。

11. 定位导航

1）试验目的

考核检测维修车定位导航是否满足战术技术指标要求。

2）试验条件

检测维修车 1 辆。

3）试验方法

检查选配的陆军轻型北斗差分用户机的合格证或质量证明，确定技术状态。

4）结果评定

若结果满足战术技术指标及使用要求，则判定合格。

12. 通信

1）试验目的

考核检测维修车通信是否满足战术技术指标要求。

2）试验条件

（1）检测维修车1辆。

（2）指挥车1辆。

3）试验方法

（1）检查电台的合格证或质量证明，确定技术状态。

（2）将检测维修车与加榴炮、指挥车以有/无线方式通信组网，话传信息。

（3）使用检测车配备的有线通话设备在驾驶室与方舱之间话传信息。

（4）乘员之间使用无线通话设备话传信息。

（5）使用天线自动倒放装置对天线进行自动倒放操作。

4）结果评定

若检测维修车选用的是某型电台，与加榴炮、指挥车之间话音信息传输正常，驾驶室与方舱之间话传信息正常，乘员之间话传信息正常，使用天线自动倒放装置能够对天线进行自动倒放操作，则判定合格。

13. 方舱温度调节

1）试验目的

考核检测维修车方舱温度调节设备是否满足战术技术指标要求。

2）试验条件

检测维修车1辆。

3）试验方法

（1）检查方舱是否配备温度调节设备。

（2）结合检测维修车高温工作试验，在环境温度及舱内温度50℃条件下，制冷设备工作30min，监测舱内温度变化。

（3）结合检测维修车低温工作试验，在环境温度及舱内温度－40℃条件下，取暖设备工作30min，监测舱内温度变化。

4）结果评定

若方舱配备温度调节设备，则判定合格。

14. 维修性

1）试验目的

考核检测维修车维修性和擦膛机维修性是否满足战术技术指标要求。

2）试验条件。

检测维修车1辆。

3）试验方法

（1）检测维修车维修性试验，选取基层级维修作业样本量不少于30个；维修故障主要以鉴定定型试验时发生的自然故障（基层级）为维修作业样本，样本量不足时，依据其预防性维修大纲规定的基层级维修内容进行基层级维修故障筛选，以模拟故障补足维修作业样本；记录基层级故障现象、检测方法、修复时间等基本情况，计算基层级的平均修复时间。

（2）擦膛机维修性试验，参照检测维修车维修性试验进行，除统计检测维修车维修性试验中涉及的擦膛机故障外，应以模拟故障补足30个擦膛机基层级维修作业样本。

4）结果评定

若结果满足战术技术指标及使用要求，则判定合格。

15. 保障性

1）试验目的

考核检测维修车保障性是否满足战术技术指标要求。

2）试验条件

检测维修车1辆。

3）试验方法

结合检测维修车维修性试验进行，利用自身的基层级保障要求检查携带的工具、设备、器材以及随车提供的操作使用维护说明书完成基层级保障。

4）结果评定

若利用检测维修车携带的工具、设备、器材以及随车提供的操作使用维护说明书能进行自身的基层级保障，则判定合格。

16. 测试性

1）试验目的

考核检测维修车测试性是否满足战术技术指标要求。

2）试验条件

检测维修车1辆。

3）试验方法

电子检测仪、液压检测仪、电缆检测仪等检测仪器设备分别开机，并按照使用维护说明书运行自检程序进行自检操作，检查各检测仪器设备的自检功能。

4）结果评定。

若各检测仪器设备具备自检功能,则判定合格。

17. 人机工程

1）试验目的

考核检测维修车的人机工程设计是否满足战术技术指标。

2）试验条件

检测维修车 1 辆。

3）试验方法

结合其他试验项目,通过实装操作体验,进行下列检查和测量:

（1）自发电装置供电条件下,测量方舱内部工作区噪声。

（2）测量内部工作台照度。

（3）测量工作区工作台高度,检查工作台高度是否满足工作人员坐姿/站姿操作方便以及工作台下部是否有容膝、容脚设计。

（4）检查登舱梯、登顶梯使用是否方便。

（5）检查舱内设备布局、操作空间是否利于人员出入,工作时是否发生干涉。

（6）检查设备和电气备件标识是否清晰准确,配电箱、军用方舱空调、换气扇、燃油加热器、插座等控制及指示设置是否利于操作和观察。

4）结果评定

若检测维修车人机交互界面友好,功能装置、设置布局合理,便于操作、观察,内部环境、工作照明符合技术保障作业要求,则判定合格。

18. 可靠性

1）试验目的

考核检测维修车供配电系统、电子检测仪、液压检测仪、电缆检测仪、擦膛机的可靠性是否满足战术技术指标要求。

2）试验条件

（1）检测维修车 1 辆。

（2）某型加榴炮若干门。

（3）电子检测仪调试台 1 台。

（4）液压检测仪试验工装台架 1 台。

（5）电缆检测仪模拟电缆检测工装 1 套。

3）试验方法

（1）结合其他试验进行。

（2）选取标准定时截尾试验方案。

（3）记录试验项目、试验条件、故障时机、故障现象、故障原因和解决措施等。

（4）若性能试验结束时，试验累计时间未满足可靠性统计要求，则进行补充试验。

（5）记录试验项目、试验条件、故障时机、故障现象、故障原因和解决措施等。

（6）按相关文件规定进行预防性维修。

4）结果评定

若结果满足战术技术指标及使用要求，则判定合格。

19. 行驶机动性

1）试验目的

考核检测维修车行驶机动性和承受行驶颠簸的能力是否满足战术技术指标及使用要求。

2）试验条件

（1）检测维修车 1 辆。

（2）汽车试验场。

（3）检测维修车行驶总里程若干千米。

3）试验方法

（1）参照《军用专用车辆定型试验规程》，检测维修车按照 Z2 类军用专用车辆试验项目进行。

（2）结合静态检测检查，按 GB/T 12673—2019《汽车主要尺寸测量方法》相关规定测量检测维修车整车外部尺寸参数与接近角、离去角、最小离地间隙等通过性参数，按 GB/T 12674—1990《汽车质量（重量）参数测定方法》相关规定测量战斗全重等质量参数，按 GB/T 12538—2003《两轴道路车辆重心位置的测定》相关规定测量质心位置。

（3）按 GB/T 12544—2012《汽车最高车速试验方法》相关规定进行最高车速试验，测量检测维修车最高车速。

（4）按 GB/T 12539—2018《汽车爬陡坡试验方法》相关规定进行最大爬坡度试验。

（5）按 GJB 1380—1992《军用越野汽车机动性要求》相关规定进行最大行驶侧坡试验。

（6）按 GB/T 12540—2009《汽车最小转弯直径、最小转弯通道圆直径和外摆值测量方法》相关规定测量检测维修车最小转弯直径。

（7）按 GB/T 12541—1990《汽车地形通过性试验方法》相关规定进行通过

垂直障碍物、通过水平壕沟、涉水等地形通过性试验，测量检测维修车垂直越障高度、水平越壕宽度、涉水深度等参数。

（8）按 GB/T 12545—2008《汽车燃料消耗量试验方法》相关规定进行燃料消耗量试验，测量检测维修车燃油公路续驶里程。

（9）按 GB/T 12543—2009《汽车加速性能试验方法》相关规定进行加速性能试验，测量检测维修车加速时间（0～60km/h 连续换挡）。

（10）按 GB 7258—2017《机动车运行安全技术条件》相关规定进行制动效能试验，测量检测维修车最大制动距离（30km/h）。

（11）检测维修车可靠性行驶试验，总里程 7000km，其中凹凸不平路、山区公路、良好公路、越野路分别占总里程的 40%、20%、20%、20%。

（12）每天行驶结束后，启动自发电装置检查供配电系统能否正常工作，启动各检测仪并运行自检程序，检查通信、定位导航、擦膛机及其他设备、工具能否正常工作。

（13）行驶机动性试验结束后，对静态检测时的冲点部位进行复测。

4）结果评定

若行驶机动性试验后检测维修车工作正常，主要零部件无损坏，冲点部位无超出规定的变形，紧固件等无异常现象，各项机动性参数符合有关规定，则判定合格。

3.3.3 指挥车软件

1. 射击指挥功能

1）试验目的

考核适应性改进的指挥车软件射击指挥功能是否满足战术技术指标要求。

2）试验条件

（1）适应性改进的指挥车软件各 1 套。

（2）指挥车 1 辆。

3）试验方法

运行指挥车适应性改进的软件：

（1）检查数据库中是否含有全部弹种信息。

（2）分别选择上述弹种，检查相关功能是否齐全。

（3）检查除上述弹种外是否预留其他弹种接口。

（4）检查原有功能是否正常。

4）结果评定

若上述功能具备，则判定合格。

2. 互联互通功能

1）试验目的

考核适应性改进的指挥车软件互联互通功能是否满足战术技术指标要求。

2）试验条件

(1) 适应性改进的指挥车软件各1套。

(2) 某型加榴炮若干门。

(3) 被覆线若干千米。

(4) 指挥车1辆。

3）试验方法

在小场地，将炮车、指挥车以有/无线（被覆线不展开）方式进行通信组网，按照逐级指挥、越级指挥、接替指挥方式，进行战术指挥报文、射击指挥报文传输和通播、逐级上报等，检查数传和话传信息是否正常。

4）结果评定

若加榴炮、指挥车之间数传和话传信息正常，则判定合格。

3. 诸元计算精度

1）试验目的

考核诸元计算精度是否满足战术技术指标要求。

2）试验条件

(1) 适应性改进的指挥车软件各1套。

(2) 通用计算机上运行的标准值计算程序3套。

3）试验方法

按《火炮内弹道试验方法》执行。

4）结果评定

若结果满足战术技术指标及使用要求，则判定合格。

3.3.4 电磁兼容性

1. 设备和分系统

1）试验目的

考核某型加榴炮、检测维修车（含电子检测仪、液压检测仪）设备和分系统电磁兼容性是否满足战术技术指标和使用要求。

2）试验条件

(1) 被试品状态及数量：某型加榴炮若干门；检测维修车1辆。

(2) 电波暗室。

3）试验方法

按规定的方法在电波暗室内进行设备和分系统电磁兼容性试验，试验项目如下：

（1）CE102 10kHz～10MHz 电源线传导发射。

（2）CS101 25Hz～150kHz 电源线传导敏感度。

（3）CS114 4kHz～200MHz 电缆束注入传导敏感度。

（4）CS115 电缆束注入脉冲激励传导敏感度。

（5）CS116 10kHz～100MHz 电缆和电源线阻尼正弦瞬态传导敏感度。

（6）RE102 2MHz～18GHz 电场辐射发射。

（7）RS103 10kHz～40GHz 电场辐射敏感度。

4）结果评定

若某型加榴炮设备和分系统各项试验结果均满足电磁发射和敏感度要求，则判定合格。

2. 系统试验

1）试验目的

考核某型加榴炮、检测维修车（含电子检测仪、液压检测仪）系统电磁兼容性是否满足战术技术指标和使用要求。

2）试验条件

（1）某型加榴炮若干门，检测维修车 1 辆。

（2）电磁兼容开阔试验场。

（3）电磁兼容性试验系统 1 套。

3）试验方法

系统电磁兼容性试验在电磁兼容开阔试验场进行，被试系统分别为某型加榴炮和检测维修车。试验项目如下：

（1）系统自兼容。某型加榴炮和检测维修车分别进行整车自兼容检查，均自身供电。车内各设备依次上电，按典型工作流程进行操作，雷达开机工作，超短波电台处于大功率发射状态，完成工作流程后各设备依次断电，整个过程检查车内各设备工作是否正常。

（2）安全裕度。根据某型加榴炮系统工作性能的要求，配电控制箱击发控制电路部分应具有 16.5dB 的安全裕度，其他设备应具有 6dB 的安全裕度。

① 传导安全裕度。某型加榴炮自身供电，所有设备开机工作，超短波电台处于大功率发射状态，车内设备按典型工作流程进行操作。在 10kHz～400MHz 频率内，测量各被测电缆上的传导干扰电平。在上述传导干扰电平基础上，再加上 6dB（配电控制箱击发电路相关线缆为 16.5dB）作为干扰注入电流向被测线

缆注入干扰信号，同时监视注入的干扰电流，确保其比传导干扰电平高相应的安全裕度值。注入干扰期间，检查与被测电缆相关各设备工作是否正常，记录可能发生的任何敏感现象。

② 辐射安全裕度。某型加榴炮自身供电，所有设备开机工作，超短波电台处于大功率发射状态，车内设备按典型工作流程进行操作。在 10kHz ~ 18GHz 频率内，测量各选定位置辐射干扰场强，在上述辐射干扰场强基础上，再加上 6dB（或 16.5dB）作为照射场强对各选定位置进行照射，同时监测实际辐射场强，确保其比辐射干扰场强高相应的安全裕度值。施加干扰期间，检查车内各设备工作是否正常，记录可能发生的任何敏感现象。

（3）外部射频电磁环境。某型加榴炮自身供电，所有设备开机工作，超短波电台进行小功率通信，车内设备按典型工作流程进行操作。选取车体舱门、窗口、孔缝、电缆端口等位置，在 10kHz ~ 18GHz 频段内，施加干扰环境。施加干扰环境期间，检查车内各设备工作是否正常，记录可能发生的任何敏感现象。

（4）静电放电。某型加榴炮自身供电，所有设备开机工作，选取设备显示屏、键盘、电气开关、操作按键/旋钮等位置，进行 25kV 静电放电，每个位置放电 10 次。静电放电期间及之后，检查车内各设备工作是否正常。

（5）电磁辐射对人员危害。某型加榴炮、检测维修车均自身供电，所有设备开机工作，超短波电台处于大功率发射状态，车内设备按典型工作流程进行操作。选取车内、车外人员工作区域和周围人员活动区域，进行人员正常姿态时眼部、胸部、下腹部 3 个高度的电场强度测量，每个位置测量 3 次取平均值。

（6）电搭接。某型加榴炮不上电，使用搭接电阻测试仪测量系统内设备壳体到系统结构之间、电缆屏蔽层到设备壳体之间等搭接面的直流搭接电阻值。

4）结果评定

（1）系统自兼容检查时，各设备工作正常，无敏感现象。

（2）安全裕度试验时，施加传导/辐射干扰信号期间，某型加榴炮内各设备工作正常，无敏感现象。

（3）外部射频电磁环境试验时，施加峰值和平均值场强环境期间，某型加榴炮内各设备工作正常，无敏感现象。

（4）静电放电期间及之后，某型加榴炮各设备工作正常，无敏感现象。

（5）某型加榴炮、检测维修车各位置测得的电场强度平均值不超出规定的作业区连续波间断暴露限值。

(6) 某型加榴炮设备壳体到系统结构之间的搭接电阻测量值不大于10mΩ,电缆屏蔽层到设备壳体之间的搭接电阻测量值不大于15mΩ。

若被试品满足上述系统电磁兼容性要求,则判定合格。

3.3.5 环境适应性

1. 冲击

1) 试验目的

考核某型加榴炮和检测维修车各单体耐冲击的能力是否满足战术技术指标要求。

2)试验条件

(1) 被试品状态及数量:

① 加榴炮单体:车内显示终端、车外显示终端、综合控制箱、炮班通信系统(控制盒、车载充电器、天线座)、加榴炮适配器(含电气、随动、液压模块)、配电控制箱、配电面板、装填手操作面板、电气操作面板、瞄准手操控台、方位测角器、高低测角器、方位射角限制器、高低射角限制器、悬架控制器、主泵、高低伺服阀、方向伺服阀、初速测量雷达、车载惯性定位定向导航装置、瞄准具与瞄准镜各1套。

② 检测维修车单体:电子检测仪主机、液压检测仪主机、电缆检测仪主机、擦膛机控制箱各1套。

(2) 冲击试验台。

3) 试验方法

(1) 加榴炮单体:

① 将被试品安装在冲击试验台上。

② 被试品通电工作15min后(具体通电与否和工作状态根据被试品特性确定),沿被试品三个互相垂直轴的6个轴向的每个轴向施加冲击激励(带有减震器的被试品垂直方向只施加减震器发生作用的轴向)3次,冲击条件见表3-1。

③ 相邻两次冲击的间隔时间以两次冲击在被试品上造成的响应不发生相互影响为准,但不小于5倍冲击脉冲持续时间。

④ 在每个方向3次冲击完毕后,调整被试品过程中,被试品要处于工作状态;若被试品必须处于非工作状态,则调整完毕后被试品工作15min后再施加冲击激励。

⑤ 冲击试验完成后,检查被试品功能。

表3-1 冲击试验条件

区域	被试品	冲击激励加速度峰值和持续时间		
		纵向	垂向	侧向
驾驶室仪表板	车内显示终端	$30g$,11ms	$30g$,11ms	$30g$,11ms
发动机罩	综合控制箱、配电面板	$100g$,3ms	$100g$,3ms	$100g$,3ms
驾驶室顶部	天线座	$200g$,4ms	$200g$,4ms	$200g$,4ms
底盘挡泥板附近	车外显示终端、加榴炮适配器、配电控制箱、电气操作面板、车外击发装置、悬架控制器、高程计、主泵	$100g$,6ms	$100g$,6ms	$30g$,11ms
上架	装填手操作面板、瞄准手操作台、高低测角器、方位测角器、高低射角限制器、方位射角限制器、初速测量雷达(终端机箱)、高低伺服阀、方向伺服阀	$100g$,6ms	$100g$,6ms	$100g$,6ms
摇架	初速测量雷达(高频头)、惯性定位定向导航装置	$100g$,6ms	$200g$,4ms	$100g$,6ms
	瞄准镜、瞄准具	$100g$,6ms	$100g$,6ms	$100g$,6ms
炮班通信系统	控制盒、车载充电器	$100g$,6ms	$100g$,6ms	$100g$,6ms

(2) 检测维修车单体。试验前对被试品的紧固以及功能进行检查,将被试品置于冲击试验台上,对工作面冲击3次(半正弦脉冲,峰值加速度为$20g$,脉冲宽度11ms),X、Y、Z三个轴向共9次,试验结束后检查功能、性能。

4) 结果评定

若被试品工作正常,则判定合格。

2. 振动

1) 试验目的

考核某型加榴炮和检测维修车各单体在运输环境中的抗振能力是否满足战术技术指标要求。

2) 试验条件

(1) 被试品状态及数量:

① 加榴炮单体:车内显示终端、车外显示终端、综合控制箱、炮班通信系统、加榴炮适配器、配电控制箱、配电面板、装填手操作面板、电气操作面板、瞄准手操控台、车外击发装置、方位测角器、高低测角器、方位射角限制器、高低射角限

制器、悬架控制器、主泵、高低伺服阀、方向伺服阀、初速测量雷达、车载惯性定位定向导航装置、瞄准具与瞄准镜各 1 套。

② 检测维修车单体:电子检测仪主机、液压检测仪主机、电缆检测仪主机、擦膛机控制箱各 1 套。

(2) 振动试验台。

3) 试验方法

(1) 加榴炮单体:

① 高速公路卡车振动环境:

a. 将被试品按在炮车上的安装状态(通话器、发射通话器、胸前开关、交流适配器、瞄准镜装入储存箱)固定在振动试验台上并加电工作(储存箱内单体不加电)。

b. 振动轴向为垂向、横向和纵向。

c. 每个轴向的振动激励按《军用装备实验室环境试验方法第 16 部分:振动试验》中的图 C1 和表 C7 执行,振动时间为 2h。

d. 每个轴向试验完成后检查被试品功能。

② 组合式双轮拖车振动环境:

a. 将被试品按在炮车上的安装状态(通话器、发射通话器、胸前开关、交流适配器、瞄准镜装入储存箱)固定在振动试验台上并加电工作(储存箱内单体不加电)。

b. 振动轴向为垂向、横向和纵向。

c. 每个轴向的振动激励按《军用装备实验室环境试验方法第 16 部分:振动试验》中的图 C2 和表 C7 执行,振动时间为 32min。

d. 每个轴向试验完成后检查被试品功能。

③ 组合轮式车辆振动环境:

a. 将被试品按在炮车上的安装状态(通话器、发射通话器、胸前开关、交流适配器、瞄准镜装入储存箱)固定在振动试验台上并加电工作(储存箱内单体不加电)。

b. 振动轴向为垂向、横向和纵向。

c. 每个轴向的振动激励按《军用装备实验室环境试验方法第 16 部分:振动试验》执行,振动时间为 40min。

d. 每个轴向试验完成后检查被试品功能。

(2) 检测维修车单体。试验前对被试品的紧固以及功能进行检查,将被试品置于振动试验台上,X、Y、Z 三个轴向各进行一次共振扫描(频率范围为 5~5.5Hz、位移(双振幅)为 25.4mm,频率范围为 5.5~200Hz、加速度为 1.5g),5~5.5~200Hz 单程扫描时间为 12min、最大试验时间 24min,试验结束后检查功能、性能。

4）结果评定

若被试品工作正常，则判定合格。

3. 低温储存及工作

1）试验目的

考核某型加榴炮（含单体）和检测维修车（含单体）在低温条件下储存和工作的适应性是否满足战术技术指标要求。

2）试验条件

（1）某型加榴炮若干门，检测维修车 1 辆。

（2）按冬季使用条件维护保养。

（3）环境模拟实验室。

（4）低温试验箱。

（5）杀爆弹 10 发，保低温。

3）试验方法

（1）加榴炮：

① 低温储存。将环境模拟实验室温度降至 -43℃，保温 48h，恢复到自然温度，检查加榴炮功能、性能。

② 低温工作。将环境模拟试验室温度降至 -40℃，保温 48h，火控系统连续工作 12h，检查功能、性能正常后，机动到室外预设阵地，以自动或半自动方式调炮，车外击发，以 0°射角射击杀爆弹 10 发。恢复到自然温度，检查火控系统功能、性能。

（2）检测维修车：

① 低温储存：

a. 检测维修车置于环境模拟实验室内，将环境模拟实验室温度降至 -41℃，保温 24h，恢复到自然温度，检查检测维修车功能、性能。

b. 电子检测仪、液压检测仪、电缆检测仪、擦膛机置于低温试验箱内，将低温试验箱温度降至 -43℃，保温 24h，恢复到自然温度，检查上述单体设备功能、性能。

② 低温工作：

a. 将检测维修车放入环境模拟实验室，并将电子检测仪、液压检测仪、电缆检测仪、擦膛机置于车外环境模拟实验室内。

b. 将环境模拟试验室温度降至 -10℃，保温 8h，检查擦膛机机构动作及主要功能。

c. 将环境模拟试验室温度降至 -40℃，保温 24h，启动检测维修车底盘发动机，自发电装置供电条件下除擦膛机外各用电设备及单体开机工作（其中供配电系统、各检测仪连续工作 12h），检查主要功能，连续工作结束后恢复到自然温度,检查检测维修车功能、性能。

4）结果评定

若被试品工作正常,则判定合格。

4. 高温储存及工作

1）试验目的

考核某型加榴炮(含单体)和检测维修车(含单体)在高温条件下储存和工作的适应性是否满足战术技术指标要求。

2）试验条件

(1）某型加榴炮若干门,检测维修车 1 辆。

(2）环境模拟实验室。

(3）远程杀爆弹 10 发,保高温。

3）试验方法

(1）加榴炮:

① 高温储存。将环境模拟实验室温度升至 70℃,保温 48h,恢复到自然温度,检查加榴炮功能、性能。

② 高温工作。将环境模拟实验室温度升至 50℃,保温 48h,火控系统连续工作 12h,检查功能、性能正常后,机动到预设阵地,以自动或半自动方式调炮,车外击发,以 0°射角射击远程杀爆弹 10 发。恢复到自然温度,检查火控系统功能、性能。

(2）检测维修车:

① 高温储存:

a. 将检测维修车放入环境模拟实验室,并将电子检测仪、液压检测仪、电缆检测仪、擦膛机置于车外环境模拟实验室内。

b. 将环境模拟实验室温度升至 70℃,保温 48h,恢复到自然温度,检查检测维修车功能、性能。

② 高温工作:

a. 将检测维修车放入环境模拟实验室,并将电子检测仪、液压检测仪、电缆检测仪、擦膛机置于车外环境模拟实验室内。

b. 将环境模拟试验室温度升至 40℃,保温 8h,检查擦膛机机构动作及主要功能。

c. 将环境模拟试验室温度升至 50℃,保温 48h,启动检测维修车底盘发动机,自发电装置供电条件下除擦膛机外各用电设备及单体开机工作(其中供配电系统、各检测仪连续工作 12h),检查主要功能,连续工作结束后恢复到自然温度,检查检测维修车功能、性能。

4）结果评定

若被试品工作正常，则判定合格。

5. 湿热

1）试验目的

考核某型加榴炮（含单体）和检测维修车（含单体）在湿热条件下的适应性是否满足战术技术指标要求。

2）试验条件

（1）某型加榴炮若干门，检测维修车 1 辆。

（2）环境模拟实验室。

（3）高温高湿：温度 60℃，相对湿度 95%。

（4）低温高湿：温度 35℃，相对湿度 95%。

3）试验方法

（1）环境模拟实验室初始温度 35℃，相对湿度 95%。

（2）升温阶段：在 2h 内，将环境模拟实验室温度由 35℃ 升至 60℃，相对湿度保持 95%。

（3）高温高湿阶段：在 60℃ 及相对湿度 95% 条件下保持 6h。

（4）降温阶段：在 8h 内将环境模拟实验室温度降至 35℃，这期间相对湿度保持在 85% 以上。

（5）低温高湿阶段：当环境模拟实验室温度达到 35℃、相对湿度为 95% 后，在此条件下保持 8h。

（6）重复（2）~（5），共进行 10 个周期。

（7）将加榴炮和检测维修车放入环境模拟实验室，并将电子检测仪、液压检测仪、电缆检测仪、擦膛机置于车外环境模拟实验室内。

（8）在第 5 个周期及第 10 个周期结束前，检查加榴炮和检测维修车的功能、性能及机构动作。

（9）恢复到自然环境温度，检查加榴炮和检测维修车的外观、功能、性能及机构动作。

4）结果评定

若被试品工作正常，则判定合格。

6. 淋雨

1）试验目的

考核某型加榴炮（含驾驶室外单体）及检测维修车防雨水渗透的能力和遭到淋雨后的工作能力是否满足战术技术指标要求。

2）试验条件

（1）某型加榴炮若干门，检测维修车 1 辆。

（2）加榴炮穿炮衣和不穿炮衣各淋雨 30min，穿炮衣淋雨强度为 5mm/min，不穿炮衣淋雨强度为 1.7mm/min。

（3）检测维修车淋雨强度为 6mm/min，淋雨时间 1h。

（4）杀爆弹若干发，保常温。

3）试验方法

（1）加榴炮：

① 被试品预热至比雨水温度高 10℃以上。

② 穿炮衣淋雨 30min，检查炮衣内渗漏情况。

③ 将加榴炮停放于淋雨设备中，去除炮衣，关闭所有舱门，淋雨 30min。

④ 淋雨 10min、20min、30min 后行战/战行转换各一次。

⑤ 淋雨后检查驾驶室、弹药箱等渗漏情况。

⑥ 淋雨后以自动或半自动方式调炮，车外击发，射击杀爆弹 5 发，检查加榴炮的功能和性能。

（2）检测维修车。关闭门、翻板、窗、孔口，连续淋雨 1h。淋雨结束后检查检测维修车驾驶室、方舱内部等渗漏情况，除湿后开机检查检测维修车功能、性能。

4）结果评定

若某型加榴炮（含车外单体）和检测维修车驾驶室及密封部位无渗漏，工作正常，电气性能正常，则判定合格。

7. 低气压储存

1）试验目的

考核某型加榴炮各单体在低气压条件下储存的适应性是否满足战术技术指标要求。

2）试验条件

（1）车内显示终端、车外显示终端、综合控制箱、炮班通信系统、加榴炮适配器、配电控制箱、配电面板、装填手操作面板、电气操作面板、瞄准手操控台、车外击发装置、方位测角器、高低测角器、方位射角限制器、高低射角限制器、悬架控制器、主泵、高低伺服阀、方向伺服阀、初速测量雷达、车载惯性定位定向导航装置、瞄准具与瞄准镜各 1 套。

（2）低气压试验箱。

3）试验方法

（1）将被试品放入低气压试验箱内。

（2）保持一定压力1h。

（3）恢复至常压后检查功能。

4）结果评定

若被试品工作正常，则判定合格。

8. 霉菌

1）试验目的

考核某型加榴炮瞄准镜、发射通话器耐霉菌的能力是否满足战术技术指标要求。

2）试验条件

（1）瞄准镜、发射通话器各1套。

（2）霉菌试验箱，温度控制精度±1℃，相对湿度控制精度±5%，菌种组为《军用装备实验室环境试验方法第10部分：霉菌试验》中的第一组。

3）试验方法

（1）将被试品放入温度30℃、相对湿度95%的霉菌试验箱，保温4h。

（2）向被试品接种，并保持试验箱温度及相对湿度不变，持续28天。

（3）试验后检查外观和功能。

4）结果评定

若瞄准镜试验后外观影响等级不大于1级（微量），发射通话器试验后外观影响等级不大于2级（轻度），功能正常，则判定合格。

9. 盐雾

1）试验目的

考核某型加榴炮（含单体）和检测维修车抗盐雾大气影响的能力是否满足战术技术指标要求。

2）试验条件

（1）某型加榴炮若干门，检测维修车1辆。

（2）环境模拟实验室。

（3）温度为35℃、pH值为6.5～7.2、盐雾沉降率为1～3mL/（$80cm^2$·h）、盐溶液浓度为5%。

3）试验方法

（1）将加榴炮置于盐雾实验室内，打开舱门，不戴炮口帽，不穿炮衣，以35℃保温2h。

（2）连续喷雾24h后，在标准大气条件温度和相对湿度不高于50%条件下干燥24h。

（3）交替进行喷雾和干燥共两个循环。

（4）恢复到自然环境，检查外观、功能、性能及机构动作。

（5）将检测维修车置于盐雾实验室内，关闭门、翻板、窗、孔口，按上述方法进行试验。

4）结果评定

若某型加榴炮（含单体）和检测维修车试验后无严重锈蚀，工作正常，则判定合格。

10. 砂尘

1）试验目的

考核某型加榴炮各单体抗砂尘能力是否满足战术技术指标要求。

2）试验条件

（1）车外显示终端、炮班通信系统（通话器和发射通话器）、加榴炮适配器、配电控制箱、装填手操作面板、电气操作面板、瞄准手操控台、车外击发装置、方位测角器、高低测角器、方位射角限制器、高低射角限制器、悬架控制器、主泵、高低伺服阀、方向伺服阀、初速测量雷达、车载惯性定位定向导航装置、瞄准具与瞄准镜各1套。

（2）砂尘试验箱，温度控制精度±2℃。

3）试验方法

（1）吹尘：

① 将被试品按在炮车上的安装状态放入砂尘试验箱，调整试验箱温度至23℃、相对湿度小于30%。

② 按照尘浓度（10.6±7）g/m^3、风速1.5～8.9m/s进行吹尘并保持6h，使易损面正对尘流。

③ 停止供尘，风速降低到约1.5m/s，将试验箱温度调整到50℃，温度稳定后保持1h。

④ 按照尘浓度（10.6±7）g/m^3、风速1.5～8.9m/s进行吹尘并保持6h，使易损面正对尘流。

⑤ 恢复至常温，检查功能。

（2）吹砂：

① 将被试品按在炮车上的安装状态放入砂尘试验箱，调整试验箱温度至50℃，温度稳定后保持8h。

② 按照砂浓度（1.1±0.3）g/m^3、风速18～29m/s进行吹砂并保持90min。

③ 改变被试品方向，以使被试品所有易损面都正对砂流暴露，重复②。

④ 恢复至常温，检查功能。

4）结果评定

若被试品活动机构无卡滞，功能正常，则判定合格。

11. 太阳辐射

1）试验目的

考核某型加榴炮（含单体）和检测维修车抗太阳辐射能力是否满足战术技术指标要求。

2）试验条件

（1）某型加榴炮若干门，检测维修车 1 辆。

（2）环境模拟实验室。

3）试验方法

（1）选用循环热效应日循环条件。

（2）试验按《军用装备实验室环境试验方法第 7 部分：太阳辐射试验》中程序Ⅰ—循环试验（条件为循环 A2），日循环最高温度为 44℃，进行 3 个日循环。

（3）试验中及试后检查功能、性能及机构动作。

（4）试验中测试炮口挠度。

4）结果评定

若某型加榴炮（含单体）和检测维修车外观、性能及功能无异常，则判定合格。

12. 跌落

1）试验目的

考核通话器和发射通话器抗跌落能力是否满足使用要求。

2）试验条件

通话器 1 个、发射通话器 5 个。

3）试验方法

将通话器、发射通话器从 1m 的高度跌落到铺有厚 3mm 的橡胶垫水泥地面，6 个面各跌落 1 次，试验后检查功能。

4）结果评定

若被试品工作正常，则判定合格。

3.3.6 软件试验

1. 文档

1）试验目的

考核某型加榴炮和检测维修车软件的文档内容是否满足使用要求。

2）试验条件

使用维护说明书。

3）试验方法及要求

对照使用维护说明书，检查以下内容：

（1）检查文档有无错别字，图表是否标以正确的标号。

（2）文档中各部分内容的描述或说明是否完整，是否满足软件操作需要。

（3）文档内容和术语的含义是否前后一致。

（4）文档和程序是否一致。

4）结果评定

若软件文档内容完整，准确一致，则判定满足要求。

2. 功能

1）试验目的

考核某型加榴炮和检测维修车软件的功能是否满足战术技术指标要求。

2）试验条件

产品制造与验收规范、使用维护说明书等。

3）试验方法及要求

（1）依据产品制造与验收规范、使用维护说明书等技术文件，按照给出的操作步骤，逐项检查某型加榴炮的软件是否具有指挥通信、报文收发、诸元计算、成果整理、悬架升降、行战转换、调炮瞄准、弹药装填、供配电管理、定位定向导航及设备监控、故障检测、安全联锁、报警提示、数据记录、操瞄控制、信息管理、输入/输出显示和嵌入式训练等功能。

（2）依据产品制造与验收规范、使用维护说明书等技术文件，按照给出的操作步骤，逐项检查电子检测仪、液压检测仪和电缆检测仪的软件是否具有技术状态检查、故障诊断、维修指导、报警提示、数据记录、输入输出显示、自检等功能。

4）结果评定

若软件具备规定的功能，则判定合格。

3. 与指挥系统接口

1）试验目的

考核某型加榴炮武器系统与指挥系统接口是否满足互联互通要求。

2）试验条件

（1）适应性改进的指挥车软件各1套。

（2）某型加榴炮若干门。

（3）指挥车1辆。

3）试验方法及要求

结合指挥车互联互通功能试验进行，分别以加榴炮、指挥车为发送方逐条传送传输协议规定的报文，检查接收方的报文是否正确。

4）结果评定

若某型加榴炮武器系统在互联互通试验中命令和信息传输正确，则判定合格。

4. 软件安全性

1）试验目的

考核某型加榴炮和检测维修车软件的安全性是否满足战术技术指标和使用要求。

2）试验条件

使用维护说明书。

3）试验方法及要求

某型加榴炮软件安全性结合加榴炮安全性试验进行。

检测维修车试验内容包括：

（1）检查重要参数是否具有访问和修改权限限制功能，重要参数包括通信控制器和电台等相关参数。

（2）检查是否具有防止非法操作的功能，包括输入的数据超过要求的界限、输入的参数类型不匹配、长按或组合按工作面板上按键、不按操作流程操作软件等，在非法操作下查看软件是否出现功能异常、能否提示当前的输入/操作非法或拒绝不当操作的执行。

（3）检查是否具有防误操作的功能，包括北斗自毁是否有防误操作措施、参数修改时是否有确认提示等。

4）结果评定

若软件具有重要数据权限限制、防止非法操作、防误操作等功能，则判定合格。

5. 软件安装性

1）试验目的

考核某型加榴炮软件的安装性是否满足战术技术指标及使用要求。

2）试验条件

（1）某型火炮软件。

（2）笔记本电脑。

（3）软件升级工具1套（含数据线）。

3）试验方法及要求

在外场用笔记本电脑和软件升级工具对加榴炮若干个软件产品进行重新安装，检查各自软件产品是否安装成功及安装后软件功能是否正常。

4）结果评定

若软件能够在外场正常安装，安装后功能正常，则判定合格。

6. 软件稳定性

1）试验目的

考核某型加榴炮和检测维修车软件长时间运行条件下的稳定性是否满足使

用要求。

2）试验条件

使用维护说明书。

3）试验方法及要求

（1）结合加榴炮射击试验及火控系统连续工作时间试验进行，检查加榴炮软件在长时间工作条件下是否出现运行错误、自动重启、系统崩溃或丢失数据等现象。

（2）结合检测维修车连续工作时间进行，检查检测维修车软件在长时间工作条件下是否出现运行错误、自动重启、系统崩溃或丢失数据等现象。

4）结果评定

若软件长时间工作稳定，运行可靠，则判定合格。

7. 人机交互界面

1）试验目的

考核某型加榴炮和检测维修车软件的人机交互界面是否满足战术技术指标及使用要求。

2）试验条件

使用维护说明书。

3）试验方法及要求

（1）检查界面是否美观、协调，包括色彩搭配、字体和字号、按钮形状和尺寸等。

（2）检查界面上的信息，包括窗口信息、状态栏、菜单、工具栏、消息框、按钮等上面的文字、图标、符号是否简明、易于理解。

（3）检查能否实时显示当前的运行状态。

（4）检查运行后的输出结果是否容易理解、无歧义。

（5）检查人机交互界面操作是否方便。

4）结果评定

若软件人机交互界面友好、输入/输出正确、文字表达清晰、操作直观方便，则判定合格。

3.3.7 基本作战性能试验

1）试验目的

在草原环境和昼夜条件下，检查某型加榴炮武器系统指挥控制通联、火力打击、机动转移、维修保障等基本作战性能，以及某型加榴炮和检测维修车的人机适应性和任务适应性。

2）试验条件

（1）某型加榴炮若干门，检测维修车1辆，某型车载加榴炮武器系统指挥车。

（2）加榴炮按要求配备炮班，检测维修车配备操作人员。

（3）有线通信用线缆。

（4）夜间路线指示灯，目标指示灯。

（5）杀爆弹若干发。

（6）昼夜。

3）试验方法

从集结地域受领任务开始，按照作战使用流程依次展开试验，包括战区开进、待机阵地准备、占领发射阵地、行战转换、射击和转移阵地等。

（1）开进展开阶段白天进行运动通信、启动时间、最高车速、最大制动距离测试，在比利时路、搓板路、凸条路等道路上行驶，测量振动，夜间仅进行车速测试。

（2）待机阵地准备阶段测试提取炮闩时间、炮班人员上车时间、行军固定器解脱时间、挖驻锄坑时间等，昼夜各进行一次；听觉试验、液压系统连续工作时间试验白天进行一次。

（3）占领发射阵地阶段进行行军战斗/战斗行军转换时间、系统反应时间、极限条件下系统反应时间等试验，昼夜各进行一次。

（4）射击战斗阶段白天进行近距离打击和远距离射击试验，夜间进行远距离射击试验。

（5）统计基本作战性能试验过程中装备出现的故障现象、类型、部位、次数等，统计故障修复时间。

（6）试后进行操作使用满意度、交互设备布置、照明灯光满意度、驾驶室色彩、驾乘舒适度、噪声环境满意度等人机适应性调查问卷。

4）结果评定

提供昼夜试验数据，为部队作战使用提供参考。

3.3.8 高原适应性试验

1）试验目的

在不低于4500m海拔地区，检查某型加榴炮武器系统通联、火力打击、机动转移等基本作战性能试验，检验某型加榴炮和检测维修车的人机适应性和任务适应性。

2）试验条件

（1）某型加榴炮若干门（在身管寿命初期），检测维修车1辆。

（2）指挥车1辆。

（3）初速雷达。

（4）杀爆弹若干发。

3）试验方法

从集结地域受领任务开始，按照作战使用流程依次展开试验，包括待机阵地准备、占领发射阵地、行战转换、射击和转移阵地等。

（1）开进展开阶段测试启动时间、最高车速、最大制动距离。

（2）待机阵地准备阶段测试提取炮闩时间、炮班人员上车时间、行军固定器解脱时间、挖驻锄坑时间、听觉试验、连续工作时间试验、外部通信互联互通检查、高程测量精度试验等。

（3）占领发射阵地阶段进行行军战斗/战斗行军转换时间、系统反应时间、极限条件下系统反应时间等试验。

（4）射击战斗阶段进行千米立靶、最大射程、最大射程地面密集度试验，减装药机构动作试验，不控制射击组间隔时间。

（5）被试雷达初速测量精度结合高原射击试验进行，并统计漏测率。

4）结果评定

提供高原试验数据，为部队作战使用提供参考。

3.3.9 复杂电磁环境适应性试验

1）试验目的

检查某型加榴炮复杂电磁环境适应性是否满足战术技术指标和使用要求。

2）试验条件

（1）某型加榴炮若干门，检测维修车1辆，某型加榴炮武器系统指挥车。

（2）威胁电磁环境模拟设备：通信干扰信号模拟系统1套，定位定向导航干扰信号模拟设备3套。

（3）电磁兼容性试验系统1套。

3）试验方法

根据炮车典型作战使用流程，结合其向阵地开进和在阵地展开以及射击过程中可能涉及的指挥、侦察、火炮等装备中雷达、电台等射频装置以及电磁干扰模拟设备构建典型的试验和测试环境。

（1）临界干扰试验。

（2）通信距离试验。

（3）定向定位导航试验。

（4）初速测量试验。

（5）射击试验。

4）结果评定

若结果满足战术技术指标及使用要求,则判定合格。

第4章 炮射导弹试验技术

4.1 概 述

一个产品,设计是基础,制造是实现设计、形成产品的结果,试验是在模拟或真实条件下完善设计和评估产品的性能、可靠性、质量水平的手段,是检验设计、制造过程是否达到战术技术指标要求的必不可少、最直接、最有效的方法,其始终贯穿于产品的全设计、制造周期。

对于试验方法,由于产品技术指标的不同、使用环境的不同、使用目的的不同,其方法也不尽相同,从而使得试验技术成为一门与工程、产品、技术结合的实用型学科,也成为伴随研发人员、设计工程师在产品全设计、制造阶段的一项主要科研工作。试验技术不仅仅要求设计人员、工程师要围绕产品的性能、特点、范围寻找和解决与之匹配,能实现测试、分析需求的技术,也要求设计人员、工程师要应对未知可能的情况,去探索、寻找一种简单可行、实用准确的试验方法,暴露产品可能存在的缺陷、薄弱环节,再通过设计和制造过程去弥补和完善,以达到用户满意的程度。

炮射导弹(简称产品)是武器系统,也是制导弹药,其战术技术指标要满足设计下达的要求,可靠性指标、质量要求要满足整个寿命周期内(研制、制造、使用和存储阶段)遇到的环境,包括气候环境、力学环境、电磁环境、运输环境、使用环境和储存环境,还要满足炮射导弹产品特殊的发射过载环境的要求。如何检验产品在研制阶段的指标达到性,验证产品在全寿命周期内环境使用要求的达到性,是试验技术要解决的问题,也是科研人员在研制过程中要解决的问题。通过制定、探索一套合理、有效、可行的检验、验证的试验方法,一套准确、可信的试验数据评估方法,解决研制过程中出现的各种问题、技术难点和故障情况,确保产品的各项技术指标满足用户的使用要求,节约有限的研制经费,提高产品的性价比,形成一种适用于此类产品的科学、有效的试验流程和方法,为后续系列产品的研发提供必要的试验技术保障能力是应该主要解决的问题。

结合现行军标要求以及炮射导弹工程型号研制经验,对多年来产品生产、部队使用过程中的实际情况进行总结,可提出产品使用全寿命周期要求下的武器系统试验考核体系、验证方法和数据分析统计方法。其目的在于：

(1) 提高产品设计、生产过程的综合性能考核能力。

(2) 提高产品可靠性和质量,以保证全寿命周期的需要。

(3) 优化试验体系,节约试验成本和样品、样机的消耗数量。

(4) 提高产品研制过程接近真实战术环境条件下的武器系统数据,为定型和鉴定提供数据保障依据。

4.2 炮射导弹试验内容

炮射导弹研制过程中,要依据研制总要求和战术技术指标,在各研制阶段对设计、试制完成后的部件、全弹样机进行试验考核,以验证指标性能的达到性;同时,在研制过程中,不断积累数据开展可靠性的评估,在必要阶段要开展可靠性积累试验的考核,通过各种试验确保研制完成后的产品达到使用要求。

试验考核贯穿于产品的整个设计周期,不同的研制阶段,对试验的流程、方法均有所不同,考核的目的也各有侧重,但其一般遵循以下各种方式或各种方式的互补：

(1) 按照研制阶段可分为原理样机设计阶段部件阶段和关键指标验证试验阶段,工程样机阶段总体性能指标验证阶段、可靠性指标验证阶段,鉴定定型接近实战环境性能指标达到性试验考核。

(2) 按照设计流程可分为基础元器件、材料和结构试验考核阶段,部件性能指标达到性试验考核阶段,总体性能达到性试验考核阶段。

(3) 按试验对象可分为部件试验、分系统试验、系统匹配性试验和综合性能考核试验。

各阶段试验考核的目的均是以通过考核来评估产品样机的设计达到性,通过试验结果对设计进行优化迭代,从而保证最终产品的性能。为此,试验考核是炮射导弹产品的研制过程中贯穿始终、必不可少的环节。

4.2.1 总体性能指标

炮射导弹武器系统属于身管类火炮射击的精确制导弹药,与常规制导弹药在性能指标上既有相同之处,也有不同之处。该系统可以在不改变现有坦克、装甲车辆的火力单元、控制单元和动力单元的基础上,通过模块化的方式加装,实现坦克、装甲车辆的远距离精确打击能力,将作战平台的有效攻击距离大幅延伸,提高了平台的战场生存能力和对敌的精确打击能力。其系统组成如图 4 – 1 所示。

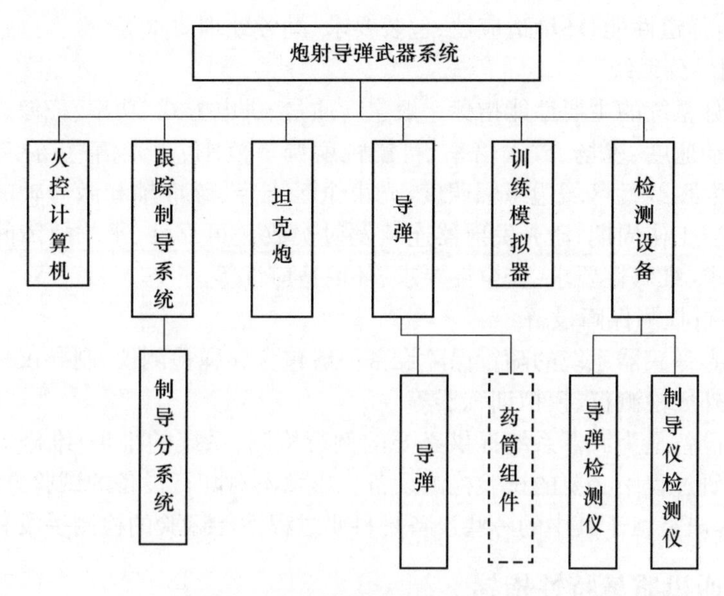

图 4－1　炮射导弹武器系统组成

如图 4－1 所示，炮射导弹武器系统在加装于坦克、装甲车辆时，需要在平台上增加的模块包括火控计算机（导弹射击模块）、激光瞄准制导装置两个主要部分，导弹可作为弹药独立进行研制并在平台上试验，同时配套研制有模拟训练器和相关检测设备，以保证部队日常和作战使用时的勤务处理、维护保障等需要。

4.2.2　各分系统性能指标

炮射导弹武器系统由发射平台、制导装置、导弹、随行检测保障设备等组成。导弹采用与发射平台共用同一门火炮射击，具备平台适应性强、通用的特点，从而相对于武器系统而言，系统对平台的指标要求一般对机械电气接口、稳定性能、供电系统有约束外，其余指标基本在原平台指标性能的基础上进行适应性设计，在这里就不做详细说明。其余分系统性能指标一般包含以下内容。

1. 火控导弹射击模块

火控导弹射击模块的主要性能指标一般包括发射时序、击发电流、调炮速度、瞄准线漂移速度、火炮预置角精度等指标。

2. 导弹分系统

导弹分系统的主要性能指标一般包含弹径、弹长、质量、战斗部类型、初速、最大射程飞行时间、大着角发火性、钝感度、自毁、可靠度、安全性、储存期、测试性要求、引信性能（作用方式、炮口保险距离、可靠解除保险距离、作用可靠性）、安全性、内弹道性能、环境适应性、包装要求、勤务处理要求等。

3. 制导分系统

制导分系统的主要性能指标一般包含质量、供电方式、功率、稳像方式、瞄准线最大移动速度、视场、放大倍率、目镜视度调节范围、激光信息场控制场性能(中心辐照度、线性区域边缘辐照度、光束全区半径、瞄准轴和激光轴的失调量、激光发射器工作周期、激光发射器连续发射次数)、可靠性、平均故障间隔次数、测试性要求、维修性要求、安全性要求、环境适应性等。

4. 随行检测保障设备

炮射导弹武器系统的随行保障设备一般包含导弹检测仪、制导仪检测仪、激光信息场外场检测仪、模拟训练器等。

随行设备是为武器系统提供必要的例行检测,系统的维护、维修的设备,也是产品科研过程中必要的试验检测设备。本章不对随行设备的试验方法进行介绍,在此提出是由于其中的一些设备是科研过程性能试验的检测手段和方法。

4.2.3 通用质量特性指标

“五性”指标是武器装备研制过程中评估产品质量状态的重要指标,也是评价产品性能是否满足装备全寿命使用周期的重要指标,在产品设计过程中,必须同时考虑“五性”(可靠性、维修性、保障性、测试性和安全性)指标的要求,采取综合工程设计、试验验证和综合权衡的方法,在满足产品经济性、可生产性的基础上,达到客户使用要求的水平。

“五性”指标互相独立又互相关联,综合反映产品的质量性能。在工程型号研制过程中,“五性”指标的考核是产品性能考核的关键环节,也是试验的重要考核内容。

可靠性考核内容一般包括产品环境应力考核、可靠性指标达到性考核、可靠性增长考核。其中,对于不同的产品,可靠性指标的定义方式和定量量级也各不相同,对炮射导弹武器系统来说,导弹可靠性以置信度、可靠度(故障率)方式评估,制导系统可靠性以平均故障间隔时间方式评估。

保障性是装备的设计特性和计划的保障资源满足平时战备和使用要求的能力,其考核内容一般分为三类:一是与装备保障性设计有关的定性要求,主要指可靠性、维修性、运输性等设计要求;二是有关保障系统及其资源的定性要求(保障体系),包括维修方案、维修级别和任务层级的划分;三是装备在特殊使用环境下对设计和保障体系的要求。保障性在产品研制过程中主要体现在各环节的具体设计内容上,考核方式一般采用定性分析。

维修性设计的根本目的是获得易于维修保障的装备,实现战备完好性和任务成功性。在产品设计过程中,维修性要求一般包含一定的维修时间、修复的诊断和测试时间、单次维修工时、故障检测率、预防性维修等内容。

测试性工作是装备研制过程的一个重要组成部分,要纳入系统或设备研制计划,并根据产品特点、使用要求分阶段进行实施。作为武器系统,其每个组成部分、每个零部件都应具备测试性的要求,以确保设计指标的可测性和可验证、可评价性,并同时应满足后期使用过程中勤务处理的要求。

安全性是指产品满足军用系统使用的安全性要求,在设计初期进行安全风险评估,确定危险源和危险等级,在设计过程中进行消除和控制,验证过程中通过试验对安全性指标进行验证。对于炮射导弹武器系统,其安全性是否符合战术技术指标要求,一般通过静态、动态试验进行最后验证。

作为炮射导弹武器系统,其归属于制导弹药武器系统类,产品的"五性"要求既有通用性的也有独特性的,考虑到本章编写的目的,产品的零部件、组件的"五性"要求和试验方法不在介绍的范围,只针对整机、系统级的"五性"指标进行说明。

1. 可靠性

按照炮射导弹武器系统的组成,产品的可靠性主要分为导弹、制导装置两个部分。

1) 导弹可靠性指标

(1) 导弹可靠性(含发射、飞行、正常作用):不小于0.92,此数据根据积累数据统计,不单独考核。

(2) 导弹引信作用可靠性:在置信度为0.90时,可靠度为0.94。

2) 制导分系统可靠性指标

制导分系统可靠性(实车试验和台架考核相结合):平均故障间隔次数(MNBF)≥2000个工作周期。

2. 维修性

1) 导弹维修性

在储存期内的导弹,应定期进行外观检查、电参数性能检测,以判断导弹的功能完好性,对于外观损伤、电参数不合格的导弹隔离处理,视适当时机返回制造厂或大修厂进行维修,在装备服役期内,不进行维修。

2) 制导分系统

制导电源控制箱在服役期内,允许更换,单次更换时间应小于30min。

3. 保障性

导弹和制导设备设计应满足在规定的环境条件、运输条件、使用条件时的战术技术指标性能;同时,应根据研制要求,制定装备服役期间的测试性、维修性要求，随装备交付部队使用时，应进行定期的保养、维护、检测工作，确保装备完好。

4. 测试性

1）导弹测试性指标

导弹应留有性能参数检测接口，利用外部检测设备能进行主要功能、性能参数的检测和技术状态确认。预留检测接口应符合规范，连接方便快捷。

2）制导分系统测试性指标

制导分系统应具备自检功能，能够输出“准备好”信号以表明系统工作正常，可利用外部检测设备进行主要功能、性能参数的检测和技术状态确认，预留检测接口应符合规范，连接方便快捷。

5. 安全性

1）导弹安全性指标

无包装导弹从不高于0.5m水平跌落，或有包装从不高于1.5m高度处，水平或弹头朝上以45°夹角跌落后，经外观和功能检测合格，可用于发射；无包装导弹从0.5～1.5m，或有包装从1.5～3m跌落，勤务处理安全，但不得用于发射；导弹应确保正常运输、储存、勤务处理及发射时的安全。

2）制导分系统安全性

炮射导弹采用激光驾束制导方式，制导分系统应具有电源极性反接保护能力；电缆插头插座具有防插错和防脱落功能；在可能发生危险的部位上有醒目的提示标记；按使用要求操作系统及各部件时，不应造成人员损伤。

4.3 炮射导弹试验方法

炮射导弹武器系统试验方法主要针对系统（单指与炮射导弹相关部分）、导弹、制导装置的性能、战术技术指标达到性的试验考核。按照新形势下我军装备试验鉴定要求，装备全寿命周期阶段的试验分为性能试验、作战试验和在役考核三个阶段。性能试验重点考核装备战术技术性能达标度，具体包括各类科研过程试验和以鉴定定型为目的的试验等。作战试验重点考核装备作战效能、保障效能、部队适用性、作战任务满足度，以及质量稳定性等。在役考核重点跟踪掌握部队装备使用、保障、维修情况，验证装备作战与保障效能，发现问题缺陷，考核部队适编性和服役期经济性，以及部分在性能试验和作战试验阶段难以考核的指标等。

三个阶段的考核内容各有侧重，又紧密联系、不可分割。本部分重点阐述性能试验相关内容与方法，炮射导弹性能试验以对系统、分系统的静态、动态考核为基本考核方法。静态考核主要内容是在内场条件下围绕产品的基本物理参数、环境适应能力,国家军用标准规定的软件、电磁兼容、测试性等要求开展试验考核工作。动态考核以飞行试验考核为主,飞行试验考核的主要内容是在外场条件下围绕产品战术技术指标、可靠性、测试性、安全性等,模拟实战条件、环境条件进行武器系统实弹飞行试验考核。

4.3.1 总体性能指标试验方法

总体性能试验主要包括安全性试验、电磁兼容试验、抗干扰试验、勤务与环境适应性试验和飞行试验,用于对炮射导弹武器系统的总体性能达到性进行考核,以上试验有顺序要求,以确保参试品在飞行试验过程中的相对安全性。

鉴于本书的章节分配,安全性试验在"五性"试验中进行详细说明。

1. 试验条件

在进行总体考核的过程中,应首先按照导弹可靠性要求,计算最小可接受试验数量,在这里假定为 X。同时,在规定的试验数量中,应结合环境适应性要求,穿插进行飞行试验考核。考核方式在设计总要求的指导下,结合国家军用标准确定,原则上常温 50%、低温和高温不低于 20%。

1)目标靶

(1) 固定靶:靶面尺寸不小于 4m×6m,内为 2.3m×2.3m 的白底黑框,中间用黑"+"字线,其线长为 2m×2m,线宽为 0.2m。射击通道中无任何遮挡物。

(2) 运动靶:靶面尺寸不小于 4m×6m,内为 2.3m×4.6m 的白底黑框,中间用黑"+"字线,其线长为 2m×2m,线宽为 0.2m。靶道与射向基本垂直,射击通道中无任何遮挡物。

(3) 目标靶运动速度:60km/h(最大射程条件下),其余射程等比例减小。

2)测试条件

飞行试验时,应在条件满足的条件下获取尽可能多的试验数据,在进行寒冷地区、高温高湿地区环境试验时,可根据外场条件予以删减,但应保证参试品和被试品在试前功能、性能的可测试性和可评价性。

标准环境下的飞行试验应满足以下测试条件:

(1) 可对导弹内弹道性能进行测试。

(2) 可对导弹外弹道进行测试。

(3) 可对关键飞行过程进行视频数据获取。

(4) 可对试验现场气象条件进行获取。

(5) 可对试验现场进行实况记录。

(6) 可对导弹中靶情况进行记录。

(7) 可对弹上参数进行记录。

(8) 可对武器系统平台进行测试。

3) 环境试验条件

环境试验条件见附录2。

2. 试验项目和方法

1) 电磁兼容试验

电磁兼容试验的目的是考核武器系统电磁兼容性是否满足要求,电磁兼容试验包括制导分系统(含火控导弹模块、制导模块)、导弹和检测设备的试验,试验项目包括 RE102、RS103、CE102、CS101、CS106、CS114 等,可根据试验品具体情况删减。

导弹试验前应进行适当改造,用点火头替代弹上火工品,然后应至少在通电状态下进行 RE102 的 10kHz ~ 18GHz 电场辐射发射和 RS103 的 10kHz ~ 18GHz 电场辐射敏感度试验。

制导分系统应在各模块连接完好状态下,通电测试 CE102 的 10kHz ~ 10MHz 电源传导发射、CS101 的 25Hz ~ 50kHz 电源线传导敏感度、CS106 电源线尖峰信号传导敏感度、CS114 的 10kHz ~ 400MHz 电缆束注入传导敏感度、RE102 的 10kHz ~ 18GHz 电场辐射发射和 RS103 的 10kHz ~ 18GHz 电场辐射敏感度试验。

结果评定:

(1) 导弹在通电试验过程中,应用导弹检测仪同步检测弹上电气性能,合格则通过;同时,试验完成后查看弹上点火头,不发火则合格。以上两项均合格,则判定导弹电磁兼容试验通过。

(2) 制导分系统在通电试验过程中,应用制导装置检测仪同步检测火控导弹模块、制导模块电气参数,合格则判定制导分系统电磁兼容试验通过。

2) 抗干扰试验

抗干扰试验的目的是考核系统采用的激光制导体制承受外部烟尘、光电、红外、激光、火光等干扰下的实际工作能力。

试验采用制导模块模拟发射激光的方式,并人工在武器系统有效作战距离内不同位置安放炸药包、火堆、发烟罐、汽油等可产生干扰的物质。试验可根据实际情况分多次进行,制导装置要分别工作在平飞、高飞两种工作状态下。

结果评定:在有干扰的条件下,用弹上激光接收机在最远射程上接收制导模块发出的激光信号,指令信号输出正常,则判定为合格。

3) 勤务与环境适应性试验

系统的勤务与环境适应性试验结合寒冷地区、高温高湿地区和作战试验进行，用以考核在特定环境下的指标和性能达到性。

试验时，火控导弹模块、制导模块和导弹应在特定环境下经过室外储存、运输试验后，然后进行性能参数检测，性能参数检测合格的参试品进行飞行试验考核，两者均满足设计总要求的战术技术指标，则判定为合格。具体的环境试验要求、方法和飞行试验考核方法可参照4.3.2节中各分系统性能指标试验方法中的具体内容执行。

4）飞行试验

飞行试验的目的是考核武器系统工作性能是否满足战技指标要求，试验内容和方法的确定一般要根据确定的试验数量X，再综合考虑主指标中的命中概率（运动、静止）、可靠性、环境适应性，进行综合设置。一般确定试验项目的原则如下：

首先进行命中概率数量分配，如静止射击条件（平台和目标靶）下射击发数应考虑到一个可靠性评估基数，如炮射导弹一般可靠度为0.92，则按照点估计值计算，试验数量要大于或等于10发，作为一个弹药考核基数。以此类推，运动射击条件（平台运动或目标运动均为运动射击条件）、实弹射击条件均要满足一个基数考核的要求。同时，对于有特殊要求的考核项目，如夜视条件、高原条件等，可根据确定的试验总数量X合理分配，也可在原有试验总数量上增加，以提高样本数量，综合用于后期评定命中概率、破甲率、可靠性的有效数据。

对于命中概率的试验统计，在试验条件满足最大射程的情况下，应尽量进行最大射程试验，试验中通过雷达、光电设备同步测量全弹道导弹飞行情况，通过弹道解算从而达到对各攻击距离下命中概率分布的评估。

在试验项目设置过程中，每一个弹药基数条件下均应有一定数量的环境试验叠加，以保证在各种环境应力施加下飞行试验考核的准确度。

同时，在前述四个考核阶段，均应按上述基本要求进行，从而达到对整个武器系统的最终综合评价能力。

举例：

性能鉴定试验阶段，某炮射导弹武器系统飞行试验数量X，一般设置试验科目和环境叠加的标准如下：

在静止条件、最大射程下，试验样本量为$Y(Y\geqslant 10)$，根据武器系统要求，应对高飞、平飞两个条件进行飞行试验考核，Y中应包括导弹在经过运输后的高温、低温的试验样本，经过温度循环后的试验样本，经过高温高湿后的试验样本，经过淋雨、砂尘后的试验样本，自然温度的样本等。

在运动条件下，考核导弹对目标的机动命中能力时，一般可根据实际试验条件适当降低射程(原则上具备条件的应在最远射程下进行试验),试验样本量为$Z(Z\geqslant10)$,Z中应包括导弹在高温、低温、运输条件下的试验样本。

进行威力试验时,考核飞行导弹实际破甲能力,射程应选择中、远两个距离,试验样本量为M($M\geqslant7$,根据导弹破甲指标而定,原则上不能小于一个破甲概率评估基数),在静止条件下对仰天/侧向钢板靶进行实弹破甲试验。M中应包括导弹在运输、高温储存后的高温工作条件下的样本,运输、低温储存后的低温工作样本,运输、无损跌落后的样本。

以上是一个炮射导弹武器系统鉴定试验时的典型案例,在飞行试验科目设计时,同时也应兼顾以下三个方面:

(1) 对于实弹以外的试验数量样本,应尽可能采用测试弹的方式,更多地获取弹上的电参数信息,以提高后期数据评估的数量和准确度。

(2) 可靠性评估应综合四个阶段的所有试验样本量。

(3) 试验前,制导分系统、导弹均应进行试前检测,该数据也要纳入后期数据评估使用。

结果评定:

(1) 导弹最大飞行时间,采用最远射程试验时的测试数据(雷达、光电和弹上记录仪),满足设计要求,则判定为合格。

(2) 攻击距离判定要综合统计最远射程的有效试验样本和结果,计算命中概率,满足设计要求,则判定为合格。最小攻击距离依据引信可靠解除保险的距离判定,满足设计要求,则判定为合格。

(3) 系统的命中概率以静止、运动两个科目的所有试验结果进行综合统计,计算命中概率,满足设计要求,则判定为合格。

(4) 可靠性判定,应结合四个阶段的全部飞行试验数据进行判定,如试验大纲有明确要求时,也可分阶段进行判定,统计计算结果满足设计要求,则判定为合格。

5) 高原试验

4000m以上高原试验环境的武器系统,应在高原环境专门进行飞行试验考核,考核方法以自然环境、最大射程为基本要求,试验数量不小于1个命中概率基数。

合格判定:可靠性不单独考核,结合系统飞行试验综合考核,综合满足设计要求,则判定合格;命中概率需单独统计计算,满足指标要求,则判定为合格。

6) 仿真试验

仿真试验的目的是通过半实物仿真条件和试验,以数学和实物结合的方式,对武器系统指标中某些极限指标或不具备试验条件的特殊环境（如15m/s最大横风试验）下的使用要求，进行目标的攻击距离、命中概率的验证，在有必要或研制要求有明确要求时进行。

7）储存试验

储存试验在鉴定阶段一般由研制部门提交分析报告，也可同步开展环境应力老化试验对系统进行评估，该试验相对独立，也可作为后期产品交付部队使用，结合加速老化试验或者长时投放试验进行，以综合评估储存后的性能达到性。

4.3.2 各分系统性能指标试验方法

1. 导弹性能指标试验方法

1）静态检测

静态检测的试验目的是检测导弹静态下物理、电气参数是否满足技术指标的要求。检测的一般原则和方法如下：

（1）目视检查导弹外观、数量和随行配套文件。

（2）对导弹进行弹径、弹长、弹重测试。

（3）对导弹的包装外观、组成、长度、重量检查和测试。

（4）用专用检测仪对导弹的电气参数进行测试。

结果评定：测试结果满足设计指标要求，则判定为合格。

2）自毁时间试验

自毁时间试验的目的是考核导弹的自毁功能是否满足技术指标要求，试验采用在实验室静态条件下进行，对一定样本量的弹上自毁控制模块的自毁指令输出功能的正确性、自毁时间进行测试。

结果评定：统计试验数据，自毁功能电路正常、自毁时间满足技术指标的要求，则判定为合格。

3）引信性能试验

（1）作用可靠度试验：考核引信作用可靠度是否满足技术指标要求，由于引信可靠度要求高，如按最低样本量进行实弹试验，成本高、周期长，其试验方法一般采用单独试验和与导弹飞行威力试验结合的方法。

实验室数量按1个可靠性基数进行，基数的选择可根据国家军用标准要求计算，但试验科目要包含高温、低温和常温。

结果评定：综合作用可靠度满足技术要求，则判定为合格。

（2）炮口解保试验：考核引信炮口保险距离是否满足设计技术指标要求，试验采用在实验室静态试验进行，测试保险解除时间，根据实际测量最小值，判断时间是否合格,试验数量一般不低于30发。

结果评定:1个样本基数中最小解保时间满足技术指标要求,则判定为合格。

(3) 环境适应性试验:考核引信在规定的使用环境条件下是否满足技术指标要求。其主要试验内容包括:

① 3m跌落试验:抽取一定数量的引信并装于试验弹体中,以朝上、朝下、水平方式,从高度3m自由跌落在厚5mm的钢板上。

② 振动安全性试验:抽取一定数量的引信,以朝上、朝下、水平的姿态装于试验弹体中,试验弹体安装于专用夹具上,每种状态下各进行(1750 ± 10)次振动。

③ 冲击强度试验:抽取一定数量的引信,安装于专用夹具中,用锤击试验机进行不低于导弹实际发射过载的加速度进行冲击。

④ 热冲击试验:在(−54 ± 3)℃条件下保温4h,再在(71 ± 3)℃温度条件下保温4h,中间转换时间不能大于1min,循环3次。

⑤ 1.5m跌落试验:抽取一定数量的引信,按照朝上、朝下、水平、斜上45°、斜下45°五种姿态从高度1.5m自由跌落至厚5mm的钢板上。

结果评定:经过环境试验后的引信,进行作用可靠性试验,满足技术要求,则判定为合格。

4) 内弹道试验

内弹道试验的考核目的是考核内弹道是否满足设计指标要求,试验时,可用发射平台在高温、低温和常温条件下各发射5发导弹模拟弹,测量初速、膛压、有害气体,检测炮尾焰。

结果评定:初速、膛压满足设计指标要求,有害气体不超标,炮尾焰对车内人员无伤害危险,则判定为合格。

2. 制导模块性能指标试验方法

试验目的是考核制导分系统(火控导弹模块、制导模块)的各项功能及性能是否满足技术指标的要求。

1) 发射制导功能

检查制导分系统在“导弹”工况下可否产生导弹需用的击发信号,在接收到“脱离信号”后制导模块工作时序是否正常,是否满足导弹正常射击、制导功能。可使用专用检测设备采用空发激光的工作模式或者采用导弹模拟弹射击的模式来采集激光信息场数据。

结果评定:导弹可正常射击、激光信息场外场测试数据结果满足设计要求,则判定为合格。

2）制导状态下瞄准线漂移速度测试

在自然温度下，测量制导分系统在“导弹”工况下瞄准线的漂移速度。试验时，可在室内或室外利用米格纸靶对火炮在“导弹”工况下的稳像漂移速度进行测试。

结果评定：漂移速度满足设计要求，则判定为合格。

3）激光信息场性能

在自然条件下，采用专用检测设备对制导分系统在外部空间形成的激光信息场进行测试，测试项目包括制导分系统在平飞、高飞两个条件下激光场的中心能量、边缘能量、线性区半径、瞄准轴和激光中心的失调量，激光连续工作次数和单次激光工作周期时间，一般进行多次测试取平均值。

结果评定：各项指标的测试结果满足设计要求，则判定为合格。

4）测试性检测

检测制导分系统的自检功能、与外部检测设备的接口和被检测功能。

结果评定：制导分系统自检功能正常，外部检测接口可连接专用检测设备，并能通过检测，则判定为合格。

5）维修性检测

可通过更换制导分系统电源保险、可调整激光轴与瞄准轴的失调量等方法对制导分系统的维修性进行检测。

结果评定：制导分系统可正常快速更换电源保险，可通过外部旋钮调整激光轴与瞄准轴的偏差量，且调整后还可以调整回到设计要求的正常值范围内，则判定为合格。

6）制导分系统可靠性

制导分系统可靠性一般按照规定执行，定时方案在选择时由于是新研定型试验阶段，应选择17，检测周期为2000×4.3次。

结果评定：若故障数≤2个，则判定为合格。

4.3.3 特殊试验考核项目说明

1. 电磁兼容试验

炮射导弹武器系统的电磁兼容试验不考核平台，只考核导弹和制导分系统两个部分，具体的试验方法、判定由具有相关资质的单位按照试验大纲实施。

2. 软件测评

导弹和制导分系统内均含有专用软件，在研制过程中，研制方应委托相关资质单位对软件进行第三方测试评估。

4.4 试验过程中故障判定准则

4.4.1 制导分系统故障判定准则

当出现以下现象时,则判定制导分系统故障:

(1) 导弹意外击发。

(2) 击发后导弹不作用,经后期退膛后检查导弹正常。

(3) 制导分系统原因,导弹出炮口后不受控、中途掉弹、飞出激光信息场或无法有效命中目标。

(4) 制导系统上电后报警。

(5) 自检不正常。

(6) 激光信息场性能参数不满足设计技术要求。

(7) 光学瞄准轴和激光轴两轴失调量超出技术指标要求,并且经过调整旋钮无法将参数调整至合格范围。

4.4.2 整装导弹故障判定准则

1. 故障弹判定准则

当在出现以下情况时,判定为故障弹:

(1) 排除制导分系统原因,导弹飞行过程中失控。

(2) 引信保险距离内弹道炸,致命故障。

(3) 技术文件规定的其他故障类型。

2. 无效弹判定准则

当试验出现以下情况时,判定为无效弹:

(1) 由参试品故障引起的导弹判定故障或引起导弹飞行脱靶。

(2) 由明确人为原因引起的导弹故障。

(3) 飞行破甲过程中出现重孔、边孔,应从威力评估中剔除,正常命中的可进行命中概率、可靠性有效数据累计。

(4) 其他确非导弹原因引起的导弹故障。

第5章 反坦克导弹试验技术

反坦克导弹系统研制过程中,必须用科学、合理的试验方案对其进行性能指标试验与评估,以确定是否满足提出的战术技术指标和使用要求。反坦克导弹系统性能试验分为性能验证试验和性能鉴定试验,前者主要验证技术方案和关键技术的可行性,后者主要鉴定反坦克导弹系统的战术技术性能。

本章主要研究地面发射、车上发射和直升机上发射的反坦克导弹性能试验技术。

5.1 概 述

5.1.1 试验原则与程序

反坦克导弹系统的前一阶段试验中,若试验项目不系统、试验条件不严格、样本量小、样品技术状态变化等,问题没有充分暴露,在下一阶段试验中,可能会暴露出重大设计或技术质量问题,导致试验失败和反复。结果往往是欲速不达,欲省不得,对研制周期、进度、经费、试验弹药和设备造成更大的浪费。因此,必须科学设计、严格执行试验原则与程序。

1. 试验的指导原则

1) 系统性原则

试验应系统、全面地考核反坦克导弹系统的战术技术性能,为导弹设计与定型提供依据。

2) 节约性原则

在确保质量的前提下,降低试验消耗、缩短试验周期。如射击的每一枚导弹,要综合地考核其环境适应性、飞行可靠性、命中率和威力等。

3) 统计学原则

制定被试品抽样计划,必须确保全部提供的最后数据的统计学置信度。

4) 环境适应性原则

要考虑从采购、运输、储存到战场使用全过程的地域、天候、战场条件、储存条件和勤务处理条件等环境条件适应性。

5）优化设计原则

试验的目的之一是对系统进行优化设计。

2. 试验的程序

（1）先性能验证试验，后性能鉴定试验，性能鉴定试验要突出复杂电磁环境、复杂地理环境、复杂气象环境和近似实战环境等条件下的检验考核；通过状态鉴定后，开展作战试验，构建逼真战场环境，在近似实战条件下摸清装备实战效能；通过列装定型后，列装到部队继续开展在役考核，考核部队适编性和服役期经济性，以及部分在性能试验和作战试验阶段难以考核的指标等。

（2）先部件、设备、分系统试验，后全系统试验。

（3）先地面仿真或模拟试验，后飞行试验。

（4）先技术性能试验，后战术性能试验。

5.1.2 试验特点

反坦克导弹具有系统复杂、新技术含量多、精度高、威力大、作战功能强、单发造价高等特点。与此相联系，反坦克导弹试验也有其自身的特点和规律。

1. 试验子样少

这是由反坦克导弹单件造价高所决定的。一般来说，整个定型试验消耗弹药在100发以内，发射制导系统不过两三套，这就给试验考核带来新的困难，需要采取新的对策。

总体方案优化设计极为重要。要充分利用已有的信息；充分利用包括模拟仿真等手段在内的各种试验手段；要通过科学的试验设计和综合测试，一弹多用。

2. 测试要求高

（1）实行全过程、全参数的测试，特别重要的是控制系统参数的测试，飞行弹道的测试和快速过程的记录，不但为试验评定提供准确的数据，而且为故障分析提供信息。

（2）测试精度要求高。反坦克导弹的圆概率误差（CEP）都在米级、厘米级，因此，坐标测试精度应为分米级、厘米级；速度测量精度应小于1m/s，角度测量精度应小于4.3°。

（3）要求实时测量，以便为试验效果的实时分析和及时决策提供依据。

3. 考核内容多

与普通常规兵器相比，其试验鉴定内容多而复杂，尤其是对实战效能的考核，更为重要。

（1）抗干扰能力和突防能力的考核，是制导兵器试验所特有的项目，要根据现代战争特点和使用环境，建立干扰模式和对抗模式，要进行目标特性测试与分析，通过少量的实际使用试验和大量模拟仿真试验，对武器的抗干扰能力和突防能力做出准确评估。

（2）隐身性能和生存能力的考核，是反坦克导弹试验的又一个重要的内容。隐身性能包括电磁、光、声的综合隐身性能，生存能力包括抗毁性能、快速反应性能、机动性能、"三防"性能等。

4. 数据处理难

由于反坦克导弹试验子样数少，因而要综合利用不同阶段、不同试验手段所获得的数据进行综合评估。这就遇到一个对数据的分析、取舍、融合、综合统计与评估的难题，这方面的理论和方法正在研究探索之中。

5. 技术发展快

反坦克导弹的概念开发十分活跃，新技术的应用十分广泛，使得不同的反坦克导弹有着极其不同的特色，从而使得不同反坦克导弹试验也有不同的特点，即使同一类反坦克导弹，一个型号与另一个型号也有显著的差异。因而，反坦克导弹的试验技术有一定的继承性，但更强调其创新性。对于一个具体装备的试验，要根据其自身的特点，在继承原有试验技术的基础上，要有所创新、有所发展，才能真正达到高质量、高水平、高效益的要求。

5.1.3 试验场区和试验设施要求

1. 试验场区

试验场区的大小应满足反坦克导弹飞行安全区的要求，其中直瞄式反坦克导弹试验场区的导弹视线内无地形、地物的遮蔽，间瞄式反坦克导弹试验场区的导弹航线（弹道）内无地形、地物的遮蔽。

2. 发射阵地

发射阵地应地势平坦，便于反坦克导弹系统的展开和测试仪器与车辆的摆放；发射阵地应有 220V 和 380V、功率为 40kW 以上的动力电源；发射阵地上应有测量基准点、仪器点位和测量方位标等，并埋设各种通信电缆和信号电缆。

3. 靶区与测试阵地

靶区设有活动靶车及靶车跑道，应有相关的测量仪器点位和测量方位标等；靶区设有精度试验用的普通靶和威力试验用的标准钢板靶等；靶区应有符合要求的准备工房和测试工房。

5.2 反坦克导弹试验内容

反坦克导弹设计定型试验国家军用标准系列包括总则、安全性鉴定、环境试验、飞行试验,可靠性试验、发射装置试验、制导装置试验、测角装置试验 8 个分标准,详细规定了反坦克导弹武器系统定型试验的要求、内容、设计思想、试验方法、测试要求及方法、数据处理要求及方法、结果评定等,内容系统而完整,有很强的可操作性。可以在该标准的基础上,根据新形势下装备试验鉴定要求,进一步完善形成反坦克导弹鉴定定型标准。

进入 20 世纪 90 年代,我国自行研制了电视测角、激光传输指令的某型反坦克导弹。为了完成该装备的设计定型试验任务,同时探索新形势下高技术武器装备试验鉴定的新路子,某基地有关技术人员进行了新的探索和创新,取得了重大成果。第一,应用“一体化”的设计思想和系统工程方法、专家系统的方法进行优化设计,建立了一种新的试验模型;第二,开发应用仿真试验技术,解决了仿真试验可信性、仿真试验结果与飞行试验结果一致性检验及一体化处理等技术难题,使仿真试验用于定型试验有了技术保证;第三,在抗干扰试验技术方面,根据武器的作战模式和要求,建立了干扰模型,对典型干扰源进行了特性测试,针对性很强地进行了抗干扰试验,不但定量评估了重弹的抗干扰能力,而且为其他反坦克导弹的抗干扰试验打下了基础;第四,通过可靠性试验和故障分析,不但揭示了产品存在的固有缺陷和质量问题,而且找到了故障部位、故障机理以及设计上与工艺上的缺陷,为改进产品的设计和提高产品质量提供了准确的信息,真正发挥了国家靶场既把关又协助攻关的职能作用:第五,对光学系统的热像瞄准具、微光驾驶仪等性能的实用性能进行了鉴定,实现了从室内测数向野外实用条件下性能参数的模拟计算和野外试验参数向指标规定条件下的性能参数的换算。在测试方案设计方面,设计了半智能化的试验测试方案自动生成软件,达到了方案优化。这些研究成果的取得,使我国的反坦克导弹试验鉴定技术达到了国际先进水平,走出了一条具有中国特色的技术先进、投入较少、效益较高的试验鉴定新路子。对其他反坦克导弹的试验鉴定也有重要的指导意义和借鉴作用。

根据反坦克导弹的战术技术要求,其性能试验的主要项目一般包括:

(1) 安全性试验。

(2) 发射和飞行试验。

(3) 弹道性能试验。

(4) 对规定目标的命中率试验。

(5) 有效射程和可攻击区试验。

（6）威力效应试验。

（7）导弹飞行机动性试验。

（8）抗干扰性能试验。

根据被试品的特殊要求、试验项目可以适当增加或减少。

下面针对具体试验内容进行介绍。

5.2.1 安全性试验

对于任何武器装备而言，安全性是最基本、最重要的战术技术要求。安全性试验的目的，就是全面考核与评价被试武器装备的安全设计是否满足战术技术指标和部队使用要求，以确保该武器系统在装备寿命期内的安全性。

安全性试验应考虑从产品出厂到寿命终了的全寿命周期内可能遇到的各种环境与条件，包括正常的和非正常的。还应考虑正常操作和错误操作带来的危险。安全性试验的内容一般包括：

（1）勤务安全性试验。

（2）电磁辐射安全性试验。

（3）激光照射安全性试验。

（4）弹药枪弹射击试验。

（5）机、弹相容性试验。

（6）发射与飞行安全性试验。

（7）工作环境安全性试验。

（8）软件安全性测试。

要评价一个武器系统的安全性，原则上以上所列项目均应进行。但若研制单位已做了一些项目，而且试验比较充分，结果可信，靶场试验时可有选择地进行部分试验。

在试验之前，对被试系统进行全面的安全性分析：

（1）设计安全性分析，检查设计是否符合安全设计准则和安全性大纲要求，各种危险因素是否考虑周全，采取的安全性设计是否有效，尚存在哪些潜在的危险因素。

（2）研制试验资料分析，对以前出现过的技术事故或事故苗头，分析产生的原因及改进的有效性。

（3）在以上两项分析的基础上，明确武器系统安全性的薄弱环节和可能出现的危险事件。

安全性试验本身是一项危险性很大的工作，必须采取严格周密的安全防护措施。为此，需要做好以下几项工作：

(1) 系统安全性分析。在试验之前,对被试系统进行全面的安全性分析:

① 设计安全性分析,检查设计是否符合安全设计准则和安全性大纲要求,各种危险因素是否考虑周全,采取的安全性设计是否有效,尚存在哪些潜在的危险因素。

② 研制试验资料分析,对以前出现过的技术事故或事故苗头,分析产生的原因及改进的有效性。

③ 在以上两项分析的基础上,明确武器系统安全性的薄弱环节和可能出现的危险事件。

(2) 制定安全防护措施:

① 制定试验安全规则,避免由于误操作导致出现事故。

② 对人员、设备采取防护措施,即使出现危险事故,也能保证人员和设备的安全。

③ 制定危险事件处理预案,避免临场手忙脚乱,将损失减到最低限度。

1. 勤务安全性试验

1) 跌落安全性试验

(1) 试验目的。考核弹药在运输、储存、吊装、上弹等过程中由于失误而从一定高度跌落到地面时弹药的安全性。

(2) 试验条件:

① 弹药条件:弹药为实弹真引信。为了节约可不装弹上制导组件,但必须装弹上电池及全部火工品。数量 3 发。

② 温度条件:1 发为常温,1 发为高温工作温度,1 发为高温储存后恢复到常温。

③ 跌落条件:跌落高度通常为 3m。对集装箱船运的弹药要进行 12m 跌落。产品战术技术指标和技术规范中另有规定的,按规范执行。

④ 跌落地面:厚 150mm 以上的水泥地面,或厚 80mm 的钢板加厚 5mm 的毡垫。

⑤ 弹药状态:为弹药的实际包装状态。若模拟上弹时的跌落状态,则不加包装。

⑥ 跌落姿态:3 发弹分别以水平、弹头朝下、弹头朝上的姿态自由跌落到地面。

2) 操作安全性试验

在某些产品的研制试验和定型试验中,曾出现过操作过程中提前点火(俗称走火)及发射架(火炮)突然掉转方向等问题,从而发生安全事故。这就提示我们在武器试验鉴定中,要进行操作安全性试验。

（1）正常操作，模拟发射：

① 不装填试验弹，从发射架与弹药的接口处引出信号线接到检测仪器上。

② 按正常操作程序操作，检查发射程序信号时序、波形和幅值是否正确。

（2）检测发射保险机构工作的可靠性。有的导弹发射装置装有专门的发射保险机构，以确保正常发射前的安全性。如果该机构失灵，一种可能性是发射不出去，另一种可能性是误发射，这是很危险的。因此，应对保险机构的工作可靠性进行检测。

（3）误操作安全性。复杂的武器系统，在操作手控制面板上按钮、信号灯很多，在紧张的作战使用中，有时会出现误操作、失序事件、输入或输出不恰当的数值等问题。

该项试验的目的，就是检验在出现上述情况时是否能保证安全。试验前先列出可能的误操作事件，分析误操作可能产生的输出结果。试验时对这些输出结果进行测试验证，并采取必要的安保措施。该项试验还可以与软件安全性测试结合进行，在各种正常输入和非正常输入条件下检验软件运行的正确性以及软件错误带来的危险性。

2. 电磁辐射安全性试验

在制导弹药中大量使用电起爆装置、烟火器或雷管来完成各种功能。例如，导弹使用电爆装置来点燃固体燃料，启动继电器、开关和阀门，起爆战斗部等。常用的电爆装置是加热式的，它由直流电加热桥丝，引爆桥丝周围的初级炸药，然后依次引爆助炸药、主炸药来完成武器装备的功能。

强电磁辐射可以通过武器装备的电缆、武器装备表面的孔缝及接口等进入电爆装置，从而可能导致电爆装置提前作用，造成提前点火、爆炸等危险事故。因此，应对弹药进行电磁辐射安全性试验鉴定。

1）试验目的

考核被试弹药在规定的电磁辐射环境下是否安全。

2）试验条件

（1）电磁环境条件。弹药进行试验所要求的电磁环境，或者是战术技术指标、技术规范中明确给出，或者采用 GJB 151A—2013《军用设备和分系统电磁发射和敏感度要求》，也可参考电磁辐射对武器危害的试验环境美军标准 MIL－STD－1385。

（2）被试弹药。由于特定的电起爆装置的各抽样之间的敏感性差异，并考虑到试验的安全性，用真实的电起爆装置的弹药来试验是不可取的，通常采用改进装置取代电起爆装置，这种改进装置是用热电偶或其他探测器取代其中的推进剂或爆炸装药。这些探测器经过校准，以测量试验期间桥式标准导线上的电流。这种改装必须非常认真，切勿改变弹药电磁耦合性能。

3）实施要点

（1）预先已知电起爆装置的敏感度——引爆电起爆装置所需电流量。通常以统计方式给出，如最大非引爆电流和最小的安全引爆电流等参数。如有可能，应尽量采用实测数据。

（2）接好测试仪器，测量桥式标准导线上的电流。

（3）产生要求的电磁环境，并在该环境下进行试验测试。

3. 激光照射安全性试验

现代坦克、装甲战车及自行火炮等武器，均装备激光器，用以进行测距、目标照射或光电对抗。激光器发射的激光波束窄，能量密度大，特别是经过光学系统的放大、聚焦后，能量更集中，会对受到照射的人员造成伤害，使某些探测器件受到硬损伤而使武器失效。因此，在武器设计中必须对易受到激光照射的光学器件采取保护措施，如涂激光衰减膜等。在武器试验鉴定中，应对这些保护措施的有效性进行验证，激光照射能否对人眼和硬件造成损伤给出明确评估。

4. 弹药枪弹射击试验

弹药在运输、储存和作战使用中，可能会受到枪弹的射击或弹片的冲击。在铁路运输过程中，闷罐车中的弹药可能会受到低空飞行飞机的扫射。而悬挂在飞机下面的弹药则会受到地面炮火的射击，同时在空对空战斗中还会受到来自其他飞机炮弹的射击。枪弹射击试验就是要确定被试弹药在被一颗高速枪弹击中时的反应。

5. 机弹相容性试验

对机载制导武器，必须进行机弹相容性试验，其目的是验证当导弹与平台结合在一起时，将不会由于导弹与平台之间相互干扰而发生安全事故。机弹相容性检验的内容包括：

（1）导弹及其挂架与机体连接的牢固性。

（2）导弹发射时的燃气流场对机体和相邻其他武器的影响。

（3）平台电磁环境对导弹系统的影响。

（4）飞机（或直升机）飞行时产生的流场（如旋翼直升机的下流）对导弹发射的影响。

（5）直升机超低空悬停发射时“地效”对发射与导弹起飞的影响。

试验应首先在地面进行模拟试验，然后进行地面挂架发射试验，最后进行空中发射试验。

6. 噪声安全性试验

关于反坦克导弹系统车内、载机内的环境噪声测试，发射时的噪声及冲击波测试，以及安全标准，在有关标准和火炮、弹药试验鉴定技术教材中均有详细叙述，这里不再详述。

5.2.2 发射和飞行试验

1. 发射和飞行试验的目的意义

发射和飞行试验是在接近实战条件下全面考核武器系统战术技术性能最有效的手段,同时,可以检验各分系统的工作性能和相互之间的协调性。这是任何其他手段都不能替代的。发射和飞行试验较其他试验,无论人力、物力、财力等消耗方面,还是时间周期方面都要大得多和长得多。因而,在发射和飞行试验之前必须进行充分的地面试验和一定的仿真试验,以确保发射和飞行试验的成功。通过总体方案的优化设计,尽可能地减少发射和飞行试验的次数。

2. 发射和飞行试验准备

发射和飞行试验之前应做好各种准备工作,包括发射阵地准备、测试设备配置、指挥通信系统构成、靶标准备、计划安排、指挥程序制定、试验记录准备等。

1)指挥通信与数传系统准备

指挥通信与数传系统是确保试验顺利进行、数据及时传输的重要保障系统。其主要任务如下:

(1)通过指挥与各站位之间的语言与信息交流,实施指挥调度。

(2)保障时统中心站与分站、被控设备之间的校频对时和发射信号的传输。

(3)保障试验过程中图像和数据的实时传输,以便指挥员及时掌握情况,及时决策。

2)测量系统准备

测量系统包括内弹道测量系统、外弹道测量系统、弹靶遭遇段测量系统、控制回路测量系统、遥测系统、气象参数测量系统等。在准备阶段,一是制定科学、合理、满足测试要求的系统方案;二是对所有参试设备检校、鉴定;三是制定数据传输与处理方案;四是进入预定点位,并与指挥通信网连通。

3)被试武器系统准备

(1)发射车或火炮架设于预先选好的发射阵地,投弹飞机停于选好的停机位置。

(2)被试弹药按大纲要求进行勤务处理和保温。

(3)正式发射前对弹药按技术规范进行检测。

4)靶标系统准备

靶标根据试验大纲要求设置。靶标可以是网靶、机动靶车、装甲钢板靶等。对末制导炮弹和炸弹,靶标应是有一定反射面积的金属物。夜间射击的目标,应用有一定辐射强度和面积的热靶。

为考核导弹的抗干扰能力,有的靶标还相应设有对抗措施的设备,如干扰机、烟雾、假目标等。

靶标的运动路线和运动参数应可控并满足试验大纲要求。

5）供电系统准备

在试验靶场，为保障试验的顺利进行，一般有两种供电系统，除可以用市电外，还备用油机供电。

计算机应备有不间断电源，以防突然断电时消掉全部有用数据和程序。

3. 系统合练

被试武器系统与试验靶场各系统对接、联试称为合练。合练的目的如下：

（1）检验全系统联动的协调性。

（2）使所有参试人员熟悉试验指挥程序、口令。

（3）检验各测试设备控制与测试效果。

合练开始时，先进行多次模拟发射，待整个系统工作已经协调有序，实际发射已有可靠保障时，发射1枚正式试验弹，所有参试设备录取数据，并进行数据处理，检验测试结果是否符合要求。如果确认符合要求，该发数据应作为正式试验数据。如果不符合要求，应尽快查明原因，采取措施加以解决，并视情况再组织合练与试射，直到完全满足试验要求为止。

经过合练已确认整个试验系统处于良好状态，能达到规定的试验要求以后，按试验计划正式组织发射和飞行试验。

5.2.3 弹道性能试验

通过该项试验，测试制导弹药的飞行弹道参数，据此考核：

（1）弹道性能参数是否符合设计要求。

（2）弹体的飞行稳定性及可靠性。

（3）制导系统性能、品质。

（4）有效射程范围是否符合战术技术指标要求。

1. 试验条件

1）弹药条件

（1）不同的弹药温度，其弹道性能和有效射程范围也不相同，应在技术条件规定的高温、低温、常温条件下进行试验，每种条件试验弹3~5发。

（2）为了获得弹上制导部件的性能参数，在可能的条件下用遥测弹或在弹上装测试用的“黑匣子”，不用实弹真引信。

2）发射条件

（1）对反坦克导弹和炮射导弹，只进行最大有效射程试验，目标靶设在指标规定的最大有效射程距离上。

(2) 对炮射末制导弹药,应在最大、最小两个射程上进行试验。

(3) 对制导航空炸弹,应在最大、最小允许投弹高度上,飞机以常用速度飞行,水平投掷。

(4) 攻击目标均为静止目标。

(5) 不设置任何干扰源。

(6) 气象条件良好,能见度适合各种测试仪器工作,风速适中。

2. 实施要点

(1) 进行全弹道跟踪测量:坐标、速度、转速、姿态角、控制回路等参数。

(2) 注意对特征点(如发动机点火点、尾翼与舵机张开点、导引头开始捕获目标点、启控点、落点等)的测试和快速过程的摄录。

(3) 每发射 1 枚后,了解数据获取情况,证明达到试验测试要求后再进行下一发的试验。

(4) 回收残骸,留待解剖、测试与分析。

5.2.4 射击精度试验

制导武器的射击精度是指弹着点(或作用点)对目标的偏离程度。它包含射击准确度和射击密集度两层含义。射击准确度描述弹着点散布中心离开目标的距离,射击密集度描述了弹着点围绕散布中心的分布状况。射击精度常用脱靶量及散布、圆概率误差、对规定目标的命中率等来表示。

试验条件、测试要求、实施要点与弹道性能试验相同。靶标分为静目标和动目标。靶标类型、特性、形状、尺寸和距离应符合指标或大纲规定的要求,应有明显的观察瞄准标志,保证获得弹目遭遇段飞行弹道参数。

5.2.5 战斗部威力试验

制导弹药的引信、战斗部通过静态和模拟动态性能鉴定之后,进一步通过飞行试验检验其在接近实战条件下的性能是否满足战术技术指标要求。

1. 弹药条件

被试弹药全为实弹真引信,应经过任务剖面和寿命剖面规定的气候、机械、化学、电磁等环境模拟试验。

试验弹数量:反坦克导弹和炮射导弹,一般为 8 ~ 12 发,末制导和末敏弹为 5 发左右,航空制导炸弹 3 ~ 5 发。

2. 目标条件

按战术技术指标规定设置。若规定了坦克、装甲车、直升飞机和地面工事等不同的目标,则应选一种主要的目标进行试验。目标距离一般设置在有效射程范围的中远距离上,目标静止。

3. 发射条件

应在较好的条件下发射,气象条件和能见度满足试验与测试要求,不设置干扰源。

5.2.6 抗干扰性能试验

对武器系统的干扰来自三个方面:一是自然条件干扰,如雾、雨、雪等影响对目标的观测和信号传输,雪地、水面反射可能形成对反坦克导弹的干扰,太阳会对红外和电视制导的导弹系统形成干扰,等等;二是战场环境干扰,主要是燃烧物、爆炸光、烟幕等的干扰,特别是战场处于广阔的电磁环境中,电磁辐射可能对武器系统中的电子装置形成干扰;三是敌方主动干扰,敌方发现被攻击时,会采取释放烟幕、建立假目标、发射强激光等对抗措施。

在进行抗干扰试验设计时,应对武器系统的制导原理、弹道特点、使用条件进行综合分析,确定可能的干扰源,并对干扰源进行特性测试,合理安排干扰的位置和时间,使抗干扰试验方案科学、合理、可行。对地面和车载发射的反坦克导弹、炮射导弹,应进行雨、雪、雾、霜、水面反射和太阳等自然条件干扰试验,燃烧物、爆炸物、烟幕及电磁辐射等干扰试验,设置干扰灯、释放诱饵弹及激光照射等对抗性试验。对直升机载发射的反坦克导弹,主要进行烟幕干扰、电磁干扰及假目标干扰等试验。

抗干扰试验应先进行地面模拟试验和仿真试验,然后进行综合性的抗干扰试验。抗自然条件干扰试验,一般在作战试验中选择合适的地理环境、气象条件进行。这里重点介绍战场环境干扰和对抗干扰试验技术。

5.2.7 飞行可靠性试验

一般意义上,可靠性定义为产品在规定的条件下和规定的时间内完成规定功能的能力。制导武器飞行的可靠性是指在战术技术指标规定的条件下进行闭合回路飞行试验时,发射成功并制导弹体成功飞达目标的概率。

通过在各种规定条件下的闭合回路运行试验,考核武器系统的飞行可靠性是否达到指标要求,并揭示产品在设计上和工艺上存在的缺陷,为提高产品可靠性提供依据。

1. 试验条件

1) 弹药条件

被试弹药应进行战术技术指标规定的各种典型环境试验(或模拟试验),并在典型温度条件下(高温、低温、常温)发射(投放),以常温为主。

该项考核结合所有试验项目进行，试验弹药由整个试验所需弹数确定，一般要求不少于3发。

2）射击条件

应在战术技术指标规定的各种条件下选择典型条件进行试验，这种典型条件包括典型的平台条件、典型的武器状态、典型的干扰条件、典型的目标条件等。

2. 故障分级

故障等级是根据故障最终影响的程度来划分的，它们要综合考虑安全性、性能、可维修性等因素。

1）危险故障

造成人员伤亡、作战平台损坏，如膛炸、弹道早炸、损伤载车载机等故障。危险故障为不允许故障。

2）严重故障

发射或飞行失败，不能完成规定的任务。严重故障在统计计算时故障系数取1.0。

3）缺陷

产品自身存在的缺陷导致性能下降，影响任务的完成，例如：

(1) 产品经运输（或行驶）环境试验后出现故障，现场无法短时间可以排除的故障。

(2) 发射过程出现故障，在现场能短时间排除的故障。

(3) 弹道品质不好，不符合弹道设计要求，制导精度下降。

对于缺陷，根据其影响程度、维修难易和排除故障时间的长短，其故障系数取0.1~0.9。

4）非关联故障

已证实是未按照规定的条件使用而引起的故障。非关联故障不计入可靠性统计，该次发射无效。

3. 导弹可靠性增长验证试验

当在第一次鉴定试验中导弹可靠性未达到指标要求时，应按照“定位准确、机理清楚、故障复现、措施有效、举一反三”的总要求排除设计和工艺缺陷，做可靠性增长工作，然后进行可靠性增长验证试验，检验可靠性增长工作的有效性，以及改进以后的导弹可靠性是否达到指标要求。

1）试验条件

应尽量复现第一次鉴定试验时故障弹出现的条件。

2）试验弹数

与第一次鉴定试验时导弹可靠性的高低和指标要求有关。两者相差较大，所需弹数较多。通常以第一次鉴定试验的结果作为验前信息,以指标值作为要求达到的可靠度值,按贝叶斯方法计算所需弹数。

3）试验决策方法

采用序贯贝叶斯决策方法。这种方法除了运用关于未知参数 e 的验前信息之外,决策的过程将是“序贯”的,即在每次试验之后进行统计判断,看能否采取某种行为。如果尚不足以做出某种决策,那么再进行下一次试验。

运用这种序贯决策的目的是希望能在较小的样本容量之下进行统计推断。

5.3 反坦克导弹试验方法

5.3.1 安全性试验方法

1. 试验内容

安全性试验包括勤务及环境安全试验和发射安全试验。

勤务及环境安全试验考核导弹在堆集、运输和使用过程中,可能受到冲击、振动、碰撞或从一定高度跌落时的安全性,以及经极端环境暴露后的安全性。试验内容包括3m 落下试验、12m 落下试验、粗暴使用试验、运输振动试验、高温储存和操作试验、低温储存和操作试验、电磁辐射起爆危险性试验。

发射安全试验包括射击安全性试验、射击危险区试验、飞行危险区试验、发射压力波测定试验等。

2. 需用设备及设施

(1）发射场及设施。

(2）跌落试验场及设施。

(3）环境试验设备。

(4）导弹系统检测设备。

(5）照相、录像等设备。

(6）压力波测量设备。

3. 测试方法与步骤

1）3m 落下试验

用于考核单发包装的导弹在堆集、陆运及使用中可能造成跌落事故时的安全性。

试验用全备导弹5发,按制式包装。3发放入 +50℃、2发放入 -40℃条件下恒温时间不少于48h。

只要不发生爆炸或燃烧,引信未解除保险,被试品列为安全。

2）12m 落下试验

用于考核导弹采用集装箱运输时，跌落于甲板的安全性（根据战术技术要求选作）。

试验子样 3～5 发，集装箱内的其他空间用模拟弹代替，或者配重。进行试验，只要不发生爆炸或燃烧，被试品列为安全。

3）粗暴使用试验

导弹武器，无论是在包装或不包装的情况下，必须经得起在预定的战场条件下进行搬运和勤务处理，而不降低其安全性和使用性。

由于导弹武器设计的复杂性，在进行粗暴使用试验之前，要认真参阅产品的技术文件，最后确定试验条件。

（1）1.5m 落下试验。模拟导弹在搬运和装车、卸车过程中造成的落下事故。

包装状态的导弹 3～5 枚，进行 1.5m 落下试验。试后进行检测，若无初期不安全的征兆，则进行发射。没有发生膛炸、弹道早炸和其他不安全现象，认为合格。

此项试验根据批准的试验大纲确定。

（2）便携导弹跌落试验。便携状态的导弹 4 枚，各 2 枚分别放入 +50℃ 和 -40℃ 温度下恒温时间不少于 48h，进行自由跌落试验，跌落高度和次数由产品技术条件确定。

跌落后进行检查，查出不安全的征兆。合格的进行发射，若不发生膛炸，弹道早炸及其他不安全现象，则认为合格。

4）运输（振动）试验

确定经各种运输条件下被试品零部件的强度、火工品的安全性及引信保险机构的可靠性（有条件时，可在实验室进行振动试验）。

被试品和包装器材在运输（振动）之前进行仔细检查。进行运输（振动）试验，试后进行检查，查出初期不安全征兆。检查合格的导弹在 +50℃ 或 -40℃ 条件下发射，考核产品的射击安全性。

5）高温储存和操作试验

（1）将包装好的导弹 5 枚，在 +50℃ 条件下存放 5 昼夜。

（2）检查并记录被试品受高温存放的影响。

（3）将导弹再置于 +50℃ 温度条件，恒温 48h。

发射这些导弹，若不发生膛炸、弹道早炸及其他不安全现象，则认为合格。

6）低温储存和操作试验

（1）包装的导弹 5 枚，在低温 -55℃ 条件下存放 3 昼夜。

（2）检查并记录被试品受低温存放的影响。

（3）将导弹再置于 -40℃条件下，恒温 48h。

发射这些导弹，若不发生膛炸、弹道早炸及其他不安全现象，则认为合格。

7）电磁辐射起爆危险性试验

当导弹配用电力或电子引信时进行本试验，目的是确定环境中随机电磁辐射引起引信误起爆的可能性。

8）射击安全性试验

该项试验结合全部飞行试验项目进行。实弹真引信的发射试验，在可能的条件下选一部分导弹在雷雨天发射，以便考核武器在恶劣天气条件下发射的安全性。试验中注意观察并记录有无膛炸、弹道早炸及其他不安全现象发生。

9）射击危险区试验

试验的目的是确定发射时火焰、后抛物的抛撒范围。这项试验可与引信解除保险距离试验结合进行。

试验时测量后抛物的后抛距离和抛撒范围，必要时设置检查板，确定破片的飞散角及对检查板的侵彻情况。根据试验结果，确定射击时的危险区。

10）飞行危险区试验

通过计算弹道，计算由导弹所能响应的最大制导信号下的弹着点坐标，可获得发射导弹飞行危险区数据。当认为有必要时，可以通过专门的试验发射，验证飞行危险区。在最大射程和可攻击区试验中，给导弹以最大的制导信号，确定并记录由此引起的导弹飞行弹道和弹着点坐标。

11）发射压力波测定试验

试验的目的是确定发射导弹时，压力波对人员的作用是否符合安全标准。

（1）测试设备：压力传感器、精密脉冲声级计，或其他满足试验要求的仪器。测量仪器应精确标定。

（2）实施要点：

① 传感器放置在操作人员位置附近，每处取 3 个测量点，测量并记录传感器的位置。

② 试验结合飞行试验进行。至少在高温、低温、常温三种发射条件下各测量一组(5 枚)。

③ 记录发射压力波的波形。

（3）数据处理：

① 处理出最大超压的脉冲值和持续时间。

② 计算压力波的安全标准值。

（4）结果评定：当发射压力波实测峰值小于或等于压力波的安全标准值时，则认为对射手的作用是安全的;大于压力波的安全标准值时,认为不符合安全规定。

5.3.2 发射和飞行试验方法

1. 试验目的

在各种规定的条件下发射导弹,考核导弹的发射和飞行可靠性是否满足战术技术指标要求,找出产品的主要技术问题,为进一步改进产品的性能提供依据。

2. 需用设备及设施

(1) 发射场及设施。

(2) 环境试验设备。

(3) 导弹系统检测设备。

(4) 照相、录像等设备。

(5) 弹道测量设备。

3. 测试方法与步骤

导弹系统试前检测的基础上,经试验准备、发射实施和飞行试验数据测量与处理,完成发射与飞行试验。

1) 发射故障和飞行失败数据统计

结合全部飞行试验进行。对发射故障和飞行失败的情况,判定故障的现象和等级,原因及其分析,计算导弹的发射和飞行可靠性统计计算有古典统计方法和贝叶斯计算方法。前者没有可信的历史数据和资料可利用,后者有可用的研究所技术鉴定的数据和历史资料。

2) 结果评定

将试验结果与产品可靠性指标比较,确定被试品的可靠性是否满足要求:

(1) 当试验中出现致命故障时,认为产品可靠性不符合安全要求,不能定型。

(2) 当被试品的可靠性(指可靠度的单边置信下限)大于或等于指标值时,认为导弹的可靠性满足要求。

(3) 当被试品可靠性低于指标时,导弹可靠性不满足要求。分情况处理:若故障主要是由设计不合理引起的,则修改设计,以后重新定型;若故障是由于元器件引起的,则可以更换元器件,进行补充试验。

5.3.3 弹道性能试验方法

1. 试验目的

(1) 提供导弹在飞行中的弹道参数。

（2）确定导弹的弹道参数是否符合技术要求。

（3）分析和评价制导系统性能。

（4）为分析导弹的可靠性、射击精度和飞行机动性提供依据。

2. 飞行试验条件的数据获取

在战术技术要求规定的各种允许环境条件下进行发射与飞行试验，测试在各种不同的环境条件下发射导弹时的弹道参数。

导弹药温度条件下（高温、低温、常温）所获取的全弹道数据应不少于5发。

3. 弹道数据处理

（1）导弹转速的计算。根据记录的导弹旋转信号的周期时间进行计算。

（2）指令系数的计算。指令系数是实际的周期平均控制力与可能的最大周期平均控制力的比值。周期平均控制力的计算，随舵机的工作方式不同而不同。

（3）发射离轨（或出炮口）参数。按弹药的不同温度统计导弹发射离轨（或出炮口）时的速度、转速及它们的标准差，用于分析发射离轨是否正常。

（4）飞行弹道参数。按弹药的不同温度统计导弹在增速段和续航段的飞行速度、飞行时间、飞行距离和转速等弹道参数，用于分析导弹发动机工作是否正常。

（5）启控点散布参数。按不同弹药温度统计导弹在启控点的散布，用于分析导弹的无控精度。

（6）导入段弹道特征。按不同弹药温度统计导弹导入段最大弹道高、最低弹道高、导入距离和导入时间等。

（7）导引段弹道特征。按不同弹药温度统计导弹导引段平均弹道高和导引精度等，根据弹道参数分析导弹故障部位及原因。

5.3.4 射击精确试验方法

在反坦克导弹目前的发展水平情况下，只有直接命中，才能摧毁目标。所以，衡量反坦克导弹射击精确性的指标之一是命中率。

1. 试验目的

在规定的条件下，对固定目标和活动目标发射一定数量的导弹，统计计算导弹对规定目标的命中率，以鉴定其是否达到战术技术指标要求。

2. 导弹命中率的计算

命中率的计算有比率法和解析法。当指标给定一定区域内对各种目标的平均命中率，而试验射弹数等于或大于30枚时，用比率法统计计算命中率比较合适。当估计对某一目标的命中率，射弹数少于30枚时，用解析法计算命中率比较合适。

3. 结果评定

将计算的命中率的值与指标值进行比较,若估计值大于或等于指标值,认为导弹的命中率符合要求,否则,认为导弹的命中率不符合要求。

5.3.5 战斗部威力试验方法

目前,反坦克导弹采用空心装药的聚能破甲战斗部,其威力用破甲厚度、穿透率和后效作用来衡量。

1. 试验目的

考核武器的实际威力是否满足战术技术指标要求。

2. 实施要点

(1) 目标距离:应在武器的中、远距离射程上($(0.4 \sim 0.8)X_{max}$)设置一目标靶(主靶),靶板材料厚度和靶平面法线角根据战技指标而定。

靶面尺寸:要求靶面在铅锤面内的投影尺寸大于2.3m×2.3m。若要同时考核命中精度,则要在靶平面上画出规定的目标轮廓(在铅垂面内的投影尺寸为2.3m×2.3m并画有瞄准十字)。主靶放置和后效靶板应符合《破甲弹破甲后效检验方法》规定的技术要求。

(3) 对于试验用弹,常温、高温、低温全备导弹各一组,每组的有效计算发数不少于5发。

3. 试验方法

试验方法、数据处理及结果评定按有关反装甲弹威力试验方法标准执行。

5.3.6 抗干扰性能试验方法

1. 与太阳成一定夹角的射击试验

1) 试验目的

考核光学制导的反坦克导弹在战术技术指标规定的与太阳夹角为最小极限条件下射击时的工作性能。

2) 试验实施

在规定的最小夹角条件下发射导弹3~5发,攻击最大有效射程上的固定目标(也可不设目标),记录控制回路各信号,测导弹的飞行弹道,检查信号是否紊乱,导弹是否正常飞完全程。若未出现信号紊乱,则认为该项性能符合要求。

2. 对烟雾、爆炸火光影响的考核试验

1) 试验目的

在战场上,烟雾、爆炸火光等环境对反坦克导弹系统构成干扰。该试验的目的是考核导弹系统对这种环境的适应能力。

2）试验实施

这种试验可以用发射导弹来进行，也可以用模拟方法进行。

（1）烟雾遮挡的影响：对远距离上的固定目标发射导弹，同时在导弹飞行方向上引爆烟幕弹。可以在弹道的2处或3处引爆烟幕弹。引爆由程序仪控制，使导弹飞到该区域时烟幕已经形成。烟幕弹的口径为中、大口径，或在一定距离上设置模拟目标代替导弹，射手瞄准模拟目标并使制导系统工作，在视场内引爆2个或3个烟幕弹。

在试验过程中，记录控制回路各信号。检查有无信号紊乱现象及紊乱的时间，据此评定系统抗烟雾遮挡的能力。

（2）爆炸火光的影响：对一定的目标发射导弹。在导弹飞行过程中，在红外测角仪的视场范围内引爆一发坦克炮弹（100mm口径以上的），或威力相当的炸药包。检查制导系统各信号是否正常，导弹飞行是否可靠，据以评价导弹系统抗御爆炸火光的能力。

3. 自然雷电条件下的发射试验

在雷雨天，空间有很强的静电场，可能影响制导系统的正常工作和引信的可靠性，甚至引起弹道早炸。因此，凡允许在雷雨天发射的反坦克导弹，在试验中，有条件时要选择一个云层低的雷雨天发射导弹5枚，考查导弹系统的工作性能。

若未出现弹道早炸及制导信号紊乱等现象，认为导弹系统可在雷雨天使用，符合要求。

4. 其他干扰试验

根据被试品制导系统的不同特点和实际使用环境，还应该有针对性地做其他类型的抗干扰试验。

5.3.7 机动能力试验方法

考核导弹的机动性可以采用转台模拟跟踪试验、对规定目标的射击试验和遥测试验三种方法。

1. 转台模拟跟踪试验

前方不设置目标靶，将武器（或只将测角仪/瞄准镜部分）放在转台上，发射导弹后，转台以规定的角速度旋转，模拟跟踪运动目标。

1）试验目的

鉴定导弹跟踪运动目标的能力是否满足战术技术指标要求。

2）试验准备

（1）高温、低温导弹各一组，每组5枚。

（2）试验转台：转速可调；1mrad/m ~ 1rad/s，精度为0.1mrad/s。

(3) 承载能力:应足以承载待发状态下的武器重量,至少也要能承受测角仪/瞄准镜的重量。

3) 试验实施

(1) 将发射制导装置固定在转台上(或只将测角仪/瞄准镜固定在转台上,并保持与发射架的相对位置)。

(2) 射击后启动转台,使转台按规定的转速旋转,测导弹的飞行弹道和控制回路各信号。

4) 结果处理与评定

分析控制回路信号和飞行弹道,计算导弹的有控飞行时间。若导弹正常飞完全程,则证明导弹的机动飞行能力满足指标要求。若导弹机动飞行导致飞行失败的导弹数超过规定数,则认为导弹的机动能力不符合指标要求。

2. 对规定目标的射击试验

1) 试验目的

通过对近距离运动目标及对左右边界上的目标的射击试验,检验导弹的机动能力是否满足指标要求。

2) 试验实施

对近距离目标发射高温第一代反坦克导弹 5 发,考核其纵向机动性,对左(或右)边界目标发射低温导弹 5 发,考核其方向机动性。对近距离运动目标发射高温第二代反坦克导弹 5 发,靶距和靶的运动速度由战术技术指标确定。特别注意测运动目标的轨迹和速度,并与导弹飞行弹道取统一的时间零点。

3) 结果处理与评定

计算导弹的跟踪角速度。若导弹的飞行可靠性和对规定目标的命中率均满足指标要求,则认为导弹的机动性满足指标要求,计算出的平均跟踪角速度即为武器攻击目标时允许的跟踪角速度。若飞行可靠性或命中率达不到指标要求,则认为导弹的机动能力不符合指标要求。

以上两种方法均可检验导弹的机动能力是否满足指标要求。若要实测导弹的可用过载,则要用遥测的方法。

第6章　坦克炮试验技术

坦克炮是指安装在坦克上，主要以直接瞄准射击击毁敌装甲目标，摧毁其坚固工事，压制、歼灭敌反坦克武器和有生力量的火炮。坦克炮包括线膛炮和滑膛炮。配有穿甲弹、破甲弹、攻坚弹、杀伤爆破榴弹和炮射导弹等弹药。坦克炮定型过程中，必须用科学、合理的试验方案对其进行性能指标试验与评估，以确定是否满足提出的战术技术指标和使用要求。

本章以某型坦克炮为例，详细介绍坦克炮定型试验的试验设计方法、试验流程、试验内容、试验方法、结果评定等内容，为从事坦克炮设计、试验、使用的技术人员提供一定的技术支撑。

6.1　概　　述

6.1.1　坦克炮作战使命

现代坦克可以在复杂的地形和全天候条件下担负多种作战任务，主要用于与敌方坦克及其他装甲车辆作战，压制、消灭敌反坦克武器和其他炮兵武器，摧毁野战工事，歼灭敌有生力量。进攻作战中，坦克可以充分利用地面和空中各种火力对敌方实施大纵深压制摧毁的效果，实施迅猛的突击，广泛运用包围、迂回等作战样式，割裂、合围敌军集团，在行进间予以歼灭，或在纵深内对退却的敌人实施追击。不仅有传统的对敌人防御阵地的正面突破，而且可在突破的同时或突破之前，以灵活的机动攻击敌方侧翼和后方，也可利用敌之间隙或突破口，插入敌人纵深，攻击各种防御工事和重要目标，并在敌人全纵深实施机动。防御作战中，装甲部队的主战坦克，在各兵种的支援配合下，实施强有力的反冲击和反突击，或对付敌人的空降兵，封闭突破口等多种机动作战任务。现代防御多采取支撑点式的防御，利用坦克的交叉火力防止各地段和支撑点之间形成较大的间隙。

6.1.2　坦克炮火力性能特点

火力性能是坦克对目标构成的毁伤能力，包括火炮威力和火力机动性两个方面，其中又含有多项战术技术性能指标。火炮威力的指标有火炮口径、弹种及弹药基数、射击精度、首发命中率、直射距离及发射速度等。火力机动性的指标有火控系统精度、火控系统反应时间、炮塔回转速度等。

（1）火炮口径：指坦克炮身管的内径，是火炮威力的重要标志。主战坦克通常装备1门长身管的加农炮，弹道低伸，射击精度高，结构紧凑，后坐距离短。火炮口径早期以中小口径为主，而后口径不断增大，现代三代坦克的火炮口径已达120～125mm。目前，为了进一步提高火炮威力，现代坦克多采用自动装填取代人工装弹，以充分利用有限车内空间，并已研制出135～140mm口径的坦克火炮。

（2）主要弹种/初速：指坦克炮配用的弹药种类及其发射时弹丸离开炮（枪）口的瞬时速度。

现代坦克炮配用的主要弹种有穿甲弹、破甲弹、杀伤爆破弹，新型主战坦克还配用攻坚弹等多功能弹种。其中穿甲弹、破甲弹主要用以击毁装甲目标，杀伤爆破弹主要用以杀伤有生力量和摧毁野战工事。现代坦克炮用穿甲弹多为尾翼稳定脱壳穿甲弹，弹丸初速1450～1800m/s，在通常的射击距离内可击穿厚300～500mm的垂直均质钢装甲，而钨合金弹、贫铀弹可击穿厚600～700mm的垂直均质钢装甲。破甲弹的破甲厚度一般为口径的5～6倍，破甲威力受射击距离的影响小，但对各种复合装甲的侵彻能力较差。

（3）弹药基数/配比：坦克单车所携带的炮（枪）弹的额定数量及各类弹种数量的分配比例。

关于“弹药基数”的概念在实践中常常与“弹药基数标准”和“携弹量”混淆。弹药基数是指“弹药储备、配备、消耗和补充所使用的基本计算单位，分为单件武器弹药基数和作战单位弹药基数”。弹药基数标准是指“对某种单件武器的一个基数弹药数量所作的统一规定”。

基数的标准是由军队最高机关根据部队的携运能力，武器的战术、技术性能和以往战斗中弹药消耗的一般规律统一规定的。使用弹药基数这一计算单位，便于快速计划弹药数量和组织供应，同时有利于记忆和保密。在实践中，通常不严格区分“弹药基数”和“弹药基数标准”，而直接使用“弹药基数”。

携弹量（额定携弹量的简称）是指单车所能携带弹药的数量。一般而言，一种武器的弹药基数和携弹量不仅概念上有差异，数量上也不一致。坦克单车所携带的炮（枪）弹的额定数量也称为弹药基数，这与弹药基数的本义是有出入的，这也许是由历史造成的、约定俗成的具有兵种特色的一种习惯说法。现代主战坦克的携弹量40～50发。携弹量受车内有限空间的限制，随火炮口径增大，炮弹尺寸也加大，携弹量有所减少。携弹量一定时，各种炮弹额定数量的比例，根据弹药效能随作战对象而定。

（4）射击精度：坦克武器在规定条件下的射击准确度和射击密集度的总称。

射击准确度是指在规定条件下射击时,平均弹着点对目标的偏离程度。射击密集度是指在相同的条件下射击时,弹丸的弹着点(炸点)相对于平均弹着点的密集程度,常用千米立靶密集度表示。

(5) 首发命中率:指坦克在规定的条件下,对规定目标射击时,第一发炮弹命中目标的概率。

首发命中率与火炮射击精度、目标大小、射击距离以及火控系统精度有关。首发命中率测定试验的射击方式有停止间射击静止目标、停止间射击活动目标、行驶间射击静止目标、行驶间射击活动目标四种。

(6) 直射距离:在规定射击条件下,最大弹道高等于目标高时的水平射击距离。目标高度一般取2m。目标高度确定后,对直射距离影响最大的是弹丸的初速。提高弹丸初速,可增大直射距离。火炮直射距离越大,则弹道越低伸,越容易命中目标。目前,坦克炮发射穿甲弹时,直射距离已达2000m以上。

(7) 战斗射速:主要武器在规定的射击条件下,平均每分钟能发射的炮(枪)弹数。发射时间包括瞄准、击发、重新装弹和向预定射向转移等动作所需的时间。

6.2 坦克炮试验内容

根据坦克炮的战术技术要求,性能试验的主要项目一般有:

(1) 静态测试。

(2) 内弹道性能试验。

(3) 千米立靶密集度试验。

(4) 最大射程试验。

(5) 安全性试验。

(6) 动态参数测试。

(7) 机构动作试验。

(8) 操作方便性试验。

(9) 环境试验。

根据被试品的特殊要求、试验项目可以适当增加或减少。

下面针对具体试验内容进行介绍。

6.2.1 静态测试内容

坦克炮静态测试的内容包括射界测量、外廓尺寸测量、炮耳轴高测量、火线高测量、起落部分力矩测量、炮身空回量测量和身管测量。

1. 射界测量

1）测量目的

检查火炮的最大仰角、最大俯角是否符合技术资料的要求。

2）测量仪器

测量仪器为象限仪。

2. 外廓尺寸测量

1）测量目的

检查火炮外廓尺寸是否符合技术资料的要求。

2）测量仪器、量具

测量仪器、量具包括经纬仪、标杆、卷尺及铅锤。

3. 炮耳轴高、火线高测量

1）测量目的

检查火炮炮耳轴高、火线高是否符合技术资料的要求。

2）测量仪器、量具

测量仪器、量具包括经纬仪、标杆、卷尺及铅锤。

4. 起落部分力矩测量

1）测量目的

检查起落部分力矩是否符合技术资料的要求。

2）测量仪器、量具

测量仪器、量具包括专用套带及测力计。

5. 炮身空回量测量

1）测量目的

检查炮身空回量是否符合技术资料的要求及其试验后的变化量。

2）测量仪器、量具

测量仪器、量具包括带激光笔的专用套环、测力计、坐标纸及靶板。

6. 测量身管

1）测量目的

检查射击前后身管的几何尺寸是否符合设计文件要求。

2）试验设施、设备及计量器具

（1）试验设施及设备：探伤设施；起重设备；平板；存放身管用的可调支架等。

（2）计量器具：窥膛仪；象限仪；测径仪；专用划线卡规；卡尺、高度尺、卷尺；炮口塞头；圆盘、检查尺和位环；测量药室常用专用工具；直度样柱。

6.2.2 内弹道性能试验

1. 试验目的

通过检查坦克炮的内弹道性能,确定身管的磨损程度,判定身管弹道寿命是否终止。

2. 试验设施、设备及仪器

按《弹丸速度测试》中雷达测速和区截装置和计时仪测速实施。

6.2.3 千米立靶密集度试验

1. 试验目的

考核千米立靶密集度是否满足战术技术指标要求,并为评定身管弹道寿命是否终止提供依据。

2. 试验设施、设备及仪器

1) 试验设施和设备

(1) 试验场地。立靶准确度与密集度试验的场地应当平坦,从炮位到目标靶之间应通视,视野较宽。

(2) 目标靶:

① 靶面尺寸应足够大,通常不小于高低和方向散布中间误差的 8 倍,应保证全部正常射弹的弹着点均落在靶上。

② 靶面中心应有供瞄准用的黑色十字线,十字线线长不得短于 1m,也可延长到靶的边缘,线宽应具有从炮位上看得见的最窄宽度。靶距小于或等于 1000m 时,线宽可为 5 ~ 10cm;靶距大于 1000m 时,线宽可为 10 ~ 20cm。

③ 靶距根据战术技术指标要求确定。靶距测量精度不应低于 1/5000。

④ 靶面材料根据要求或需要确定。靶面应牢固地固定在靶架上,并与射击面垂直,不垂直度不超过 3°。

⑤ 若靶面为木板,板间缝隙不应大于 1/4 弹径。

2) 仪器及允许最大测量误差

(1) 多普勒测速雷达,当速度为 50 ~ 200m/s 时,为 0.5m/s;当速度大于 200m/s 时,为 0.001m/s。

(2) 线圈靶靶间距离,0.03%。

(3) 炮口至第一靶的距离,0.5%。

(4) 风速仪。

(5) 风向仪,+2°。

(6) 象限仪,0.5mil。

6.2.4 最大射程试验

1. 试验目的

考核标准气象条件下的最大射程是否满足战术技术指标要求,并为评定身管弹道寿命是否终止提供依据。

2. 试验设施、设备及仪器

1）试验场地

弹着区应尽量平坦,保证在观测点能对落点进行观测。

2）仪器及允许测量误差

（1）多普勒测速雷达,当速度为 50 ~ 200m/s 时,为 0.5m/s;当速度大于 200m/s 时,为 0.001m/s。

（2）线圈靶靶间距离,0.03%。

（3）炮口至第一靶的距离,0.5%。

（4）风速仪。

（5）风向仪, +2°。

（6）象限仪,0.5mil。

（7）测量弹着点坐标的仪器。

6.2.5 安全性试验

对于任何武器装备而言,安全性是最基本、最重要的战术技术要求。安全性试验的目的,就是全面考核与评价被试武器装备的安全设计是否满足战术技术指标和部队使用要求,以确保该武器系统在装备寿命期内的安全性。

安全性试验应考虑从产品出厂到寿命终了的全寿命周期内可能遇到的各种环境与条件,包括正常的与非正常的,还应考虑正常操作和错误操作带来的危险。

安全性试验主要包括普通强度试验和低温强度试验。

1. 普通强度试验

1）试验目的

考核坦克炮在受到最大载荷作用下,坦克炮的结构强度和安全是否满足使用要求。

2）试验设施、设备及仪器

（1）试验设施及设备:平整的土质炮位,并设有炮位坐标标志;战术技术指标要求的倾斜炮位;弹药装配、保温工房;弹药保温设备;连续测量温度设备等。

（2）测试仪器:初速测定雷达;点温计;秒表等。

2. 低温强度试验

1）试验目的

考核坦克炮在低温条件下，射击常温弹药时坦克炮的结构强度是否满足要求。

2）试验设施、设备及仪器

（1）试验设施：能够容纳坦克进行射击的低温工房；弹药保温工房。

（2）试验设备及仪器：弹药装配及保温设备；连续测温设备；点温计等。

6.2.6 动态参数测试

动态参数测试主要包括抗力测试、射击稳定性试验和应力测试。

1. 抗力测试

1）试验目的

测试坦克炮抗力是否满足战术技术指标要求，考核反后坐装置的设计是否满足使用要求。

2）试验设施、设备及仪器

（1）试验设施：停放坦克的射击阵地；弹药装配及保温工房。

（2）试验设备及仪器：液体、气体压力测量设备；后坐复进位移、时间及速度测试设备；压力标定装置；测试用转换接头、密封件及夹具；初速测定雷达等。

2. 射击稳定性试验

1）试验目的

测定坦克在射击过程中的最大位移，为分析和提高坦克炮的射击精度提供依据。

2）试验设施、设备及仪器

（1）试验设施：坦克射击的土质炮位及场区；弹药保温室。

（2）试验设备及仪器：高速摄影机（速度在100幅/s以上）；象限仪；位移测试设备；初速测定雷达；秒表等。

3. 应力测试

1）试验目的

考核坦克炮零件的设计强度是否满足使用要求。

2）试验设施、设备及仪器

（1）试验设施：坦克的射击阵地及试验场区；弹药保温室。

（2）试验设备及仪器：电阻应变计；应变仪；记录设备；初速测定雷达等。

6.2.7 机构动作试验

机构动作试验主要包括低温装药机构动作试验、战斗射速射击试验和特殊地形条件下的射击试验。

1. 低温装药机构动作试验

1）试验目的

考核坦克炮在低温状态下，身管处于弹道寿命弹数的不同阶段，半自动机或自动机能否正常工作。

2）试验设施、设备及仪器：

（1）试验设施：低温射击实验室或坦克射击阵地及试验场区；弹药保温工房。

（2）试验设备及仪器：初速测定雷达；后坐复进位移、时间及速度测试设备；弹药保温车等。

2. 战斗射速射击试验

1）试验目的

在模拟战斗状态下，测定坦克的最大发射速度；考核坦克炮机构动作可靠性及操作使用方便性；测定坦克炮身管在热态下的射击密集度。

2）试验设施、设备及仪器

（1）试验设施：射击阵地及平坦、开阔和利于观测的试验场区。

（2）试验设备及仪器：连续测量温度的设备和点温计；计时仪；速度测量雷达；象限仪、瞄准镜；测量气象诸元的各种仪器、设备；正弦机或航路仪；检查操作手身体状况的医疗仪器、设备。

3. 特殊地形条件下的射击试验

1）试验目的

考核坦克在坡度炮位射击时，坦克炮机构动作是否正常。

2）试验设施、设备及仪器

（1）试验设施：坡度炮位；弹药保温工房。

（2）试验设备及仪器：象限仪；周视瞄准镜；初速测定雷达；保温车；后坐复进位移、时间及速度测试设备等。

6.2.8 操作方便性试验

1. 试验目的

检查坦克炮塔内各部件布局是否合理，能否满足操作使用要求。

2. 试验设施及计量器具

工房；测力计；秒表；直尺、卷尺等。

6.2.9 环境试验

环境试验包括高温环境模拟试验、低温环境模拟试验、特殊地形条件下的射击试验、热区部队适应性试验、寒区部队适应性试验和高原部队适应性试验。

1. 高温环境模拟试验

1）试验目的

在高温环境下,考核坦克炮射击时机构动作可靠性和操作使用方便性。

2）试验设施、设备及仪器:

(1) 试验设施:能够存放坦克并实施射击的高温实验室;弹药保温工房。

(2) 试验设备及仪器:初速测定雷达;点温计;排除有害气体的设备;后坐复进位移、时间及速度测试设备等。

2. 低温环境模拟试验

1）试验目的

在低温环境下,考核坦克炮射击时的机构动作及操作使用方便性是否满足使用要求。

2）试验设施、设备及仪器

(1) 试验设施:能够容纳坦克进行射击的低温实验室;弹药保温工房。

(2) 试验设备及仪器:初速测定雷达;点温计;排除有害气体的设备;后坐复进位移、时间及速度测试设备等。

3. 特殊地形条件下的射击试验

1）试验目的

考核坦克在坡度炮位射击时,坦克炮机构动作是否正常。

2）试验设施、设备及仪器

(1) 试验设施:坡度炮位;弹药保温工房。

(2) 试验设备及仪器:象限仪;周视瞄准镜;初速测定雷达;保温车;后坐复进位移、时间及速度测试设备等。

4. 热区部队适应性试验

1）试验目的

通过部队的战士在夏季热区操作使用坦克炮,考核坦克炮的战斗使用性能,操作维修方便性是否满足要求。

2）试验设施、设备及仪器

按照使用部队装备条件和试验项目要求进行选择。

5. 寒区部队适应性试验

1）试验目的

选择冬季的寒冷地区,通过部队的战士操作使用坦克炮,考核坦克炮的战斗使用性能,操作维修方便性是否满足要求。

2）试验设施、设备及仪器

按照使用部队装备条件和试验项目要求进行选择。

6. 高原部队适应性试验

1）试验目的

选择海拔高度在4500m左右的地区,通过部队的战士操作使用坦克炮,考核坦克炮的战斗使用性能,操作维修方便性是否满足要求。

2）试验设施、设备及仪器

按照使用部队装备条件和试验项目要求进行选择。

6.3 坦克炮试验方法

6.3.1 静态测试的方法

1. 射界测量方法

1）测量条件

火炮在战斗状态下进行测量。

2）测量准备

将火炮放置在平坦的场地上成战斗状态,调整火炮纵、横水平。

3）测量方法

（1）转动高低机手轮,使炮身仰至极限位置,将象限仪放置在炮身（或摇架）的水平台上,调整象限仪水准气泡居中,读取象限仪示值,即为最大仰角。

（2）转动高低机手轮,使炮身俯至极限位置,将象限仪放置在炮身（或摇架）的水平台上,调整象限仪水准气泡居中,读取象限仪示值,即为最大俯角。

（3）按上述方法测量三次,将测量数据记入表中。

4）测量数据处理

测量高低射界时,取三次测量数据的算术平均值,作为最大仰角、最大俯角的测量结果。

测量方向射界时,计算两角度值之差的绝对值;取三次计算结果的算术平均值,作为方向射界的测量结果。

5）测量结果的判断准则

（1）将处理后的结果与战术技术指标及制造与验收规范比较,得出是否满足指标要求的结论。

（2）若战术技术指标没有规定时,将测量结果和制造与验收技术条件或设计文件比较,得出产品是否满足要求的结论。

2. 外廓尺寸测量方法

1）测量条件

火炮在战斗状态下进行测量。

2）测量准备

(1) 战斗状态:将火炮放置在平坦的场地上成战斗状态,调整火炮纵、横水平。

(2) 行军状态:将火炮放置在平坦的场地上呈行军状态。

(3) 炮耳轴:将火炮放置在平坦的场地上呈战斗状态,调整火炮及炮身水平。

3）测量方法

(1) 战斗状态火、宽、高测量:

① 使炮身水平,用铅锤将火炮最前端点和最后端点投射到地面上,用卷尺测量前后投射点间的纵向距离,即为火炮长。

② 用铅锤将火炮两侧端点投射到地面上,用卷尺测量两投射点横向间的距离,即为火炮宽。

③ 用卷尺直接测量火炮最高点至地面的距离,即为炮身水平时火炮高。

④ 在火炮正前方不小于20m处,架设经纬仪并调平。赋予火炮最大仰角,在炮口附近的地面上立一标杆,经纬仪瞄准火炮最高点及标杆上对应的刻度值,即为炮身仰角最大时的火炮高。

⑤ 按上述方法测量三次,将测量数据记入表中。

(2) 行军状态长、宽、高测量:

① 用铅锤将火炮最前端点和最后端点投射到地面上,用卷尺测量前后投射点纵向间的距离,即为火炮长。

② 用铅锤将火炮两侧端点投射到地面上,用卷尺测量两投射点横向间的距离,即为火炮宽。

③ 用卷尺直接测量火炮最高点至地面的距离,即为火炮高。

④ 按上述方法测量三次,将测量数据记入表中。

4）外廓尺寸测量数据处理

取三次测量数据的算术平均值,作为测量结果。

5）测量结果的判断准则

(1) 将处理后的结果与战术技术指标及制造与验收规范比较,得出是否满足指标要求的结论。

(2) 若战术技术指标没有规定,则将测量结果和制造与验收技术条件或设计文件比较,得出产品是否满足要求的结论。

3. 炮耳轴高、火线高测量

1）测量条件

火炮在战斗或行军状态下进行测量。

2）测量方法

(1) 在便于观测炮耳轴中心，且距炮耳轴不小于 20m 处，架设经纬仪并调平。在炮耳轴附近的地面上立一标杆，用经纬仪瞄准炮耳轴中心与标杆上对应的刻度值，即为炮耳轴高。

(2) 用卷尺测量炮膛轴线至地面的距离，即为火线高。

(3) 按上述方法测量三次，将测量数据记入表中。

3）测量数据处理

取三次测量数据的算术平均值，作为测量结果。

4）测量结果的判断准则

(1) 将处理后的结果与战术技术指标及制造与验收规范比较，得出是否满足指标要求的结论。

(2) 若战术技术指标没有规定，则将测量结果和制造与验收技术条件或设计文件比较，得出产品是否满足要求的结论。

4. 起落部分力矩测量

1）测量条件

火炮在战斗状态下进行测量，射角在 0°状态；按技术资料要求装入与实弹相同质量的砂弹。

2）测量准备

将火炮放置在平坦的场地上成战斗状态，调整火炮概略水平；在火炮上配装规定数量的砂弹；将专用套带置于炮口；解脱高低机转换握把开关。

3）测量方法

(1) 在炮口部拴定绳索，连接测力计。

(2) 通过测力计对炮身施力，使炮身水平，测量施力点至炮耳轴所处垂面的距离 L，测量施力点至炮耳轴所处水平面的距离 h。

(3) 通过测力计施力，使炮身处于确定的测量角度上，并使起落部分在该角度处于平衡状态，从测力计上读取示值 F。

(4) 按上述方法测量三次，将测量数据记入表中。

4）起落部分力矩测量数据处理

取三次测量数据的算术平均值，作为测量结果，按下列公式求起落部分力矩：

$$M_1 = \frac{P_1 + P_2}{2}E \tag{6-1}$$

$$M_2 = \frac{P_1 - P_2}{2}E \tag{6-2}$$

式中 M_1——摩擦力矩(N·m);

M_2——不平衡的静力矩(N·m);

P_1——当炮身在 ±00 - 06 范围内启动并缓慢地向上运动时,测力计的平均读数(测量3次或4次后所得的平均值),此力加在炮口端面上;

P_2——当炮身在 ±00 - 06 范围内启动并缓慢地向下运动时,测力计的平均读数(测量3次或4次后所得的平均值),此力加在炮口端面上;

E——耳轴轴线的作用力臂(炮口端面距耳轴中心线的距离)。

5)测量结果的判断准则

(1)将处理后的结果与战术技术指标及制造与验收规范比较,得出是否满足指标要求的结论。

(2)若战术技术指标没有规定,则将测量结果和制造与验收技术条件或设计文件比较,得出产品是否满足要求的结论。

5. 炮身空回量测量

1)测量条件

火炮在战斗状态下进行测量;按技术资料要求装入与实弹相同质量的砂弹。

2)测量准备

将火炮放置在平坦的场地上成战斗状态,调整火炮概略水平;在火炮上配装规定数量的砂弹;将带激光笔的专用套环置于炮口;安装带坐标纸的靶板并使其距炮口20mm;将高低机及方向机置于手动位置。

3)测量方法

(1)垂直向测量的方法:

① 向下拉炮身,待平稳后在坐标纸上标定点 a_1。平稳地取消测力计施加的力,标定点 a_2。

② 向上拉炮身,待平稳后在坐标纸上标定点 a_3。平稳地取消测力计施加的力,标定点 a_4。

③ 按上述方法测量三次,将测量数据记入记录表中。

(2)水平向测量的方法:

① 向左拉炮身,待平稳后在坐标纸上标定点 b_1。平稳地取消测力计施加的力,标定点 b_2。

② 向右拉炮身,待平稳后在坐标纸上标定点 b_3。平稳地取消测力计施加的力,标定点 b_4。

③ 按上述方法测量三次,将测量数据记入记录表中。

4）炮身空回量测量数据处理

（1）垂直向炮身空回量测量:

按下式计算炮身垂直总晃动量:

$$a = |a_3 - a_1| \tag{6-3}$$

式中 a_3——上拉炮身时读值(mil);

a_1——下拉炮身时读值(mil)。

按下式计算炮身垂直不可恢复晃动量:

$$a_0 = |a_4 - a_2| \tag{6-4}$$

式中 a_4——上拉炮身后取消外力时读值(mil);

a_2——下拉炮身后取消外力时读值(mil)。

取三次测量数据的算术平均值,作为炮身垂直总晃动量、不可恢复晃动量的测量结果。

（2）水平向炮身空回量测量:

按下式计算炮身水平总晃动量:

$$b = |b_3 - b_1| \tag{6-5}$$

式中 b_3——左拉炮身时读值(mil);

b_1——右拉炮身时读值(mil)。

按下式计算炮身水平不可恢复晃动量:

$$b_0 = |b_4 - b_2| \tag{6-6}$$

式中 b_4——左拉炮身后取消外力时读值(mil);

b_2——右拉炮身后取消外力时读值(mil)。

取三次测量数据算术平均值,作为炮身垂直总晃动量、不可恢复晃动量的测量结果。

5）测量结果的判断准则

（1）将处理后的结果与战术技术指标及制造与验收规范比较,得出是否满足指标要求的结论。

（2）若战术技术指标没有规定,则将测量结果和制造与验收技术条件或设计文件比较,得出产品是否满足要求的结论。

6. 测量身管

1）测量条件

（1）坦克炮处于分解状态;炮口角仅在射击试验开始前测量。

(2) 应在射击试验前、强度试验前、战斗射速射击试验前后或在射击一定弹药数量后分别测量检查身管内膛疵病、身管内径、药室长度和冲点画线。

(3) 根据检查中发现的身管疵病情况来确定身管内膛照相的时机。

2) 测量准备

将身管内膛及外圆擦拭干净;将身管放在检查用的支架上或便于检查的适当位置上,将身管概略调成水平;按要求准备好测试用计量器具。

3) 测量方法

(1) 检查身管内膛疵病。

(2) 测量身管内径。

(3) 测量身管外径。

(4) 测量炮口角。

(5) 检查药室。

(6) 检查身管画线。

4) 身管测量结果的判断准则

(1) 将第一次的测量检查结果与设计文件比较,得出是否符合设计要求的结论。

(2) 将身管外径的测量结果与第一次结果比较,确定身管是否发生变形,得出身管强度是否符合要求的结论。

(3) 依据身管内膛检查结果,得出身管弹道寿命是否终止的结论。

6.3.2 内弹道性能试验方法

1. 试验条件

1) 坦克炮

该项试验分别在坦克炮身管弹道寿命的各个阶段进行。

2) 弹药

(1) 同一支身管试验用弹丸、引信、发射药、药筒、底火等应各为同一批次,并且有产品质量合格证明。

(2) 试验用弹丸一般为砂弹,配假引信或摘火引信;特殊情况,也可使用配假引信或摘火引信的实弹。

(3) 一个计算组内弹丸质量的偏差均不应超过固定值的0.5%。

3) 弹药保温

(1) 将装配好的弹药在15℃的环境条件下保温,发火元件单独保温。

(2) 恒温时间不少于48h,温度波动范围不允许超过±2℃。

2. 试验准备

1）坦克炮

（1）使坦克炮处于良好的技术状态。

（2）擦拭坦克炮身管内膛。

2）弹药

（1）擦拭弹丸,逐发测量弹丸质量,对弹丸进行编组、编号和保温。

（2）按要求装配好弹药,并将测压器放在药筒底部。

3）测试仪器

按《弹丸速度测试》和《火炮膛内压力测试》执行。

3. 试验实施

（1）将坦克停放在土质地面上进行稳(温)炮射击。

（2）正式计算组的射击

① 坦克炮在0°射角或方便仪器测试的角度,射击一个计算组(5~7发)。同时测定初速和膛压。

② 每发射击后,需要回收测压器。

（3）每次检查时,每种弹药射击三组,组与组间隔时间不小于4h,在每次试验时,组与组之间不应进行其他试验项目的弹药射击。

（4）对处于身管不同寿命阶段的内弹道性能检查试验,重复上述步骤进行实施。

4. 数据处理

（1）对每发弹丸的初速和膛压进行修正,修正时只对下列因素进行修正:

① 药温。

② 弹丸质量。

③ 测压器的体积。

（2）计算组平均初速、初速中间误差和平均膛压。

5. 判断准则

（1）将第一次结果与战技指标比较,得出初速、膛压和初速中间误差是否满足战术技术指标的结论。

（2）将初速减退量与身管寿命标准相比较,判定身管弹道寿命是否终止。

6.3.3 千米立靶密集度试验方法

1. 试验条件

1）试验时机

（1）每个磨损射击试验循环的前后。

(2) 更换主要零部件后。

(3) 强度试验前后。

2) 试验条件

(1) 被试品应该符合图纸和技术条件要求,有合格证。

(2) 火炮剩余使用寿命不低于其全寿命的3/4(火炮寿命试验的立靶密集度除外)。

(3) 弹丸、装药、引信、火箭弹弹体分别应为同一批次;一组弹重应在一个弹重符号内;小口径弹丸的弹重应符合产品图纸和技术条件规定的公差范围;弹体应具有一致的外形(如带不带引信冲帽)和一致的表面处理。

(4) 高低温弹应使用保温车送弹。

(5) 在下列气象条件下,不允许进行立靶射击试验:

① 地面平均风速大于10m/s。

② 低初速弹丸地面平均风速大于8m/s。

③ 地面平均风速在5~10m/s时,阵风大于平均风速的50%;地面平均风速在5m/s以下时,阵风比平均风速大2.5m/s。

④ 雷电交加,暴风雨临近。

⑤ 能见度差,不能正常辨清靶上十字线。

2. 试验准备

1)坦克炮

(1) 使坦克炮处于良好的技术状态。

(2) 擦拭坦克炮身管内膛。

2) 弹药

(1) 擦拭弹丸,逐发测量弹丸质量,对弹丸进行编组、编号和保温。

(2) 按要求装配好弹药,并将测压器放在药筒底部。

3. 试验实施

1) 射击前校正

每发射击前,坦克炮要进行零位校正,使坦克炮的火线轴与瞄准线轴的零位在1000m处交汇。

2) 将坦克停放在土质地面上进行稳(温)炮射击

不开火控系统,使瞄准机和辅助瞄准镜中1000m对应的弹种分划瞄准靶面十字线中心射击。每种弹药射击三组,每组7发。

4. 数据处理

根据QJB 2974—97《火炮外弹道试验方法》中的标准差法计算中间误差。计算三组数据的平均值。

5. 判断准则

（1）将第一次的试验结果与战术技术指标比较，得出千米立靶密集度是否合格的结论。

（2）将后续密集度试验结果与身管弹道寿命评定标准比较，判定身管弹道寿命是否终止。

6.3.4 最大射程试验方法

1. 试验条件

（1）试验时机：

① 每个磨损射击试验循环的前后。

② 更换主要零部件后。

③ 强度试验前后。

2）该项试验只在坦克配备榴弹时进行。

2. 试验准备

1）火炮

按火炮准备有关规定准备。

2）弹药

（1）试验使用全装药、实弹、真引信（一般装定瞬发）。

（2）当最小射程小于500m时，为保证阵地工作人员安全，允许采用摘火引信或砂弹真引信（或摘火引信）进行射击，但砂弹外形、弹丸重量及结构特征量应符合有关技术条件要求。

3）光学象限仪

根据需要做好测量地面风速、风向及高空风速、风向、气温、气压仪器的准备。

4）通信联络

做好三个观测点的通信准备，保证各观测点与炮位之间通信畅通。

5）测速仪器

按测速方法有关规定准备。

3. 试验实施

（1）将坦克停放在预先选定的土质炮位上，并进行坦克炮标定。

（2）选择适当位置，架设好初速测定雷达、风速和风向仪。

（3）进行稳炮射击，其装药量为3/4全装药量。

（4）用象限仪赋予坦克炮最大仰角，向预计弹着区射击一发指示弹。

（5）根据第一发弹着点坐标，对射击诸元进行修正后，射击一组弹药7发，每发射击诸元不变。一组弹的射击时间不应超过30min。

（6）按上述方法再射击两组弹药，组间隔时间应大于4h。

（7）不同时机的最大射程试验按上述要求进行实施。

4. 数据处理

按规定方法执行。

5. 判断准则

将标准化后的最大射程结果与战术技术指标比较，得出是否合格的结论。

6.3.5 安全性试验方法

6.3.5.1 普通强度试验方法

1. 试验条件

1）坦克炮

坦克炮各主要零部件必须处于寿命初期，而且经过检验合格；坦克炮在试验前应该经过静态测量检查。坦克炮必须经过下列试验：

（1）内弹道性能试验。

（2）千米立靶密集度试验。

（3）最大射程及密集度试验。

（4）选配强装药试验。

2）弹药

试验采用炮口动量最大弹种的强装药、砂弹和假引信，或按一定的弹种配比选择用弹；试验用弹150～200发；强装药通常采用加药或全装药保高温的方法获得；试验时，装药的温度应与选配时的药温一致，其偏差不得超过±3℃。

3）测试仪器及设备

测试仪器及设备在承受坦克炮进行强装药射击时的冲击、振动的条件下能够正常工作。如不能满足上述要求，则需要对仪器设备增加防护措施。

2. 试验准备

1）坦克炮

将坦克停放在预先选定的地面上；对坦克炮进行外观和机构动作检查；对坦克炮进行射向标定。

2）弹药

按试验条件的要求准备弹药；对弹药进行保温；用弹药保温车将弹药送到炮位。

3）试验设施、设备及仪器

在阵地上布放掩体，保障人员、弹药及仪器设备的安全；按试验要求，在阵地上安放、连接、检查及标定试验仪器设备；检查试验各点位（站）间通信是否满足试验要求。

3. 试验实施

1）稳炮射击

2）不间歇射击

（1）赋予炮身便于装填弹药的仰角，以尽可能大发射速度进行连续射击。

（2）当坦克配有自动装弹机时，操作人员在掩体内控制自动装弹机对坦克炮进行装填和射击。

（3）射击时，所有人员一律在掩体内掩蔽好。

（4）试验时，兼测初速，当初速与检查强装药时的初速不相符合时，应查明原因后重新射击。

（5）当身管炮口部温度、驻退机温度不满足炮口部外表面温度不超过400℃，大、中口径火炮炮口部外表面温度不超过350℃，具有橡胶紧塞具的反后坐装置制退液温度不超过110℃，没有橡胶紧塞具的反后坐装置制退液不超过100℃时，坦克停止射击。

（6）射击停止后，应检查坦克炮各部机构连接情况，检查零部件有无损坏，瞄准具是否变位，测温夹具是否松动；并对损坏零部件进行照相；同时清理射击后的药筒。

3）间歇射击

（1）启动坦克，改变坦克的停放状态，在坦克炮炮身相对试验射向不改变的条件下，使炮塔转动分划改变90%。

（2）稳炮射击。

（3）选择不同的仰角，按一定的射速（一般为1～3发/min）进行射击。

（4）射击时，所有人员一律在掩体内掩蔽好。

（5）试验时，兼测初速，当初速与检查强装药时的初速不相符合时，应查明原因后重新射击。

（6）当身管炮口部温度、驻退机温度不满足炮口部外表面温度不超过400℃，大、中口径火炮炮口部外表面温度不超过350℃，具有橡胶紧塞具的反后坐装置制退液温度不超过110℃，没有橡胶紧塞具的反后坐装置制退液不超过100℃时，坦克停止射击。

（7）射击停止后，应检查坦克炮各部机构连接情况，检查零部件有无损坏，瞄准是否变位，测温夹具是否松动；并对损坏零部件进行照相；同时清理射击后的药筒。

4）倾斜炮位射击

将坦克停放在倾斜炮位上，对坦克炮进行标定，选择符合要求的射向后，进行稳炮射击。

4. 数据处理

（1）统计试验中发生的故障。

（2）计算最大发射速度及平均发射速度。

（3）整理试验前后静态测量检查结果。

（4）整理破损零部件故障照片。

5. 判断准则

（1）当主要零部件发生破损，变形量超过规定时，认为零部件强度不符合要求。

（2）零部件破损、变形使坦克炮的主要配合间隙、松动量、空回量及手轮力超出规定时，认为强度不符合使用要求。

（3）将本次和其他试验统计的故障情况一并用于评定坦克炮可靠性是否满足战术技术指标要求。

6.3.5.2 低温强度试验方法

1. 试验条件

1）坦克炮

坦克炮各主要零部件必须处于寿命初期，而且经过检验合格；坦克炮在试验前应该经过静态测量检查。坦克炮必须经过下列试验：

（1）内弹道性能试验。

（2）立靶密集度试验。

（3）选配强装药试验。

（4）普通强度试验。

2）弹药

采用炮口动量最大弹种的全装药、砂弹和假引信，或按一定的弹种配比选择用弹；装药温度为15℃，其偏差不应超过±2℃；弹数为15～20发。

3）测试设备及仪器

测试设备及仪器能够在－40℃条件下正常工作，且精度满足试验要求。

2. 试验准备

1）坦克炮

将坦克按技术文件要求，改换冬季炮油和坦克冬季用柴油后，停放在低温射击室内，按技术文件要求检查坦克炮的机构动作；进行射向标定；降低射击室内的温度至－40℃后，保持恒温8h；按技术文件要求，对坦克炮进行射前检查。

2）弹药

按试验条件的要求，准备弹药；按弹药保温规程的要求，对弹药保常温15℃；试验前，用保温车将弹药送至射击室；试验设备及仪器在射击前按试验要求，布置、安装测试设备和仪器，并进行标定。

3. 试验实施

（1）按技术要求检查坦克炮，液、气压部件的状态应满足射击要求。

（2）赋予坦克炮射向，在0°和最大仰角，各射击8～10发弹药。

（3）当坦克配有自动装弹机时，操作人员在掩体内控制自动装弹机对坦克炮进行装填和射击。

（4）射击时，所有人员一律在掩体内掩蔽好。

（5）射击停止后，应检查坦克炮各部机构连接情况，检查零部件有无损坏，瞄准具是否变位，测温夹具是否松动；并对损坏零部件进行照相；同时清理射击后的药筒。

4. 数据处理

（1）统计试验中发生的故障。

（2）整理破损零部件故障照片。

5. 判断准则

（1）当主要零部件发生破损，变形量超过规定时，认为零部件强度不符合要求。

（2）零部件破损、变形使坦克炮的主要配合间隙、松动量、空回量及手轮力超出规定时，认为强度不符合使用要求。

（3）将本次和其他试验统计的故障情况一并用于评定坦克炮可靠性是否满足战术技术指标要求。

6.3.6 动态参数测试方法

6.3.6.1 抗力测试方法

1. 试验条件

1）坦克炮

身管必须处于其寿命初期。必须经过下列试验：

（1）静态测量检查。

（2）内弹道性能试验。

（3）选配强装药或强度试验。

2）弹药

采用坦克配备的所有弹种，也可单独采用炮口动量最大的弹种进行试验；用全装药、强装药（或高温装药）、砂弹和假引信进行试验。也可单独采用强装药、砂弹和假引信进行试验；每个弹种的弹药各准备10发。

2. 试验准备

1）坦克炮

将坦克停放在射击阵地上，按技术文件对坦克炮进行检查；对坦克炮进行射向标定。

2）压力传感器

（1）压力传感器的安装孔应尽量利用反后坐装置本身的注液孔或气压检查孔。反后坐装置无可利用的孔时，必须专门钻孔。

（2）选择传感器的安装位置时，应考虑下列因素：保证测出整个后坐、复进过程中反后坐装置各腔的压力曲线；便于安装传感器和引出导线；后坐部分运动时不至于损坏测试装置和线路。

（3）传感器安装好后，检查反后坐装置是否满足技术条件要求。

（4）在坦克炮上选择测速仪的安装位置，应考虑下列因素：保证后坐部分运动时不致损坏测试装置和线路；便于安装、拆卸和调整。

3）弹药

按试验条件的要求准备弹药；对弹药进行保温；用弹药保温车将弹药送到炮位。

4）试验设施、设备及仪器

准备试验用转换接头、密封件和专用夹具；试装转换接头、密封装置及压力传感器，检查连接头部位密封情况；对压力传感器进行标定。

3. 试验实施

（1）将坦克停放在射击阵地上，安装好测试仪器。经检查正确后进行稳炮射击。

（2）稳炮射击后，检查仪器工作情况及转换接头的密封情况。如果正常，则转入正式发数射击。

（3）坦克炮在0°和最大仰角，每个弹种各射击3～5发。

（4）射击试验后，应对压力传感器进行标定。

4. 数据处理

按数据处理方法执行。

5. 判断准则

得出抗力是否满足指标或设计文件要求的结论。

6.3.6.2 射击稳定性试验方法

1. 试验条件

1）坦克炮

已射弹数少于身管弹道寿命弹数的1/2。坦克炮必须经过下列试验：

（1）静态测量检查。

（2）内弹道性能试验。

（3）选配强装药或普通强度试验。

2）弹药

选用炮口动量最大的弹种进行试验；试验弹药为强装药（或全装药保高温）、砂弹和假引信，弹数为120发。

3）气象条件

雷电交加或气象因素使仪器不能正常工作时，不进行此项试验；迫击炮雨天不进行此项试验。

2. 试验准备

1）火炮准备

（1）检查火炮零位、零线。

（2）应使火炮处于良好的技术状态。

（3）检查火炮反后坐装置气压及液量。

2）弹药准备

（1）对试验用弹药按要求擦拭、改装、装配。

（2）对试验用弹药按规定编组，并按保温规程保温。

3）测试仪器设备

（1）弹簧笔、垂直板或位移传感器的准备：

① 在测定火炮射击稳定性时，将弹簧笔或位移传感器固定于车轮轮毂盖上或座盘适当位置上。

② 在测定坦克自行炮射击稳定性时应将弹簧笔或位移传感器固定于主动轮或其他适当位置上。测量车体横向稳定性时，应固定于车体前甲板或后甲板上。

③ 按要求将平板与弹簧笔接触好，并使平板与射向平行。

（2）在被试品上设立基准点，将高速摄影机放置在炮位的侧方适当位置，使高速摄影机到基准点连线与射面垂直。

3. 试验实施

（1）对坦克炮标定后进行稳炮射击。

（2）在制动和非制动条件下，炮塔转动分划为0°、90°和270°，炮身为0°角和最大仰角的条件下，各射击一组弹药5发。

（3）在技术文件规定的最大倾角，重复第（2）条。

4. 数据处理

整理试验数据，统计出每种条件下的上跳、下压、前冲、后移、倾角的最大值；统计瞄准变位量的平均值、最大值。

5. 判断准则

（1）按战术技术指标或验收技术条件中的有关规定进行评定。

（2）若无指标规定，则与同类型制式火炮进行比较。

6.3.6.3 应力测试方法

1. 试验条件

1）坦克炮

（1）已射弹数少于身管弹道寿命弹数的1/2，或初速下降量不超过2%。

（2）坦克炮必须经过下列试验：静态测量检查；内弹道性能试验；选配强装药或普通强度试验；抗力测定试验。

（3）试验重点考核设计文件中设计安全系数较小的零件和受力比较大的零件。

2）弹药

考核身管、炮闩、炮尾等主要后坐部件的应力选用膛压最大的弹种；考核非后坐部分的零部件应力选用炮口动量最大的弹种；试验采用常温强装药、砂弹、假引信，也可采用高温全装药、砂弹、假引信。

3）试验设施、设备及仪器

（1）试验设施：停放坦克的射击阵地；弹药装配及保温工房。

（2）试验设备及仪器：液体、气体压力测量设备；后坐复进位移、时间及速度测试设备；压力标定装置；测试用转换接头、密封件及夹具等；初速测定雷达等。

2. 试验准备

1）坦克炮

（1）按技术文件要求准备坦克炮。

（2）将坦克停放在射击阵地上，进行标定。

2）试验设施、设备及仪器

（1）试验设施：停放坦克的射击阵地；弹药装配及保温工房。

（2）试验设备及仪器：液体、气体压力测量设备；后坐复进位移、时间及速度测试设备；压力标定装置；测试用转换接头、密封件及夹具等；初速测定雷达等。

3. 试验实施

（1）稳炮射击。

（2）选择最大仰角和零件受力最大的仰角各射击一组弹药3～5发。

4. 数据处理

整理试验数据，统计出每种条件下的上跳、下压、前冲、后移、倾角的最大值；

统计瞄准变位量的平均值、最大值。

5. 判断准则

测试结果与设计计算书比较,得出设计强度是否满足使用要求的结论。

6.3.7 机构动作试验方法

6.3.7.1 低温装药机构动作试验方法

1. 试验条件

1) 坦克炮

该项试验一般分两次,分别在身管寿命初期和末期进行。

2) 弹药

选择炮口动量较小的弹种试验;试验用低温全装药、砂弹、假引信;如果考核坦克炮半自动机或自动机的设计参数,也可在身管寿命初期进行,试验采用常温专用减装药、砂弹、假引信;其专用减装药的初速等于坦克炮半自动机或自动机正常动作要求的最小值。

2. 试验准备

1) 坦克炮

对坦克改换冬季润滑油并按技术文件要求对坦克炮进行射前准备。

2) 弹药

对弹药保低温(或常温)48h;用保温车将弹药送至射击阵地。

3) 测试设备及仪器

在试验前检校试验仪器设备,并进行标定;加工专用夹具并进行试装。

3. 试验实施

1) 在低温室内射击

(1) 坦克停放在低温射击室内,将测试用仪器设备安装在测试部位上,并进行检查。

(2) 降低射击室温度至 -40℃后恒温 12h。

(3) 稳炮射击后,在0°角或最大仰角,每个弹种各射击一组5发。

(4) 在身管寿命不同时期,按上述要求进行重新射击。

2) 用专用减装药射击

(1) 坦克停放在射击阵地上,将测试用仪器设备安装在测试部位上,并进行检查。

(2) 计算身管寿命终了时初速:

$$v_{mo} = (1-k)(1-55L_t)v_0 \tag{6-7}$$

式中　k——身管寿命评定标准中规定初速减退量；

L_t——温度修正系数；

v_o——初速(m/s)。

（3）选配专用减装药，选配方法按有关规定执行。

（4）在0°角或最大仰角，每个弹种各射击一组5发专用减装药、砂弹、假引信。

4. 数据处理

整理试验数据。

5. 判断准则

（1）根据试验结果判断半自动机或自动机工作是否正常。

（2）在专用减装药的初速不大于身管寿命终了时的初速条件下，坦克炮半自动机或自动机能够正常工作，则说明半自动机或自动机满足使用要求。

6.3.7.2　战斗射速射击试验方法

1. 试验条件

1）坦克炮

（1）火炮应有备附件及专用工具；火炮经总装检查并合格。

（2）火炮身管的剩余寿命弹数必须大于该试验预计消耗的弹药数量。

（3）火炮必须经过下列试验，并满足指标要求后方能进行本项试验：

① 内弹道性能试验；

② 地面密集度试验；

③ 校正射击试验；

④ 强度试验；

⑤ 冲击波压力场及噪声测试。

2）自动装弹机

主要性能满足战术技术指标要求。

3）弹药

按炮口动量较大的弹种或按战术技术指标要求的弹种配比选择弹药；弹药应该保证为同一批次；除密集度试验用弹外，一般均采用全装药、假引信或摘火引信、榴砂弹；使用预先经过发火性检验的底火和点火具。

4）气象

试验场区内，气象条件稳定。在编拟炮兵允许发射速度表的射击试验时，地面风速不大于2m/s；试验时应有较好的能见度，无妨碍仪器正常工作和观测的雾、雨、雪、冰雹等。

2. 试验准备

1）坦克炮

按技术文件要求对坦克炮进行射前准备；进行射向标定。

2）弹药

对弹药进行外观和合膛检查；密集度试验用弹，摘火引信，全装药，对试验弹逐发进行外形一致性检查及称重。根据需要测量弹丸重量、质心位置、偏心距以及赤道转动惯量和极转动惯量，弹药保温范围高温为（50±2）℃，低温为-（40±2）℃，常温为（15±2）℃，或按被试品战术技术指标要求确定，保温时间为口径小于57mm，恒温时间不少于24h，口径为57～105mm，恒温时间不少于35h，口径大于105mm，恒温时间不少于48h；准备2个基数的弹药，另备20发全装药穿甲弹或主用弹种（砂弹、摘火引信）。

3）设备和仪器

试验前必须将所用仪器进行标定、校检；各种仪器在试验场区内按指定位置安装好；检查仪器线路使其处于良好的工作状态。

3. 试验实施

分为第一组试验和第二组试验。

4. 数据处理

（1）非自动炮在1°和最大射角上不修正瞄准的最大发射速度按$n=60(N-1)/t$计算。

（2）故障统计：

① 因破损件出现的停射故障次数。

② 因设计原理上的缺陷和零件不符合图样资料要求出现的多次故障，经改进后，在充分复试条件下，未再次出现故障可不计入故障统计。

③ 同一故障现象未查出原因或同一故障现象是由多种原因诱发的故障，有几次记入几次故障。

④ 在设计定型试验中因装配或调整不当引起的故障不计。

⑤ 因非被试品本身引起的故障不计。

⑥ 在生产定型试验中，因工厂生产装配质量引起的火炮故障均计算在故障总数之内。

（3）整理操作手在试验前、中、后的生理变化情况。

5. 判断准则

（1）根据试验结果，判断最大发射速度是否满足战术技术指标要求。

（2）故障次数及故障种类与整个定型试验中的故障一并统计，供计算火炮故障率，与战术技术指标进行比较。

（3）给出热态射击密集度的试验结果和炮兵允许发射速度表。

（4）根据操作手生理变化情况，判定火炮快速射击时对操作手的损害程度。

6.3.7.3　特殊地形条件下的射击试验方法

1. 试验条件

1）坦克炮

必须经过下列试验：

（1）总装测量检查。

（2）内弹道性能试验。

（3）普通强度试验。

（4）低温装药机构动作试验。

2）弹药

纵坡大于0°时，选择炮口动量大的弹种，纵坡小于0°时，选择炮口动量小的弹种；对炮口动量大的弹种配强装药或高温装药，炮口动量小的弹种配减装药或低温全装药；除穿甲弹外均选用砂弹、假引信进行试验。

3）试验设施

按战术技术指标要求修建坡度炮位；炮位为花岗岩或水泥地面，特殊条件下可为中硬土质地面。

2. 试验准备

1）坦克炮

（1）按技术文件对坦克炮进行射前准备。

（2）对自动装弹机中的空弹匣进行配重。

2）弹药

按试验要求准备弹药；按弹药保温规程对试验弹药进行保温。

3）测试仪器

对测试用仪器设备在坦克炮上进行试装；对测试仪器进行标定。

3. 试验实施

（1）将坦克开到纵坡炮位上，调整坦克倾斜角度，使之达到战术技术指标要求的最大角度，坦克炮的炮塔转动分划为0%。

（2）安装好测试仪器设备后，进行稳炮射击，检查并调整测试设备及仪器，使之能够在坦克炮射击时正常工作。

（3）赋予坦克炮最大仰角，射击炮口动量最大的弹种5发，弹药为强装药或高温全装药、砂弹、假引信。

（4）试验中测定初速并观察半自动机或自动机工作情况。

（5）坦克位于最大俯角的坡度炮位上，炮塔转动分划为0。

（6）赋予坦克炮最大俯角，射击炮口动量最小的弹种5发。

（7）坦克位于侧坡上，炮塔转动分划为0°，并使具有横楔式炮闩的关闩方向与水平面夹角大于0°。

（8）在坦克炮最大仰角和俯角的条件下各射击5发炮口动量最小的弹种，弹药为常温减装药或低温全装药、砂弹、假引信。

4. 数据处理

统计整理测试数据。

5. 判断准则

根据半自动机或自动机工作及操作人员操作情况，评定坦克炮在坡度地形条件下射击能否满足战术技术指标和操作使用。

6.3.8　操作方便性试验方法

1. 试验条件

坦克炮塔内装备的设备、仪器齐全，并按技术文件要求固定。

2. 试验准备

将坦克停放在检查工房内的地面上或射击阵地上。

3. 试验实施

1）位置检测

（1）在正常工作状态，检查乘员工作位置，战斗部分的设置及弹药架的布置是否合理。

（2）测量各门窗的位置及尺寸。

（3）检查照明设备的位置是否正确。

（4）专用工具及备件的位置。

（5）瞄准机构及瞄准装置的位置。

（6）击发位置。

（7）乘员座位的位置及操作空间。

（8）装填线的高度。

（9）抛壳机构的位置及空间。

（10）检查后坐长的位置及空间。

（11）主要机构上有无说明字样及标记。

2）行军及战斗转换时间试验

（1）检查脱下和戴上炮口帽操作的人数与时间。

（2）测定松开和锁紧行军固定器操作的人数与时间。

3）行军及战斗转换时间试验

（1）测定操作人员进出舱门的时间及通行是否方便。

（2）检查炮塔各安全装置通风和加热设备的功能及操作方便情况。

（3）检查擦炮工具固定使用情况。

（4）检查有关坦克炮操作显示器的显示情况。

（5）检查各种工况的转换时间、人数及转换正确与否。

（6）检查人工后坐时的人数、时间及操作方便。

4）瞄准机构的操作方便性试验

（1）检查瞄准机手轮与瞄准具的相对位置是否便于操作手操作。

（2）测定发射员在操作位置的操作动作的方向、位置及活动空间，检查是否便于操作。

（3）测定瞄准速度并观察瞄准动作有无干涉情况。

（4）采用手动、半自动和自动瞄准工作方式时，测定瞄准时间、瞄准精度，并检查操作是否方便。

5）装弹、射击操作使用方便性试验

（1）测定自动装弹机补卸弹的时间、人数，检查操作使用是否方便。

（2）测定手动及半自动装填动作的时间、人数，并检查操作使用方便。

（3）测定弹药从炮膛内退出动作所需的时间及人数，并检查其操作使用方便性。

（4）测定开关闩力，检查开关闩操作方便性。

（5）测定送弹入膛的推力。

（6）检查击发装置的操作使用方便性。

6）现场分解结合

（1）分解结合：

① 按“使用说明书”规定，检查分解结合操作时随炮工具和备附件的齐全性。

② 按“使用说明书”规定要求进行分解结合操作，应检查：从炮上拆下需分解部件及拆装空间；结合前零部件清洗、擦拭、涂油（注油）方便性；结合后各机构动作调整和部件上炮安装的方便性；有无设置（或采用）便于分解结合操作的机构（如便于吊装的吊钩、无需工具便可装拆的快速销）；使用工具的可达性。

③ 按分解结合的规定步骤，测定其操作时间和人数，并评定分解结合操作的方便性。

（2）维护保养：

① 需润滑注油、注气、注液等部位（如制退机、复进机、液压传动箱等），应有

明确标记，便于观察和识别，并检查现场维护的方便性和可达性。

② 随炮工具应齐全、适用、存放简便，并检查其操作方便性。

③ 在分解结合与维护保养中，易损件应便于检查和更换（允许更换时），且易于操作和可达，并测定更换时间。

（3）数据记录：分解结合的操作时间和人数；备件更换时间。

7）特殊条件下的操作使用方便性

（1）夜间操作：

① 检查火炮夜间操作的方便性，要求：照明开关位置布局合理，便于操作。被照明对象应可观察，对眼无刺激，视觉显示器等应有亮度可调的照明；照明电源的转换、蓄电池的充电更换应便于操作，并测定更换时间。

② 夜间条件下，检查火炮的操作方便性。

（2）极端自然环境条件下的操作：

① 按各类火炮的热区试验环境条件与规定，考核各项（静态测定除外）的操作方便性。

② 按各类火炮的寒区试验环境条件与规定，炮手着冬装，考核各项（静态测定除外）的操作方便性。

（3）按要求记录各项检测结果。

8）操作开关及显示器的操作方便性试验

考核各种开关与显示器的操作、观察位置与空间布局的合理性，开关与显示器标志牌的名称、色泽与显示的清晰等方面的可辨性，并测定操作速率与时间。

（1）静态测定：

① 检查各种开关与显示器的位置和空间，应便于操作与观察，评定其方便性。

② 检查各种开关与显示器标志牌的名称、色泽与显示，应含义确切，色泽可辨，显示清晰，评定其可辨性。

（2）操作速率与时间的测定：各种开关与显示器的操作速率与时间的测定和各有关操作项目中规定的顺序有关，应与各操作项目结合在一起测定。

（3）数据记录：各种开关、显示器位置与空间；可辨性的评定。

4. 数据处理

（1）各项静态测定中，在选定的位置（点）上测定数据，一般应重复进行三次，取其平均值作为该位置（点）试验结果。

（2）试验中对手轮力、各项操作力、时间等物理量应重复测量三次，取其三次记录数据的平均值作为试验结果。

5. 判断准则

(1) 根据试验结果,编写评定报告。内容一般应包括试验目的、试验条件、操作手状态、数据记录、数据处理、被试火炮技术状态、结果评定。

(2) 根据试验中火炮使用操作方便性情况,应评价火炮的结构设计与布局是否合理,是否符合人 - 机 - 环系统工程。对不合理处应详细说明其部位及原因,填入试验报告,并提出改进意见或建议。

(3) 根据试验中各项检测结果,应对以下四个方面做出具体评定:

① 炮手操作力是否符合有关技术条件的规定。

② 按"使用说明书"规定的要求能否完成操作。

③ 随炮工具、备附件的齐全性和操作使用的方便性。

④ 炮手掌握操作技术的难易程度、承受能力及持久性。

6.3.9 环境试验方法

6.3.9.1 高温环境模拟试验方法

1. 试验条件

1) 坦克炮

(1) 坦克炮应经过下列项目的试验:静态测量检查;内弹道性能试验;外弹道性能试验;普通强度试验;动态参数测试;战斗射速射击试验。

(2) 身管可射击弹数应大于该项试验用弹量。

2) 弹药

按规定的弹种配比准备弹药;选用高温全装药、砂弹、摘火引信。

3) 试验设施

射击室内温度应均匀一致;射击室应能够承受射击振动及冲击波的冲击;射击室内应设有隐蔽室,保证人员的安全。

2. 试验准备

1) 坦克炮

按技术文件要求对坦克炮进行射前准备;检查、调整反后坐装置的液量和气压;对坦克改换夏季润滑油(脂)。

2) 弹药

按技术文件要求擦拭,改装和测量弹药;对试验用弹药逐发进行合膛检查;对弹药进行保高温;用保温车将弹药送至射击室内。

3) 试验设备及仪器

试验设备及仪器能够承受坦克炮射击时的冲击和振动;将试验用的设备及

仪器安装在坦克炮的测试部位上，并固定好。

3. 试验实施

（1）将射击室内的温度升至50℃，升温速率不大于2℃/min，并保温24h。

（2）将试验用的弹药装在自动装弹机内，没有自动装弹机的坦克将弹药固定在弹药架上。

（3）用点温计测量身管、炮口、药室内、反后坐装置、耳轴、高低齿弧、炮闩及自动装弹机（或弹药架）的外表温度。

（4）坦克处于制动状态，炮塔转动分划为0°，仰角为方便装填的角度，以尽可能大发射速度，射击一个弹药基数；当身管炮口部温度、制退液温度满足口部外表面温度不超过400℃，大、中口径火炮炮口部外表面温度不超过350℃，具有橡胶紧塞具的反后坐装置制退液温度不超过110℃，没有橡胶紧塞具的反后坐装置制退液不超过100℃时，坦克停止射止。

（5）具有自动装弹机的坦克用自动装弹机进行装填。

（6）具有炮控系统的坦克在射击时，应使炮控系统处于工作状态。

（7）对没有射击口的实验室也可将保温后的坦克开到室外射击。

（8）射击中测定初速、后坐部分位移、时间、速度、炮口及制退机外表面的温度。

4. 数据处理

（1）计算坦克炮发射速度。

（2）整理试验数据。

5. 判断准则

（1）试验时，坦克炮机构动作正常，所有零部件未出现破损，则认为坦克炮满足高温使用要求。

（2）试验时，虽然出现了故障，但是通过用随炮工具或备附件能够进行排除，则认为坦克炮基本满足高温使用要求。

（3）根据操作人员的操作使用情况，判定坦克炮在高温状态下操作使用是否方便。

（4）统计试验中发生的故障情况，与其他试验的故障一起评定坦克炮的可靠性。

6.3.9.2 低温环境模拟试验方法

1. 试验准备

1）坦克炮

对坦克及坦克炮的润滑部位改换冬季润滑油。

2）弹药

按技术文件要求擦拭，改装和测量弹药；对试验用弹药逐发进行合膛检查；在弹药保温工房内对弹药保低温；用保温车将弹药送至射击室内。

2. 试验实施

（1）将实验室内的温度降至 -40℃，降温速率不大于 2℃/min。

（2）将试验用的弹药装在自动装弹机内，或固定在弹药架上。

（3）用点温计处理身管、炮口、药室内、反后坐装置、耳轴、高低齿弧、炮闩及自动装弹机（或弹药架）的外表温度。

（4）当坦克主要部件温度达到 -（40 ±2）℃时，再保温 2h。

（5）坦克处于制动状态，仰角和炮塔转动分划为 0°以尽可能大的发射速度射击 5 组，每组 5 发，组间隔时间 20min。射击时，当身管炮口部温度、制退液温度满足口部外表面温度不超过 400℃，大、中口径火炮炮口部外表面温度不超过 350℃，具有橡胶紧塞具的反后坐装置制退液温度不超过 110℃，没有橡胶紧塞具的反后坐装置制退液不超过 100℃时，坦克停止射击。

（6）在射击间歇时间内检查坦克炮。

3. 数据处理

（1）非自动炮在 1°和最大射角上不修正瞄准的最大发射速度按 $n = 60(N-1)/t$ 计算。

（2）故障统计：

① 破损件出现的停射故障次数。

② 设计原理上的缺陷和零件不符合图样资料要求出现的多次故障，经改进后，在充分复试条件下，未再次出现故障可不计入故障统计。

③ 同一故障现象未查出原因或同一故障现象是多种原因诱发的故障，有几次记入几次故障。

④ 在设计定型试验中因装配或调整不当引起的故障不计。

⑤ 非被试品本身引起的故障不计。

⑥ 在生产定型试验中，工厂生产装配质量引起的火炮故障均计算在故障总数之内。

（3）整理操作手在试验前、中、后的生理变化情况。

4. 判断准则

（1）根据试验结果，判定最大发射速度是否满足战术技术指标要求。

（2）故障次数及故障种类与整个定型试验中的故障一并统计，供计算火炮故障率，与战术技术指标进行比较。

（3）给出热态射击密集度的试验结果和炮兵允许发射速度表。

（4）根据操作手生理变化情况，判定火炮快速射击时对操作手的损害程度。

6.3.9.3 特殊地形条件下的射击试验方法

1. 试验条件

1）坦克炮

必须经过下列试验：

（1）总装测量检查。

（2）内弹道性能试验。

（3）普通强度试验。

（4）低温装药机构动作试验。

2）弹药

纵坡大于0°时，选择炮口动量大的弹种，纵坡小于0°时，选择炮口动量小的弹种；炮口动量大的弹种配强装药或高温装药，炮口动量小的弹种配减装药或低温全装药；除穿甲弹外均选用砂弹、假引信进行试验。

3）试验设施

按战术技术指标要求修建坡度炮位；炮位为花岗岩或水泥地面，特殊条件下可为中硬土质地面。

2. 试验准备

1）坦克炮

（1）按技术文件对坦克炮进行射前准备。

（2）对自动装弹机中的空弹匣进行配重。

2）弹药

按试验要求准备弹药；按弹药保温规程对试验弹药进行保温。

3）测试仪器

对测试用仪器设备在坦克炮上进行试装；对测试仪器进行标定。

3. 试验实施

（1）将坦克开到纵坡炮位上，调整坦克倾斜角度，使之达到战术技术指标要求的最大角度，坦克炮的炮塔转动分划为0。

（2）安装好测试仪器设备后，进行稳炮射击，检查并调整测试设备及仪器，使之能够在坦克炮射击时正常工作。

（3）赋予坦克炮最大仰角，射击炮口动量最大的弹种5发，弹药为强装药或高温全装药、砂弹、假引信。

（4）试验中测定初速，并观察半自动机或自动机工作情况。

（5）坦克位于最大俯角的坡度炮位上，炮塔转动分划为0。

(6) 赋予坦克炮最大俯角,射击炮口动量最小的弹种5发。

(7) 坦克位于侧坡上,炮塔转动分划为0°,并使具有横楔式炮闩的关闩方向与水平面夹角大于0°。

(8) 在坦克炮最大仰角和俯角的条件下各射击5发炮口动量最小的弹种,弹药为常温减装药或低温全装药、砂弹、假引信。

4. 数据处理

统计整理测试数据。

5. 判断准则

(1) 试验时,坦克炮机构动作正常,所有零部件未出现破损,则判定坦克炮满足低温使用要求。

(2) 试验时,虽然出现了故障,但是通过用随炮工具或备附件可以排除故障,则判定坦克炮基本满足低温使用要求。

(3) 根据操作人员的操作使用情况,判定坦克炮在低温条件下的操作使用是否方便。

6.3.9.4 热区部队适应性试验方法

1. 试验条件

坦克炮经过了靶场定型试验考核,主要战术技术性能基本满足指标要求;坦克炮身管可射击的弹数大于试验用弹量。

2. 试验准备

(1) 试验前对坦克炮进行分解和总装检查。

(2) 对部队指定的操作手进行训练,考核后方可操作坦克炮;用保温车将弹药送至射击室内。

3. 试验实施

(1) 坦克处于战斗状态位于阵地上,停放48h。

(2) 弹药装在弹药箱内,同坦克一起停放室外48h。

(3) 按要求进行立靶密集度试验。

(4) 按要求射击一个基数的弹药。

4. 数据处理

统计整理测试数据。

5. 判断准则

(1) 试验时,坦克炮机构动作正常,所有零部件未出现破损,则判定坦克炮满足低温使用要求。

(2) 试验时,虽然出现了故障,但是通过用随炮工具或备附件可以排除故障,则判定坦克炮基本满足低温使用要求。

(3) 根据操作人员的操作使用情况,判定坦克炮在低温条件下的操作使用是否方便。

6.3.9.5 寒区部队适应性试验方法

1. 试验条件

坦克炮经过了靶场定型试验考核,主要战术技术性能基本满足指标要求;坦克炮身管可射击的弹数大于试验用弹量。

2. 试验准备

(1) 试验前对坦克炮进行总装检查。

(2) 对部队指定的操作手进行训练,考核后方可操作坦克炮;对操作人员进行安全教育。

3. 试验实施

(1) 坦克处于战斗状态位于阵地上,停放48h。

(2) 弹药装在弹药箱内,同坦克一起停放室外48h。

(3) 按要求进行密集度试验。

(4) 按要求射击一个基数的弹药。

(5) 按要求进行操作性能试验。

4. 数据处理

统计整理测试数据。

5. 判断准则

(1) 试验时,坦克炮机构动作正常,所有零部件未出现破损,则判定坦克炮满足低温使用要求。

(2) 试验时,虽然出现了故障,但是通过用随炮工具或备附件可以排除故障,则判定坦克炮基本满足低温使用要求。

(3) 根据操作人员的操作使用情况,判定坦克炮在低温条件下的操作使用是否方便。

6.3.9.6 高原部队适应性试验方法

1. 试验条件

坦克炮经过了靶场定型试验考核,主要战术技术性能基本满足指标要求;坦克炮身管可射击的弹数大于试验用弹量。

2. 试验准备

对部队指定的操作手进行训练,考核后方可操作坦克炮;对操作人员进行安全教育。

3. 试验实施

(1) 坦克处于战斗状态位于阵地上,停放 48h。

(2) 弹药装在弹药箱内,同坦克一起停放室外 48h。

(3) 按要求进行密集度试验。

(4) 按要求射击一个基数的弹药。

4. 数据处理

统计整理测试数据。

5. 判断准则

(1) 试验时,坦克炮机构动作正常,所有零部件未出现破损,则判定坦克炮满足低温使用要求。

(2) 试验时,虽然出现了故障,但是通过用随炮工具或备附件可以排除故障,则判定坦克炮基本满足低温使用要求。

(3) 根据操作人员的操作使用情况,判定坦克炮在低温条件下的操作使用是否方便。

第7章 某型自动炮遥控武器站试验技术

某型链式自动炮遥控武器是适应未来战场快速反应和应急机动等多功能要求的新型武器系统,目前已引起了国内外广泛关注。某型链式自动炮遥控武器是性能先进、结构紧凑、系统可靠、可操作性强、信息接收能力强、环境适应性好、适装性好、具有自修复功能的模块化武器系统,可安装在多种军用车辆或其他平台上。它既是一个独立作战平台,又含有各类信息网络结点,其主要特点是操作手在车内基于视频图像和全电驱动对顶置的武器站进行遥控操作,操作人员在控制终端可实现目标搜索、识别、跟踪、瞄准、行进和停止间稳瞄射击功能,不需要直接观瞄和操控武器。

7.1 概　　述

某型自动炮遥控武器系统是我军研制的第一款中型遥控武器站,该武器站可以对中近距离的步兵、轻型装甲车辆进行毁伤,对中远距离的装甲目标进行有效打击。操作终端位于舱内,可使操作员隐藏于装甲防护之下,有效避免身体直接曝露于战场火力之下,增强自身生存能力。操作员主要通过终端对遥控武器站火力系统进行操作,完成相关毁伤任务。该遥控武器站按功能组成可分为火力系统、火控系统和辅助装置,如图7-1所示。火力系统主要有某型链式自动炮、机枪、反坦克导弹、烟幕弹等;火控系统主要有综合观瞄装置、火控计算机、驱动控制分系统、遥控操控分系统等;辅助装置主要有旋转连接器和光端机等。

遥控武器站按空间位置可分为车外部分和车内部分,如图7-2所示。火力系统、火控系统(遥控操控分系统除外)为遥控武器站的车外部分,车内部分主要有遥控操控分系统的显控盒、显控终端、操纵台和水平角速度传感器等,车内外的电源、控制信号、视频、串口等连接由旋转连接器和光端机实现。

遥控武器站采用了多武器共平台发射技术、自动炮变射速发射技术、高精度双轴稳定技术、全数字控制驱动技术、高速调炮技术等一系列先进技术,使武器平台具备了高精度射击和变射速连发射击的能力。因此,遥控武器站的性能试验,尤其是行进间射击时的稳定精度试验、高速调炮过程中的调炮性能试验和连发射击试验等方面,都与以往小口径火炮、反坦克导弹、高射机枪和榴弹发射器等武器的定型试验存在较大的区别,无成熟的经验和军用标准可以借鉴。

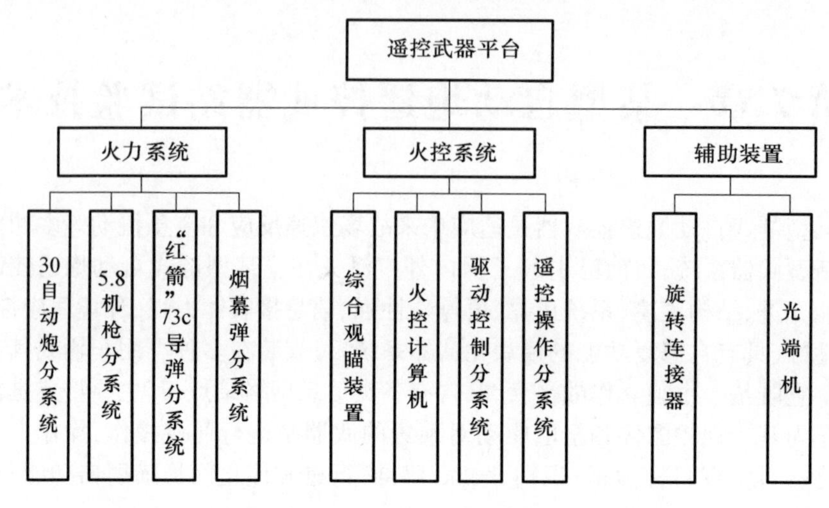

图 7-1 遥控武器站系统组成框图

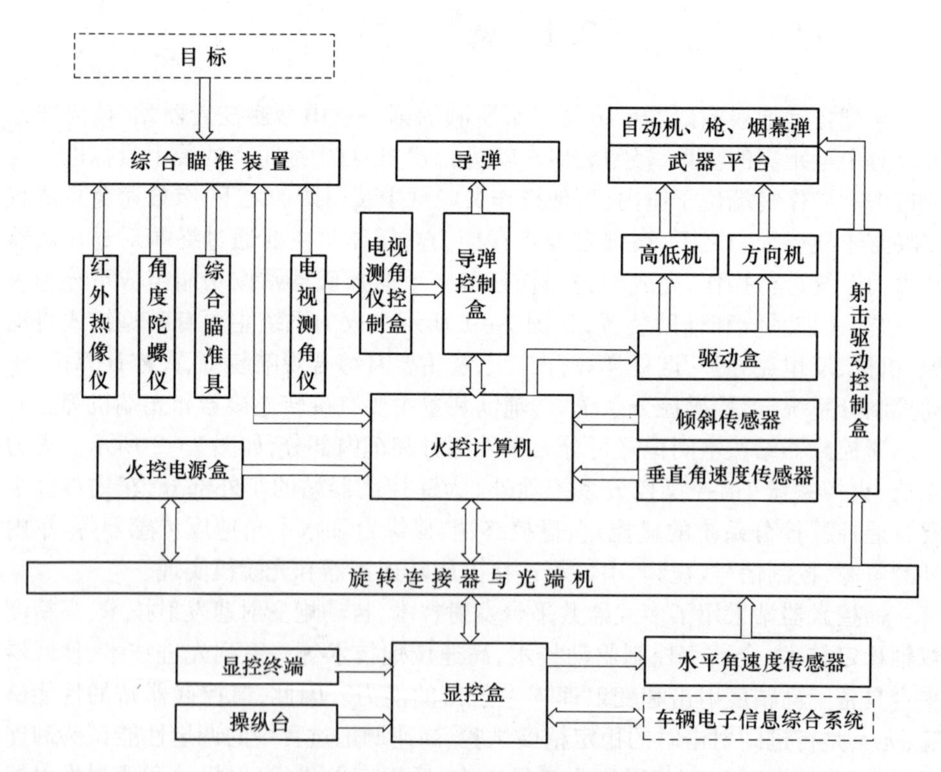

图 7-2 遥控武器站功能组成框图

武器装备试验是按照国家军用标准规定的相应的试验方法进行。在遥控武器站演示验证阶段,大部分的技术性能指标都进行了验收试验,但是对射击过程中的稳定精度、调炮性能、连发射击试验都没有验收,或采用了近似原理试验。下面主要阐述相关试验方法的研究现状。

7.2 稳定精度试验方法

7.2.1 常规测试方法

根据国家军用标准规定,炮控系统稳定精度常规测试方案如图 7-3 所示。

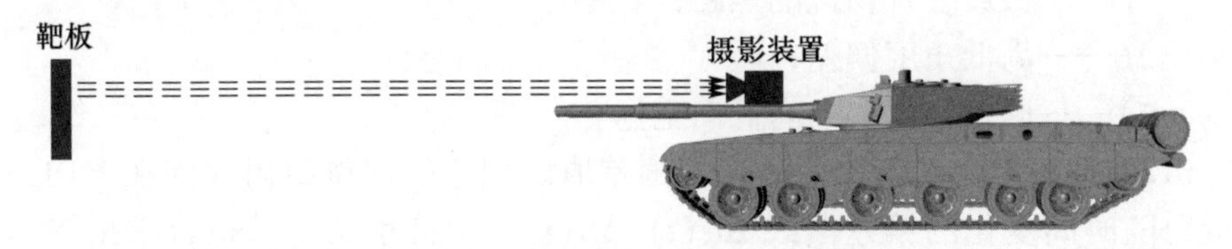

图 7-3 炮控系位稳定精度常规测试方案

测试步骤如下:

(1) 将装甲车辆停在试验道路上距立靶 1500m 处。

(2) 解脱火炮和炮塔固定器,取下炮口帽,将校炮镜插入炮口内。转动火炮和炮塔,通过校炮镜使炮膛轴线对准前方靶板十字线,调整摄影装置光轴,使其焦面十字线与靶板十字线重合。

(3) 保持火炮不动,调整光学瞄准具,使瞄准具光轴瞄准靶板十字线,固定好瞄准具。

(4) 取下校炮镜,带上炮口帽,使摄影装置处于正常工作状态。

(5) 将装甲车辆开往距立靶 1600m 处试验道路的起始点,关闭驾驶窗。

(6) 发动装甲车辆,待发动机达到额定转速后,使炮控系统呈自动工况,待炮控系统进入正常工作后,瞄准手控制操纵台使火炮瞄准正前方靶板十字线。

(7) 启动装甲车辆并向 1500m 处行驶,此时瞄准手继续瞄准靶板十字线。达到 1500m 处时,装甲车辆达到规定的行驶速度,瞄准手停止瞄准,炮控系统独立工作,此时启动摄影装置开始拍摄。

(8) 当装甲车辆行驶到 1300m 处时,停止拍摄,瞄准手将火炮身管抬高并将炮控系统转换成半自动工作状态。

(9) 装甲车辆返回到 1600m 处,等待下轮试验。

（10）每轮试验后，检查摄影装置有无松动，摄影装置光轴与火炮瞄准具光轴的一致性有无变化，若有变化，需重新校准。

（11）测试拍摄图片中心十字线相对靶板十字线的水平向和高低向上偏离的距离，并按以下式换算成角度偏差值，即

$$\Delta\alpha = \frac{6000}{2\pi} \times \frac{\Delta X}{F} \tag{7-1}$$

$$\Delta\beta = \frac{6000}{2\pi} \times \frac{\Delta Y}{F} \tag{7-2}$$

式中 $\Delta\alpha$——方向角度偏差；

ΔX——图片中量取的水平向坐标；

F——摄影装置物镜的焦距；

$\Delta\beta$——高低角度偏差；

ΔY——图片中量取的高低向坐标。

（12）将每轮次试验结果计算的偏差值以相应的比例绘出火炮在方向角和高低角随时间变化的偏差曲线 $\Delta\alpha(t)$、$\Delta\beta(t)$。用最小二乘法拟合求出漂移曲线，如图 7－4 所示。

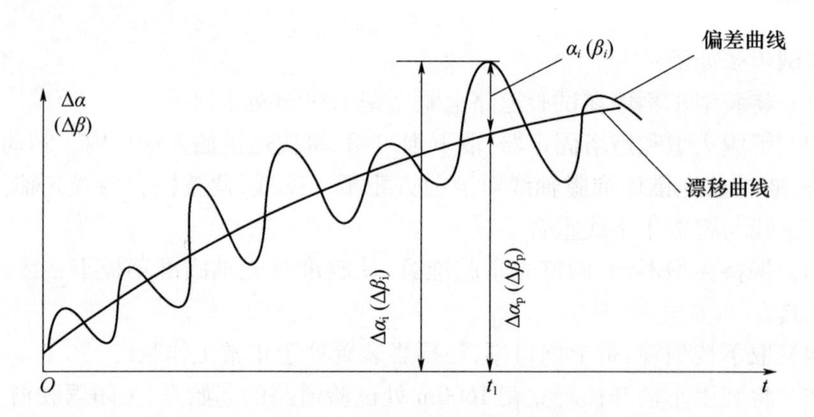

图 7－4 稳定精度偏差曲线与漂移曲线

在偏差曲线上某一时刻量取偏差值减去该时刻漂移曲线的漂移值，即为此时刻的瞬时稳定精度 $\alpha_i(\beta_i)$，在偏差曲线上一般取 0.1s 的时间间隔量取稳定精度瞬时值，因此每轮试验的稳定精度为

$$\alpha = 0.6745\sqrt{\frac{\sum_{i}^{n}(\bar{\alpha} - \alpha_i)^2}{n-1}}, \bar{\alpha} = \frac{\sum_{i=1}^{n}|\alpha_i|}{n} \tag{7-3}$$

$$\beta = 0.6745\sqrt{\frac{\sum_{i}^{n}(\bar{\beta}-\beta_i)^2}{n-1}},\ \bar{\beta} = \frac{\sum_{i=1}^{n}|\beta_i|}{n} \tag{7-4}$$

式中　α、β——水平向、高低向稳定精度。

（13）将试验结果填入表7－1中。

表7－1　稳定精度试验结果记录表

序号	道路	车速/(km/h)	控制方式	试验次数	试验结果	
					水平向	高低向
1	障碍路	12～15	双向稳定	1		
				2		
				3		
				平均		
2		22～25		1		
				2		
				3		
				平均		

在传统的测试中，采用示波器采集稳定系统双向陀螺传感器模拟信号，但由于陀螺仪传感器闭环在控制系统中，示波器所采集的传感器信号不可避免地引入系统噪声，此噪声会湮没陀螺传感器电信号，造成数据分析精度大大下降；且录取的陀螺传感器模拟信号为电压－时间曲线，测试过程不直观，不利于现场分析、调试。此外，新型坦克车辆将采用数字化陀螺技术，很可能不会预留模拟接口，用示波器采集分析稳定精度的方法将不能满足测试的需要。

因此，新的测试方法采用CCD＋DV采集视频信号的方案，即将数码摄像机（DV）视频转换为常用的格式（AVI、MPEG）导入到计算机，用Matlab相关图像处理算法分析稳定精度。这种方案由于采用DV记录CCD视频信号，不仅便于恶劣试验环境下视频数据的采集，而且可以直观地在图像上看到系统的稳定情况，利于分析、总结系统的故障与原因，大大提高了数据分析的效率。

7.2.2　采用高速摄像机进行稳定精度测试

1. 测试方案

将坦克瞄准标准靶板进行跑车，测试人员用DV分别采集炮口固定CCD及观瞄设备中CCD的视频信号。跑车结束后，将视频导入计算机，用Matlab图像处理程序分析火炮及瞄准线稳定精度。此方法与国家军用标准给定的测试方法类似,但采用了 DV 采集及计算机分析,简化了在摄影底片上绘制测量偏差的过程,减小了人工测绘的误差,从而得到高精度的测试结果,且提高了计算效率。同时试验过程可以反复观看,便于现场分析原因、排除故障。

1）图像标定

图像标定是确定通过 CCD 所拍摄的每一帧图像中每个像素对应多大角度(比例尺:mil/像素),分为方位向、高低向两个值,并按照下式计算:

$$K_{\alpha} = \frac{a}{H} \times 16.6667(\text{mil/像素}) \tag{7-5}$$

$$K_{\beta} = \frac{b}{V} \times 16.6667(\text{mil/像素}) \tag{7-6}$$

式中 a——CCD 水平视场;

b——CCD 垂直视场;

H——图像水平向像素个数;

V——图像垂直向像素个数。

此标定过程在图像处理程序中实现,可以根据试验图像的具体情况进行修改。如果图像中的靶板或靶标的尺寸已知,则可根据其在图像中所占的像素计算比例尺。

2）测试步骤

(1) 将炮口固定 CCD 和观瞄设备中的 CCD 分别与两台 DV 用视频线连接,录制跑车过程的视频信号(也可用无线视频传输设备在车外接收)。

(2) 利用 1394 接口将视频转换到计算机中。

(3) 将视频导入到 Matlab 图像处理程序中,设置参数,分析稳定精度。

由于靶场实验天气及场地等因素的影响,所采集到的视频图像在清晰度方面会有较大的差别,这给图像识别、分析带来很大难度。为了增强软件的适应能力,采用鼠标交互输入确定瞄准点的方式对图像进行处理,计算分析稳定精度。此过程虽然存在人眼观察的随机误差,但稳定精度是统计量,微小的随机误差影响在大量的试验值中可以忽略。

3）不同行驶工况稳定精度仿真

此外,由稳定精度常规测试方法可知,国家军用标准中只要求对不同车速进行测试,而对路况的不同并没有做要求,然而实际中,当路面状况发生变化时,炮控系统稳定性能往往发生变化。下面通过动力学仿真的手段验证该现象。

对遥控武器站在不同行驶工况稳定精度进行仿真,不同行驶工况包括不同车速及不同路面:对于不同车速,分别定义 5.5m/s、7.5m/s、10.4m/s、16.6m/s

为 2 挡、3 挡、4 挡、5 挡车速；对于不同路面，采用之前构建的等级路面。仿真结果：限于篇幅，仅列出 3 挡车速不同路面下的炮口振动曲线，如图 7－5 所示，所有行驶工况的稳定精度及其变化曲线如表 7－2、图 7－6、图 7－7 所示。

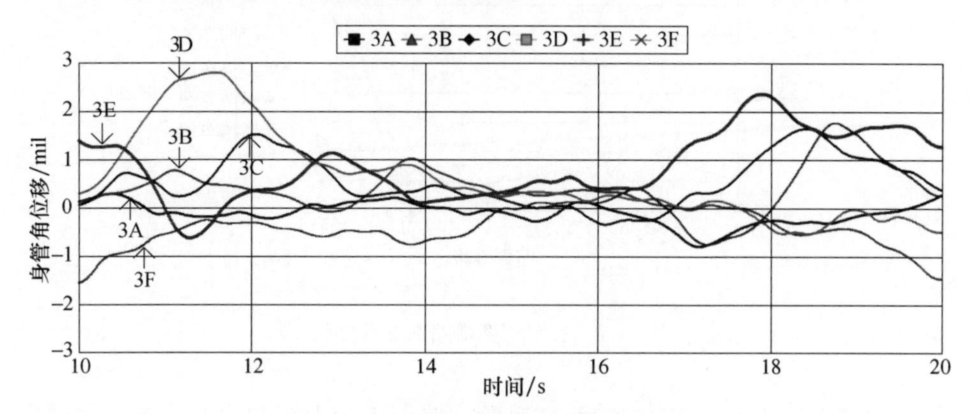

图 7－5　3 挡车速不同路面炮口振动曲线

表 7－2　不同车速不同路面稳定精度

稳定精度/mil	2 挡车速	3 挡车速	4 挡车速	5 挡车速
A 级路面	0. 104	0. 178	0. 335	0. 551
B 级路面	0. 114	0. 166	0. 469	0. 978
C 级路面	0. 132	0. 298	0. 741	1. 017
D 级路面	0. 217	0. 259	0. 480	0. 829
E 级路面	0. 198	0. 512	0. 518	0. 711
F 级路面	0. 246	1. 204	3. 824	4. 37

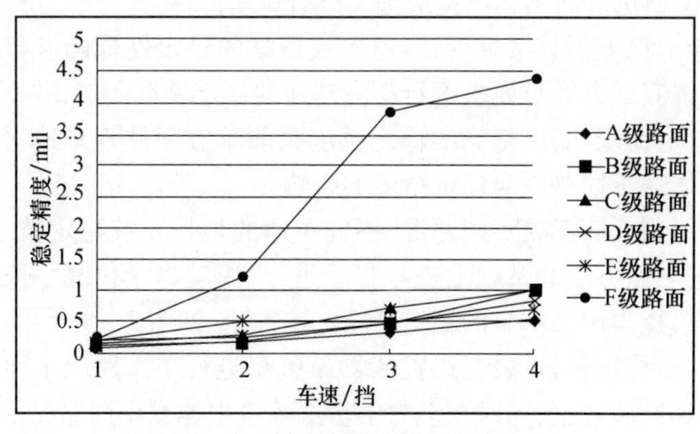

图 7－6　稳定精度随车速变化曲线

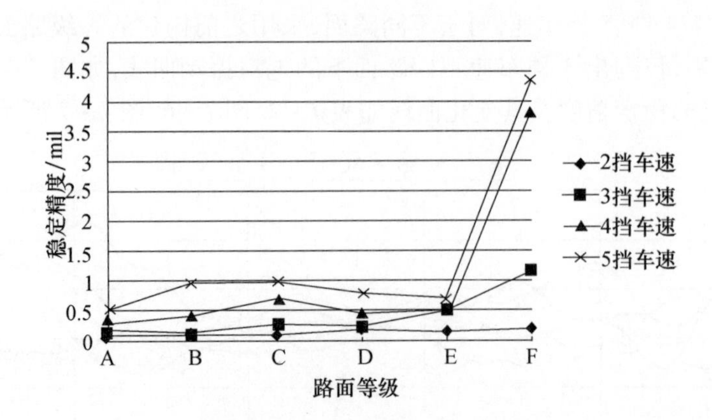

图7-7　稳定精度随路面变化曲线

由图7-5可知，在行进过程中，身管在路面干扰力矩和控制力矩的共同作用下绕耳轴进行往返转动，角位移幅值总体趋势上随着路面不平度、车速的增加而变大。由此表明，控制系统对外部干扰力矩的振动抑制并非一成不变，而是会随着行驶工况的加剧而削弱。

由图7-6、图7-7可知，当路面相同时，稳定精度随车速的变化趋势相同，即随车速的提高而变差，但变化幅度有所区别，其中A级路面下稳定精度随车速的变化最为平缓，F级路面下最为剧烈；当车速相同时，稳定精度总体趋势随路面等级的提高而变差，其中，2、3挡车速时稳定精度随路面等级的提高而逐渐变差，4、5挡车速时稳定精度随路面等级的提高而先缓慢变化，而后急剧恶化。

4）基于模型仿真与实物测试的虚实结合试验方法

由上面稳定精度仿真结果可知，遥控武器站的稳定性能随着行驶工况的变化而变化，传统测试方案只要求进行不同车速的稳定精度测试，并不能全面地反映炮控系统稳定性能，测试得到的稳定精度只能单方面体现车速对稳定精度的影响，而无法体现不同路面对稳定精度的影响。

因此，为得到全面反映不同路况、不同车速的炮控系统稳定精度，课题组在稳定精度改进测试方法的基础上进一步改进，采用动力学仿真手段对传统试验方案进行补充，提出虚实结合的稳定精度试验方法，如图7-8所示。

首先按照传统试验方法，对遥控武器站整车进行单一路况不同车速的稳定精度试验，得到试验数据；同时在动力学仿真环境中建立不同路况不同车速的遥控武器站整车机电联合仿真模型，并选择相应的单一路况进行不同车速下的行驶动力学仿真，得到稳定精度仿真数据；对比试验数据及仿真数据，验证动力学模型的准确性；取允许误差为5%，当不满足误差要求时，需调整动力学仿真模型的炮控系统参数、底盘悬挂系统参数，重新进行稳定精度仿真，直至仿真结果满足误差要求，当满足误差要求时，表明动力学模型准确可靠，可进行下一步仿真分析，即进行其他路况的稳定精度仿真；得到不同路况、不同车速的稳定精度仿真结果后，一并记录在表7－3中，并对所有行驶工况的稳定精度取平均值，作为遥控武器站稳定精度的最终结果。

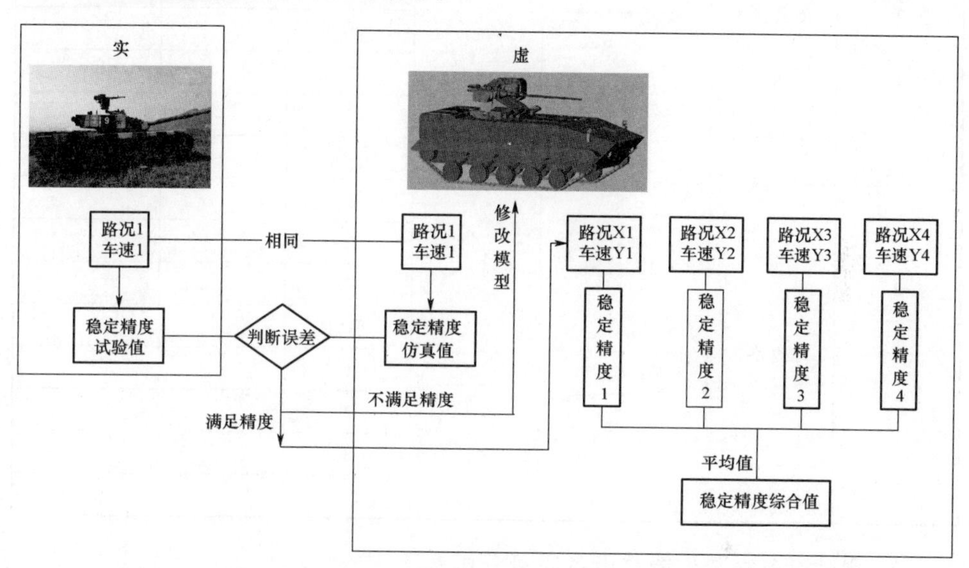

图7－8　遥控武器站稳定精度虚实结合试验方案

表7－3　虚实结合稳定精度试验结果记录表

序号	道路	车速/(km/h)	控制方式	试验次数	试验结果	
					水平向	高低向
1	障碍路1	12～15	双向稳定	1		
				2		
				3		
				平均		
		22～25		1		
				2		
				3		
				平均		

续表

序号	道路	车速/(km/h)	控制方式	试验次数	试验结果	
					水平向	高低向
2	障碍路 2	12 ~ 15	双向稳定	1		
				2		
				3		
				平均		
		22 ~ 25		1		
				2		
				3		
				平均		
3	障碍路 3	12 ~ 15		1		
				2		
				3		
				平均		
		22 ~ 25		1		
				2		
				3		
				平均		

2. 测试设备安装位置与设备质量分析

在上述稳定精度试验方法中，需要在身管上固定 CCD 摄像机，对于以往大口径火炮，摄像机的质量可忽略不计，而对于本课题的小口径自动炮，CCD 摄像机对身管俯仰方向造成的不平衡力矩影响较大，使受控对象的动力学属性发生变化，从而使炮控系统的稳定性能发生变化。为掌握测试设备参数对炮控系统稳定精度的影响规律，通过动力学仿真手段进行研究。

测试设备包括安装位置及设备质量。其中，安装位置的变化范围为身管炮口端至耳轴处；设备质量则根据前期对 CCD 测试设备的广泛调研结果，同时基于一般性考虑，将其变化范围确定为 1 ~ 2000g。在之前建立的遥控武器站机电联合仿真模型的基础上，通过采用身管上固定质量块的方式，进行遥控武器站整车行进间质量块对稳定精度影响规律的仿真研究。

首先考虑测试设备不同质量对稳定精度的影响，主要通过固定质量块位置、变化质量的方式来实现。将质量块固定在炮口端（$x = -2250$mm），质量设定在 1 ~ 2000g 的范围内变化，仿真结果如表 7 - 4、图 7 - 9 所示。

表 7-4　不同质量稳定精度统计值

质量/g	1	10	100	1000	2000
稳定精度	0.174	0.181	0.192	0.241	0.337

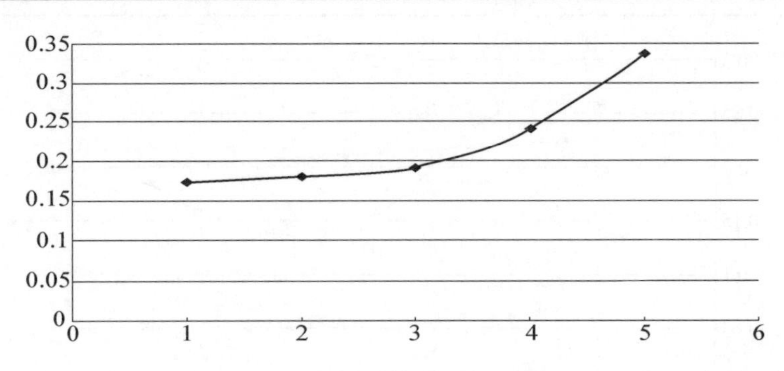

图 7-9　稳定精度随质量变化曲线

由仿真结果可知，随着测试设备质量的增加，炮控系统稳定精度经历一个平缓变化到急剧变化的过程，当设备质量在 1～100g 区间内变化时，稳定精度变化平缓；当质量大于 100g 时，稳定精度急剧变大。以上表明，对于配备小口径链式炮及 PID 控制器的遥控武器站，设备质量小于 100g 时对炮控系统稳定精度的影响不大，而质量大于 100g 时会严重影响稳定精度。

接下来考查测试设备不同位置时对稳定精度的影响，主要通过固定质量块的质量、变化位置的方式来实现。设定质量块质量为 1000g，选择安装位置为均匀分布在身管上的四等分点，如图 7-10 所示，相应的稳定精度及其变化趋势如表 7-5、图 7-11 所示。

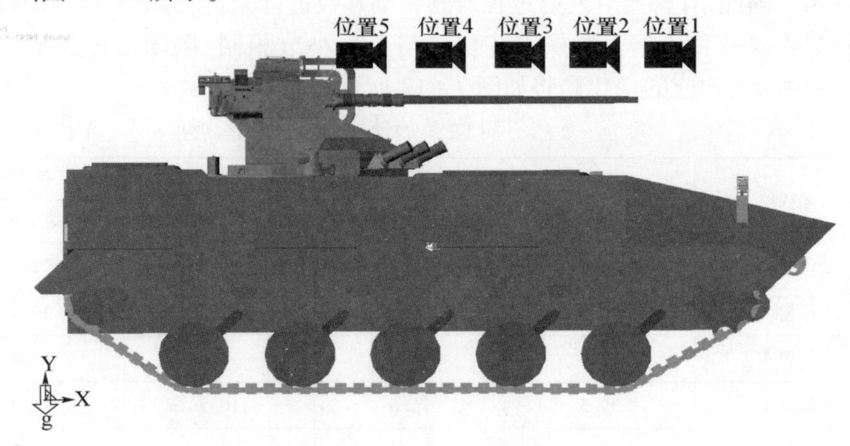

图 7-10　测试设备安装位置示意图

表 7-5　不同位置稳定精度统计值

位置	位置 1	位置 2	位置 3	位置 4	位置 5
稳定精度	0.261	0.245	0.156	0.140	0.186

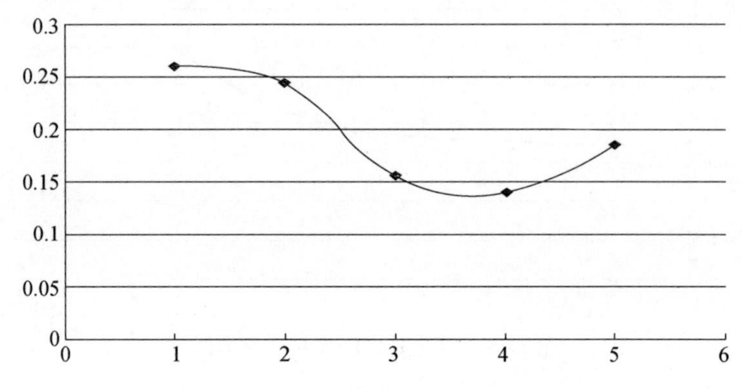

图 7-11　稳定精度随位置变化曲线

由仿真结果可知,测试设备安装位置的不同,其相应的稳定精度也不同,且变化规律不呈单调性。其中,当测试设备安装在位置 4 时,炮控系统稳定精度存在极小值,表明该位置下测试设备对炮控系统的稳定性能影响最小。

3. 安装位置冲击振动参数

配置了某型小口径自动炮的遥控武器站,单发射击载荷峰值可达数万牛,由其引发身管的振动无疑给安装其上的测试设备造成重大影响,对于连发射击,后发载荷还会叠加有前发射击载荷的残余振动影响,使得身管振动特性更为复杂及恶劣。因此,有必要对发射过程身管振动参数进行分析,为下一步测试设备的选择提供参考和依据。选择安装位置与上一小节相同,振动幅值及平均值如表 7-6所列,相应的变化趋势如图 7-12 所示。

表 7-6　不同位置加速度幅值及平均值　　单位:m/s^2

位置	高低向		水平向	
	平均值	最大值	平均值	最大值
位置 1	32.8	42.3	15.2	22.3
位置 2	44.9	66.6	26	36.3
位置 3	37.9	55	11.6	12.8
位置 4	39.3	76.6	10.5	11.7
位置 5	35	64	15.6	23.8

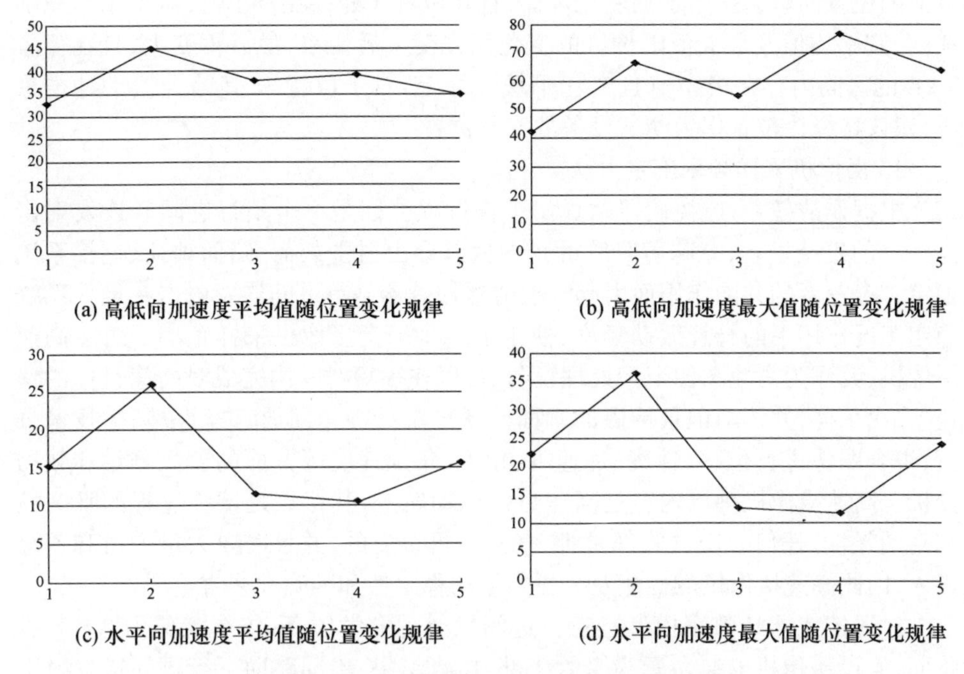

图 7-12　不同方向振动加速度平均值及最大值随位置变化规律

由仿真结果可知,在遥控武器站连发射击载荷的作用下,不同位置受到的冲击振动作用不同,且同一位置受到不同方向的冲击振动作用也不相同。对于高低向振动参量,位置 1~5 受到的加速度平均值依次为 32.8m/s^2、44.9m/s^2、37.9m/s^2、39.3m/s^2、35m/s^2,最大为位置 2 所受到的冲击振动作用,最小为位置 1 所受到的冲击振动作用,而对于单发载荷引起的冲击振动,高低向加速度最大值出现在位置 4 的 76.6m/s^2,最小值出现在位置 1 的 42.3m/s^2。对于水平向振动参量,一方面,其比相应位置的高低向加速度要小 42%~73%,这是遥控武器站俯仰部分是绕耳轴旋转及采用整炮后坐的拓扑结构所致;另一方面,位置1~5 所受到的水平向加速度平均值分别为 15.2m/s^2、26m/s^2、11.6m/s^2、10.5m/s^2、15.6m/s^2,最大为位置 2 所受到的冲击振动作用,最小为位置 4 所受到的冲击振动作用,而对于单发载荷引起的冲击振动,水平向加速度最大值出现在位置 2 的 36.3m/s^2,最小值出现在位置 4 的 11.7m/s^2。由以上不同位置、不同方向振动参量的平均值、最大值可知,对于不同条件,其对应的最优位置(振动最小)不同,并不存在完全理想的全局最优位置。

由图 7-12 可知,不同方向、不同类型振动参量随位置的变化规律不同,但同一方向振动参量的变化规律具有相似性。对于高低向加速度,其平均值及最大值随位置而呈起伏不定的变化规律，且在位置3处存在极小值；对于水平向加速度，其平均值及最大值随位置的变化而先变大后变小，最后再变大，且在位置3~4的区间内存在极小值且变化平缓。综上，对于位置3，其综合振动冲击最小，建议选择该位置作为测试设备的安装位置。

4. 摄像机采样频率确定方法

根据作战任务，遥控武器站真实工作过程往往是一个集行进间和连发射击于一身的复杂过程，意味着身管的指向偏差会由射击载荷、路面载荷、炮控系统稳定工况三者的共同作用而引起。摸清遥控武器站行进间连发射击在炮控系统稳定工况作用下的身管振动频率，便于下一步确定摄像机采样频率。对于高速摄像机，其作为高速图像记录处理设备，可以在很短时间内完成对高速目标的快速、多次采样，并清晰记录拍摄的画面。通过事后慢速回放，进行单图像技术分析，组合图像进行位移、速度、加速度、角度、角加速度等方面的参数测量和数据分析。高速摄像机拍摄内容是高速目标运动轨迹，其特点是试验过程的唯一性和高消耗性，任何一次试验都是唯一的、不可重复的，并且需要大量人员和资金投入，因此高速摄像机的性能及分析数据的稳定性和准确性非常重要。

对遥控武器站整车模型进行行进间发射动力学仿真，仿真工况为A~F级路面，假设摄像机安装位置为身管中部，仿真结果：不同路面下行进间连发射击时身管振动频率如表7-7所列。

表7-7 不同路面下身管振动频率 单位：Hz

路面	高低向		水平向	
	行进间频率	连发射击频率	行进间频率	连发射击频率
A	5	37	4	35
B	4	38	3	36
C	3	37	4	35
D	5	36	3	35
E	4	30	4	30
F	3	13	3	19
平均值	4	31.9	3.5	31.7

由仿真结果可知，虽然不同路面下身管振动幅值不同，但是振动频率相近，行进间不射击时，高低向振动频率平均值为4Hz，水平向振动频率为3.5Hz，意味着该工况下只需采用帧速率为10帧/s以内的摄像机即可满足振动过程的拍摄要求；对于连发射击载荷引起的身管振动，其振动频率要大于由路面激励引起的振动频率，约为31.8Hz，且高低向与水平向振动频率相近，分别为31.9Hz和31.7Hz。

根据动力学仿真分析模型中计算的炮口振动频率,确定高速摄像系统的性能指标和拍摄速率。通过计算,在一次单发射击过程中,炮口振动周期为0.00475~0.007s。高速摄像机拍摄速率一般为1/1000~1/10000s,用拍摄速率为1/1000s的高速摄像机拍摄火炮发射时炮口的运动,可以拍摄到4.75张高低向的运动图像,7张水平向的运动图像。因此,一般的高速摄像机基本能满足试验需求。根据实际情况,为了提高分析准确度,可考虑选择拍摄速率更高的高速摄像系统。

5. 击发信号获取与记录技术

为了能够在试验中记录发射弹药的数量,需要设计一套击发信号记录装置。该装置能够使武器平台外的试验人员同步掌握遥控武器站的发射弹药数量,并可以实现输出启动信号,启动武器平台外部的测试设备。遥控武器站击发流程是:操作人员在遥控武器站内操控手柄,当同时按下保险按钮和击发按钮时,手柄向火控计算机传送开关量信号,火控计算机将开关量信号转换成脉冲信号后发送至击发执行机构,实现炮弹击发。基于上述流程,本装置从操控手柄→火控计算机环节引出击发信号,然后对击发信号进行调理。经调理后的击发信号输入到单片机中,由单片机记录发射弹药数量;最后单片机将发射弹药数量输出给无线发射装置,无线发射装置将发射弹药数量数据经无线传输方式传送给武器平台外部的接收装置,外部试验人员就可通过无线数据接收装置看到发射的弹药数量。击发信号记录装置功能与组成如图7-13所示。

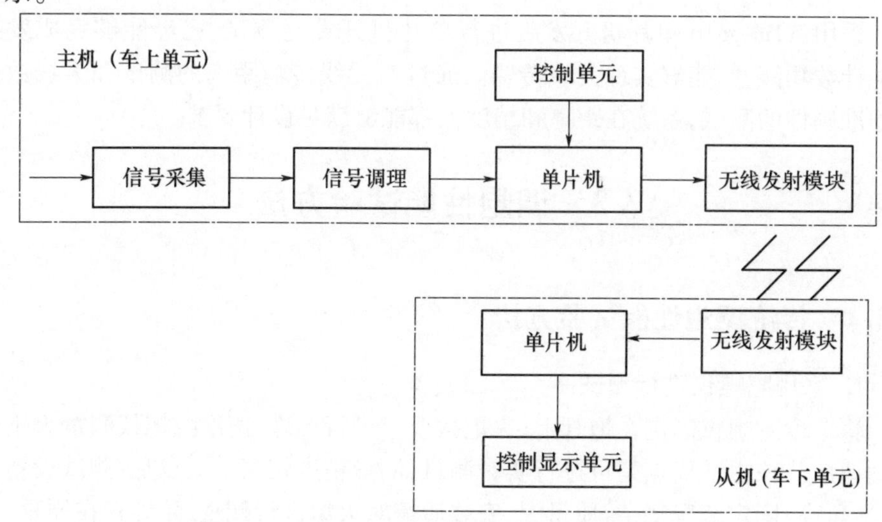

图7-13　击发信号记录装置功能与组成框图

根据功能要求,该装置分为主机和从机两大部分,主机部分主要由击发信号的采集处理、处理器、数量显示和无线发射端构成,从机主要由处理器、无线接收端和接收显示构成。主机和从机中各使用一片 ATmega16 单片机,选用 7.3728MHz 晶振作为实时时钟。无线传输模块选用 CC2420 射频模块,该射频模块包括发射模块和接收模块,选用串口速率为9600b/s。单片机与无线接收装置采用串行通信(USART)。击发信号记录装置的电路组成框图如图 7-14 所示。

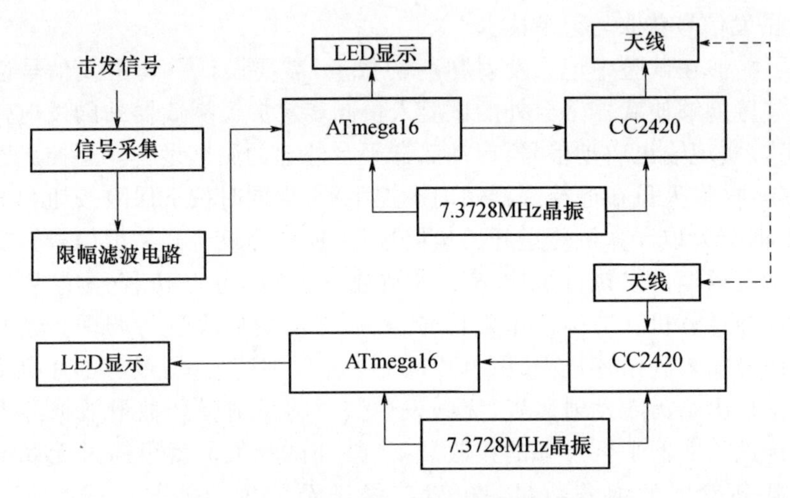

图 7-14　击发信号记录装置电路组成框图

采用 ATmega16 单片机开发版进行单片机开发与测试,已经能够完成发射弹丸计数功能,并能够实现无线传输。通过对无线传输距离的测试和无线数据传输准确性的测试,系统在距离和精度上都能够满足设计要求。

7.3　调炮性能试验方法

7.3.1　传统调炮性能试验方法

1. 采用陀螺仪进行测试

将速度陀螺仪固定在炮管上,火炮按要求进行调炮,速度陀螺仪测量火炮的转动速度。该方法优点是可进行实时测量,测量精度较高。缺点是:测试设备复杂,造价高;固定装置复杂,质量大,安装后需对火炮进行配重;陀螺存在漂移,一次测量时间短,如精度较高的激光陀螺保精度测量时间是 15~30min;温度稳定性差,在高低温条件下漂移增大,精度变差;为了敏感地球自转角速度,要求较长的校准时间。因此,该方法在试验中没有应用。

2. 采用摄像机进行测试

将摄像机固定在炮管上,在炮口前放置一带十字线的立靶,火炮按要求进行调炮,摄像机进行图像录取,通过录取图像进行判读,获得火炮转动一定角度及对应的时间,计算后获得火炮转动速度。该方法优点是测量精度较高。缺点是:测试设备复杂,造价高;固定装置复杂,质量大,不利于小口径火炮或机枪使用;高低温适应性差;安装调试不方便;图像判读和数据处理时间长。因此,该方法在试验中没有应用。

3. 采用秒表人工计时进行测试

在炮口前放置一固定立靶,立靶上设置两条测量线,在炮口上固定炮口卡箍,卡箍上固定铅笔,火炮按要求进行调炮,用秒表测量铅笔通过两条测量线的时间。若两条测量线相对旋转中心的角度为 α,火炮通过两条测量线的时间为 t,则调炮速度为

$$\omega = \frac{\alpha}{t} \tag{7-7}$$

该方法优点是测试设备简单,操作方便,可满足不同条件使用要求。缺点是铅笔通过测量线时刻采用人工判断、秒表计时的方式,启动计时和结束计时时刻很难判断,精度差,对于像遥控武器站调炮速度非常快的武器,无法准确判断铅笔通过测量线的时刻,时间测量精度差,无法满足试验要求。这是目前普遍采用的测试方法。

7.3.2 基于图像测量技术的调炮性能试验方法

武器调炮性能测试技术研究主要研究高速调炮过程中调炮性能的测试方法和测试系统的设计,实现遥控武器站高速调炮性能的自动测试。传统调炮速度的测试方法是使用秒表人工记录火炮调转一定角度的时间,这种方法已不满足高速调炮性能的测试要求。本书介绍的遥控武器站调炮性能测试系统,以图像测量技术为核心,通过在武器系统火炮炮口处安装激光器,用来表征炮口轴向的空间指向,利用 CCD 相机进行高精度实时采集与无损记录,能够实现靶场装甲突击武器复杂战场环境下调炮速度快速准确测量。

1. 系统组成

调炮速度测量系统由可升降靶板单元、激光指示单元、光学成像单元、三角支架、便携工控机和电缆等部分组成,如图 7-15 所示。

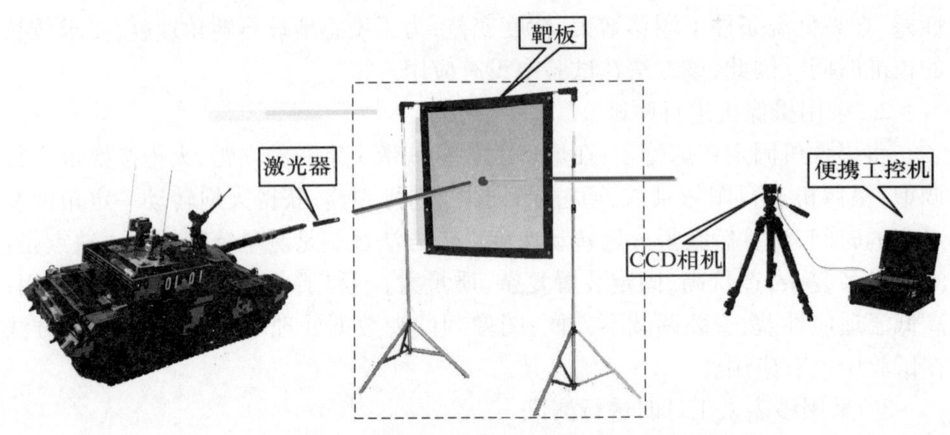

图 7-15　调炮速度测量系统组成示意图

2. 工作原理

系统工作时,将激光指示单元安装在火炮炮口处,在火炮正前方竖立可升降靶板,将光学成像单元放置在靶板的另一侧,且无视场遮挡。调炮过程中,激光指示单元随炮口一起移动,光学成像单元捕获光斑靶板图像,便携式工控机实时存储图像数据,提取并存储对应的时戳信息,用于事后调炮速度的计算及资料存档。其工作原理如图 7-16 所示。

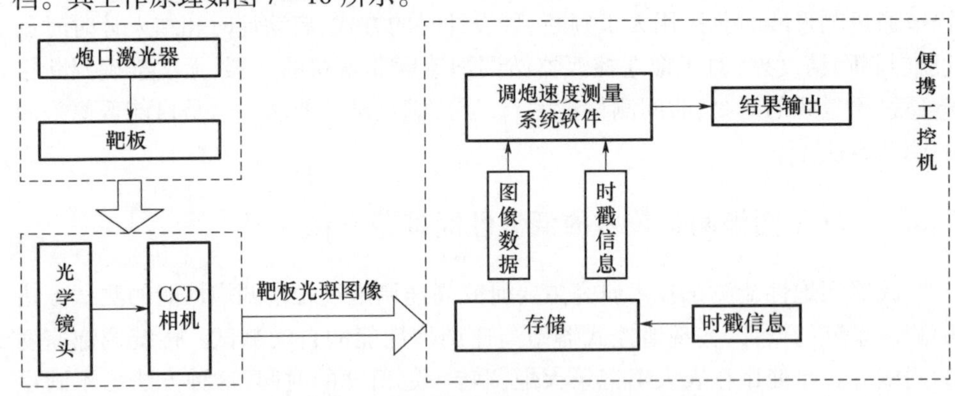

图 7-16　调炮速度测量系统工作原理图

7.4　连发射击试验方法

连发射击试验方法主要研究连发射击时各发之间的相关性分析、连发射击时炮口扰动对射击密集度的影响因素分析、连发射击命中率试验方法、综合修正量确定方法等,为连发射击试验提供理论依据。

7.4.1 连发时各发之间的相关性分析

为了掌握遥控武器站不同射频、不同连发射击时各发之间的相关性，对武器站进行不同连发射击工况发射动力学仿真，并引入相关系数对其进行分析。

相关系数计算公式如下：

$$r = \frac{\sum_{i=1}^{n}(x_i - \bar{x})(y_i - \bar{y})}{\sqrt{\sum_{i=1}^{n}(x_i - \bar{x})^2 \sum_{i=1}^{n}(y_i - \bar{y})^2}} \tag{7-8}$$

式中 $\bar{x}$、$\bar{y}$——x、y 的均值；

x_i、y_i——x、y 的第 i 个值；

n——样本值。

相关系数的取值为 $-1 \sim +1$。$r>0$ 时，两变量为正相关；$r<0$ 时，两变量为负相关；$r=1$ 或 $r=-1$ 时，两变量为完全相关，即两变量成线性函数关系。$|r|$ 越大，表明两变量的线性相关关系越密切；$|r|$ 越小，表明两变量的线性相关程度越低。通常，当 $|r| \geqslant 0.8$ 时，两变量高度相关；当 $0.5 \leqslant |r| \leqslant 0.8$ 时，两变量中度相关；当 $0.3 \leqslant |r| \leqslant 0.5$ 时，两变量低相关；当 $|r| \leqslant 0.3$ 时，两变量关系极弱，可以认为不相关。

对遥控武器站进行连发射击动力学仿真，仿真工况：射频分别取 200 发/min、300 发/min、400 发/min，连发数分别取 3 连发、5 连发、10 连发，每种射击工况反复进行 10 组。可以得到不同射频下连发射击相关性具有以下规律：

(1) 相同射频下，连发数越大，平均相关性越大。以 200 发/min 射频下高低向立靶坐标为例，3 连发时相关系数绝对值分别为 0.334、0.406，平均值为 0.37；5 连发时相关系数绝对值分别为 0.345、0.482、0.522、0.606，平均值为 0.489；10 连发时相关系数绝对值分别为 0.359、0.475、0.549、0.664、0.625、0.677、0.787、0.843、0.907，平均值为 0.654，即相关系数平均值随着连发数的增加而增大。

(2) 相同射频相同连发数下，射弹次序越靠后，相关性越大。以 300 发/min 射频下 5 连发射击的高低向立靶坐标为例，1 ~ 2 发间、2 ~ 3 发间、3 ~ 4 发间、4 ~ 5发间的相关系数分别为 0.471、0.577、0.672、0.752，呈递增趋势，表明该射频下由于射击间隔短，上一发射弹的残余振动影响会对下一发射弹造成影响，且这种影响随着弹序的增加而增大。

(3) 相同连发数下，射频越高，相关性越大。以不同射频下 3 连发射击前两发射弹高低向立靶坐标的相关性为例，200 发/min、300 发/min、400 发/min 下对应的相关系数为 0.345、0.471、0.590，表明射频越高，相邻射弹的相关性越大。

（4）相同射频相同连发数下，高低向相关系数大于水平向。以400发/min射频下5连发为例，第1、第2发射弹高低向立靶坐标的相关系数为0.59，大于水平向的0.446。

7.4.2 连发时炮口扰动对射弹散布的影响分析

有研究指出，通常用于近距离直瞄射击的遥控武器站，炮口扰动对射弹散布尤为关键。为掌握遥控武器站连发射击炮口扰动对射弹散布的影响规律，本节对不同射频下遥控武器站连发射击进行动力学仿真，其中，选择高低向线速度、高低向角位移、水平向线速度、水平向角位移作为炮口扰动的表征量，选择立靶密集度作为射弹散布的表征量。

炮口振动参量在各射频下呈5连发周期振动，振动曲线在一次射击载荷内出现两个峰值。这表明，身管在发射一发弹丸的过程中受到两次冲击作用：第一次为自动机复进到击发位置的撞击冲击以及击发弹底产生火药燃气压力的复合冲击作用，第二次为自动机后坐到位发生碰撞产生的冲击作用，两次冲击的频率为射频的2倍，因此在对托架、耳轴、摇架以及支撑架等部件进行设计时，有必要使其固有频率大于射频的2倍，以避免发生共振现象。

此外不难发现，在一次射击载荷的作用过程中，高低向振动参量的最大振幅为水平向最大振幅的2~3倍，这是身管受武器站拓扑结构的限制，其高低向等效刚度、等效阻尼等动力学特性不同于水平向动力学特性，导致振动频率及幅值也不尽相同；不同的振动频率导致表7-8~表7-10中高低向振动参量与水平向振动参量在弹丸出炮口时刻的区别进一步增大，达到3~9倍；高低向振动参量在出炮口的瞬时值与最大振幅相近，表明该时刻与最大振幅时间相近，水平向振动参量在出炮口的瞬时值远小于最大振幅，表明该时刻正处于上1发弹丸引起残余振动的波谷时期，出现前后振动能量相互抵消的现象。

由表7-8~表7-10可知，对于相同射频下的同一振动参量，各发载荷对应的弹丸出炮口时刻振动参量的瞬时值不同。以射频200发/min下高低向线速度为例，连发过程中各发载荷炮口振动高低向线速度出炮口时刻分别为3.665m/s、4.087m/s、3.841m/s、4.438m/s、3.947m/s，两两互不相同，这是由于次发射击载荷引起炮口振动时，会叠加有上一发乃至上上发载荷的残余振动影响，影响的程度由所在发射次序、射击频率、振动频率、振动幅值及振动衰减速率等因素共同决定；处于残余振动的波峰位置时，当前载荷引起的炮口振动得到增强；处于残余振动的波谷位置时，当前载荷引起的炮口振动得到削弱；此外，对于不同射频下的同一振动参量，次发弹丸会受到上一发弹丸的影响，导致出现首发振动曲线几乎重合而次发振动曲线截然不同的现象。

表 7-8　200 发/min 射频下弹丸出炮口时刻炮口扰动及射弹散布

弹序	高低向线速度/(m/s)	水平向线速度/(m/s)	高低向角位移/mil	水平向角位移/mil	高低向立靶坐标/m	水平向立靶坐标/m
1	3.665	0.478	0.214	0.072	-0.342	0.229
2	4.087	0.127	0.244	0.062	-0.33	-0.178
3	3.841	0.033	0.227	0.076	-0.444	-0.195
4	4.438	-0.093	0.251	0.072	-0.639	-0.045
5	3.947	-0.129	0.235	0.059	0.473	-0.142

表 7-9　300 发/min 射频下弹丸出炮口时刻炮口扰动及射弹散布

弹序	高低向线速度/(m/s)	水平向线速度/(m/s)	高低向角位移/mil	水平向角位移/mil	高低向立靶坐标/m	水平向立靶坐标/m
1	3.654	0.481	0.197	0.076	-0.351	-0.153
2	4.433	0.193	0.161	0.055	-0.955	-0.373
3	4.876	0.354	0.126	0.078	-0.847	-0.423
4	4.794	0.239	0.124	0.090	-1.221	0.139
5	4.358	0.251	0.134	0.082	0.409	0.204

表 7-10　400 发/min 射频下弹丸出炮口时刻炮口扰动及射弹散布

弹序	高低向线速度/(m/s)	水平向线速度/(m/s)	高低向角位移/mil	水平向角位移/mil	高低向立靶坐标/m	水平向立靶坐标/m
1	3.608	0.426	0.225	0.074	0.411	0.182
2	5.319	0.288	0.230	0.063	-0.084	-0.24
3	4.475	0.090	0.317	0.037	-0.17	-0.746
4	3.842	0.205	0.354	0.040	-0.396	-0.603
5	4.002	0.363	0.402	0.026	-0.257	-0.15

为直观看出炮口扰动对射弹散布的影响规律,以炮口扰动参量为自变量、立靶坐标为因变量进行数据拟合,同时,为使自变量对因变量的影响规律不受量纲的影响,对各参量进行归一化处理,如表 7-11 ~ 表 7-13 所列,对归一化后的扰动参量及立靶坐标进行数据拟合,如图 7-17 ~ 图 7-22 所示。

表 7-11 归一化后的 200 发/min 射频下弹丸出炮口时刻炮口扰动及射弹散布

弹序	高低向线速度/(m/s)	水平向线速度/(m/s)	高低向角位移/mil	水平向角位移/mil	高低向立靶坐标/m	水平向立靶坐标/m
1	-1.000	1.000	-1.000	0.529	-0.466	1.000
2	0.092	-0.157	0.622	-0.647	-0.444	-0.920
3	-0.545	-0.466	-0.297	1.000	-0.649	-1.000
4	1.000	-0.881	1.000	0.529	-1.000	-0.292
5	-0.270	-1.000	0.135	-1.000	1.000	-0.750

表 7-12 归一化后的 300 发/min 射频下弹丸出炮口时刻炮口扰动及射弹散布

弹序	高低向线速度/(m/s)	水平向线速度/(m/s)	高低向角位移/mil	水平向角位移/mil	高低向立靶坐标/m	水平向立靶坐标/m
1	-1.000	1.000	1.000	0.200	0.067	-0.139
2	0.275	-1.000	0.014	-1.000	-0.674	-0.841
3	1.000	0.118	-0.945	0.314	-0.541	-1.000
4	0.866	-0.681	-1.000	1.000	-1.000	0.793
5	0.152	-0.597	-0.726	0.543	1.000	1.000

表 7-13 归一化后的 400 发/min 射频下弹丸出炮口时刻炮口扰动及射弹散布

弹序	高低向线速度/(m/s)	水平向线速度移/(m/s)	高低向角位移/mil	水平向角位移/mil	高低向立靶坐标/m	水平向立靶坐标/m
1	-1.000	1.000	-1.000	1.000	1.000	1.000
2	1.000	0.179	-0.944	0.542	-0.227	0.091
3	0.013	-1.000	0.040	-0.542	-0.440	-1.000
4	-0.726	-0.315	0.458	-0.417	-1.000	-0.692
5	-0.539	0.625	1.000	-1.000	-0.656	0.284

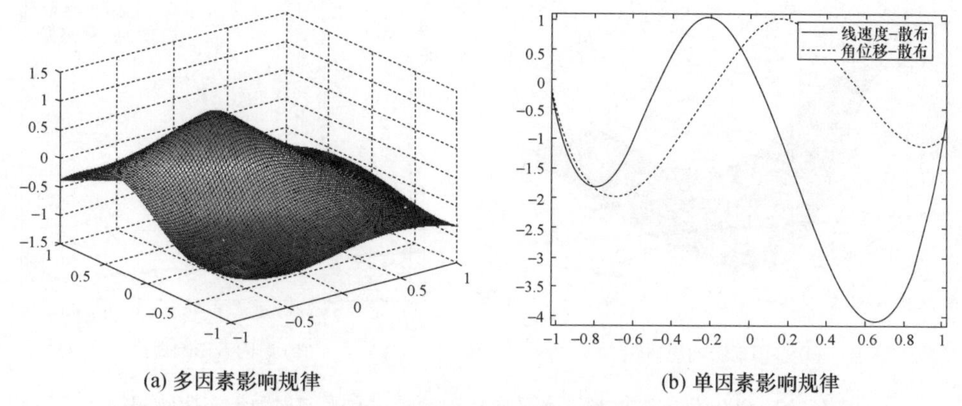

(a) 多因素影响规律　　(b) 单因素影响规律

图 7-17　200 发/min 射频下高低向扰动参量对高低向射弹散布影响规律

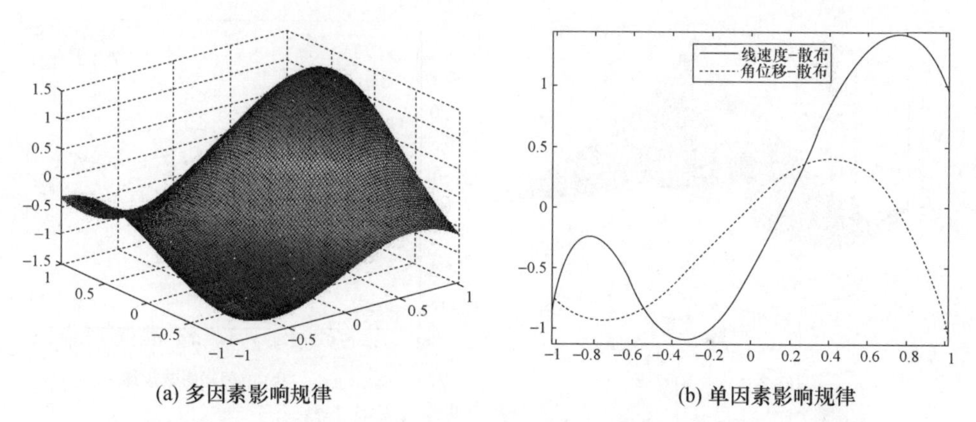

(a) 多因素影响规律　　(b) 单因素影响规律

图 7-18　200 发/min 射频下水平向扰动参量对水平向射弹散布影响规律

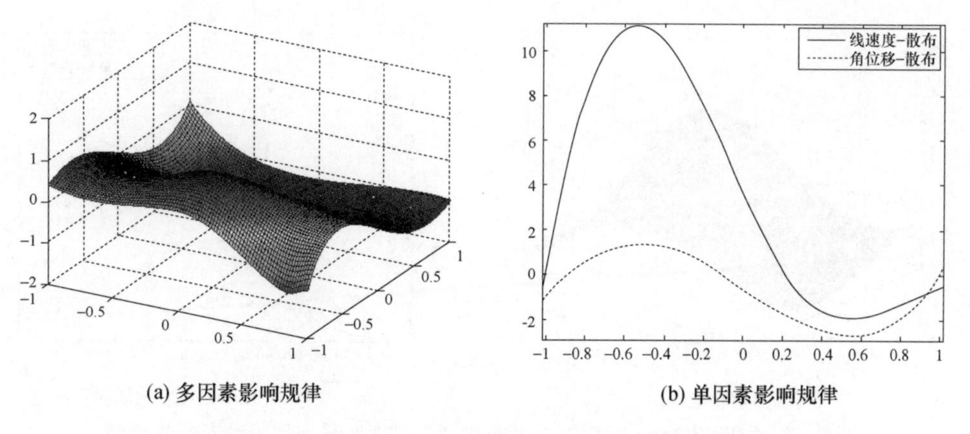

(a) 多因素影响规律　　(b) 单因素影响规律

图 7-19　300 发/min 射频下高低向扰动参量对高低向射弹散布影响规律

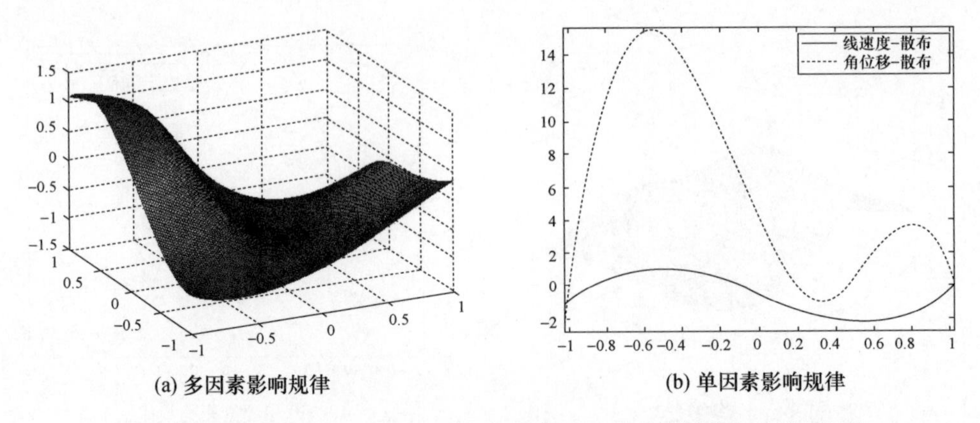

(a) 多因素影响规律　　(b) 单因素影响规律

图 7-20　300 发/min 射频下水平向扰动参量对水平向射弹散布影响规律

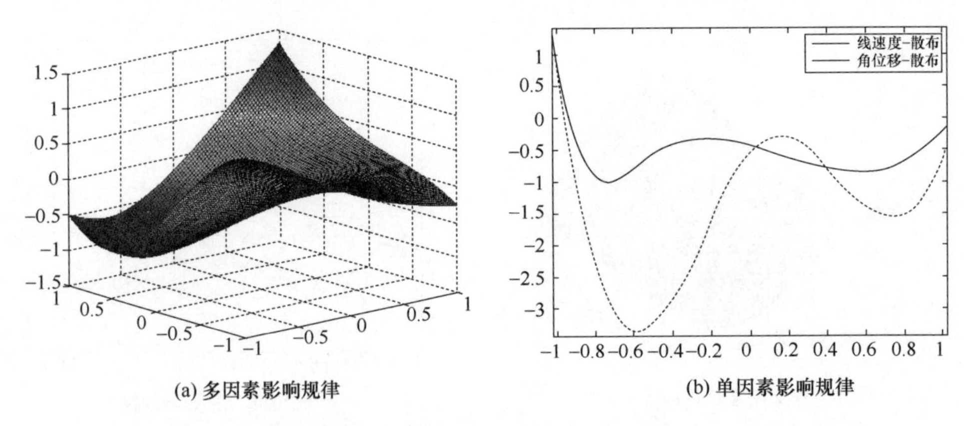

(a) 多因素影响规律　　(b) 单因素影响规律

图 7-21　400 发/min 射频下高低向扰动参量对高低向射弹散布影响规律

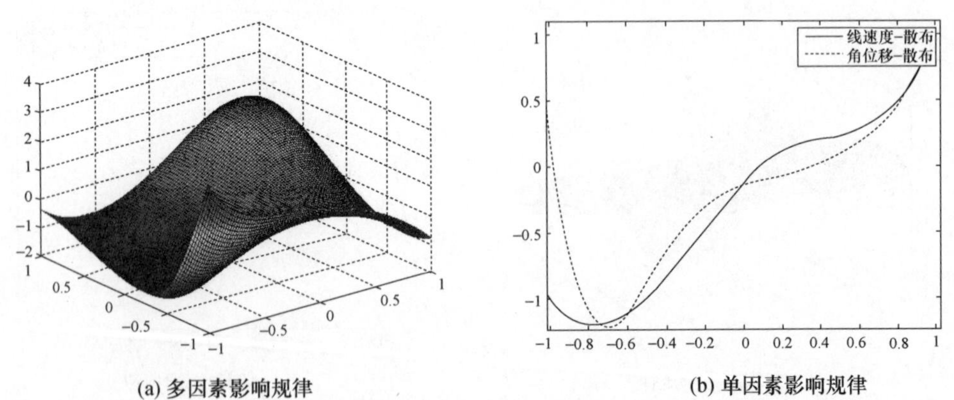

(a) 多因素影响规律　　(b) 单因素影响规律

图 7-22　400 发/min 射频下水平向扰动参量对水平向射弹散布影响规律

由仿真结果可知：对于双因素影响规律，射弹散布随线速度、角位移变化的响应面呈现多峰值、非线性的复杂特点，且不同方向、不同射频的响应面不同；对于单因素影响规律，不同射频、不同方向扰动参量对射弹散布的影响规律曲线也不同，如300发/min射频下水平向影响规律曲线，射弹散布随线速度变化的规律为2个周期的振荡曲线，而随角位移变化的规律为1.5个周期的振荡曲线，且随线速度变化的剧烈程度要大于角位移。

为了对比不同扰动参量对射弹散布的影响程度，以射弹散布为目标函数，对不同射频的不同炮口扰动参量进行灵敏度分析。基于差商的灵敏度计算公式如下：

$$\frac{\Delta f}{\Delta x}=\frac{f(x+\Delta x)-f(x)}{\Delta x} \tag{7-8}$$

式中　x——自变量；

f——因变量；

$f(x+\Delta x)-f(x)$——自变量从 x 变化到 $x+\Delta x$ 时因变量的变化量。

在本书中，自变量即为炮口扰动线速度及角位移，因变量为射弹散布。

基于表7-11～表7-13中的归一化数据，代入灵敏度公式，计算结果如表7-14～表7-16所列。

表7-14　200发/min射频下射弹散布对炮口扰动参量灵敏度

	高低向线速度/(m/s)	水平向线速度/(m/s)	高低向角位移/mil	水平向角位移/mil
灵敏度	0.020	0.014	1.659	1.633
	0.322	0.223	0.259	0.049
	0.227	0.271	1.706	1.503
	1.575	2.312	3.849	0.300
平均值	0.536	0.705	1.868	0.871

表7-15　300发/min射频下射弹散布对炮口扰动参量灵敏度

	高低向线速度/(m/s)	水平向线速度/(m/s)	高低向角位移/mil	水平向角位移/mil
灵敏度	0.581	0.752	0.351	0.585
	0.183	0.139	0.142	0.121
	3.425	8.345	2.244	2.614
	2.801	7.299	2.464	0.453
平均值	1.748	4.134	1.300	0.943

表 7－16 400 发/min 射频下射弹散布对炮口扰动参量灵敏度

	高低向线速度/(m/s)	水平向线速度/(m/s)	高低向角位移/mil	水平向角位移/mil
灵敏度	0.614	21.911	1.107	1.985
	0.216	0.216	0.925	1.006
	0.758	1.340	0.450	2.464
	1.840	0.635	1.038	1.674
平均值	0.857	6.025	0.880	1.782

由灵敏度分析结果可知，不同射频、不同方向、不同扰动参量均会引起射弹散布灵敏度的变化。对于不同射频的同一扰动参量，炮口扰动随其变化的灵敏度极值点不同，其中：高低向射弹散布对炮口扰动高低向线速度的灵敏度在 300 发/min 射频下最大，为 1.748，在 200 发/min 下最小，仅为 0.536；高低向射弹散布对炮口扰动高低向角位移的灵敏度在 200 发/min 射频下最大，为 1.868，在 400 发/min 射频下最小，仅为 0.88。水平向射弹散布对炮口扰动水平向线速度的灵敏度在 400 发/min 射频下最大，为 6.025，在 200 发/min 射频下最小，仅为 0.705；水平向射弹散布对炮口扰动水平向角位移的灵敏度在 400 发/min 射频下最大，为 1.782，在 200 发/min 射频下最小，仅为 0.871。综合而言，遥控武器站在 300 发/min 射频下炮口扰动对射弹散布的影响最稳定。

对于相同方向的扰动参量，射弹散布对不同类型扰动参量的灵敏度不同，且该差异随着射频的变化而变化。例如：200 发/min 射频下高低向射弹散布对高低向线速度、高低向角位移的灵敏度分别为 0.536、1.868，两者灵敏度不仅不同，而且相差一个数量级；当射频为 300 发/min 时，高低向射弹散布对高低向线速度、高低向角位移的灵敏度分别为 1.748、1.3，虽然前者仍然大于后者，但两者在数值上已相差无几；当射频为 400 发/min 时，高低向射弹散布对高低向线速度、高低向角位移的灵敏度分别为 0.857、0.88，虽然数值相近，但前者已经小于后者。

综上，射频、炮口扰动方向、类型作为射弹散布灵敏度的影响因素，当一个以上的自变量同时发生变化时，会对射弹散布产生复合影响作用，导致灵敏度呈现起伏不定的变化规律。

7.4.3 连发射击命中率试验方法

连发射击命中率是指针对特定目标和作战距离，在特定组数和特定发数的射击情况下，考虑连发射击时各发之间的相关性引起每发射弹初始扰动不同，采用单发射击命中率和连发相关性结果计算得到的命中概率。技术方案如图 7－23 所示。

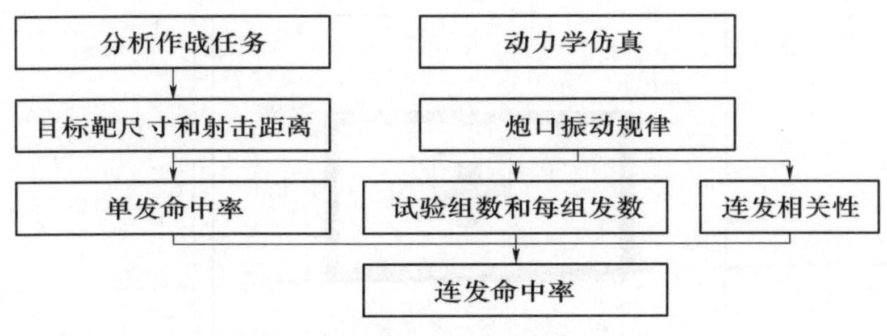

图 7-23　连发射击命中率试验方法

1. 目标靶尺寸及射击距离的确定

安装某型链式自动炮的遥控武器站针对地面目标的作战使命任务是有效摧毁敌坦克装甲车辆、压制消灭敌简易火力发射点及有生力量。当某型链式自动炮的作战目标为敌方作战人员及普通战斗车辆时，通常选取某型杀伤爆破弹为弹种选择对象，在1000m最大射程上，采取静对静、静对动两种火控射击方式，通过单点射和短连发射击方式对敌方有生力量进行射击；当作战目标为轻型装甲目标及固定工事时，通常选取某型穿甲弹为弹种选择对象，在1000m最大射程上，采取静对静、静对动两种火控射击方式，主要采取单发点射射击方式对敌方目标进行射击。遥控武器站战术技术指标中对连发射击密集度的要求如下：

某型杀爆弹(200m连发射击)$\leqslant 0.47\text{mil} \times 0.77\text{mil}$；

某型穿甲弹(200m连发射击)$\leqslant 0.46\text{mil} \times 0.64\text{mil}$。

因此，综合武器站作战任务的分析及战术技术指标的规定，确定连发命中率试验的射击距离为200m。

在200m射击距离中，靶板尺寸应足够大，通常应不小于高低和方向散布中间误差的8倍，确保全面正常射弹的弹着点均落在靶上。因此，确定200m连发射击命中率试验的目标靶尺寸为$4.6\text{m} \times 2.3\text{m}$，且靶面中心有供瞄准用的黑色十字线，十字线线长为1m，也可延长到靶的边缘，线宽可为5~10cm，如图7-24所示。

2. 试验组数和每组发数的确定

一方面，武器系统在实际发射过程中往往存在系统误差及随机误差，意味着其射击精度只能是一个统计量，即个体上互不相同，但在一定数量上又具有统计特性，换言之，试验组数需要达到一定数量时计算其射击精度才具有统计特性；另一方面，由前述小节的仿真中发现，遥控武器站在进行不同连发数的射击时，武器系统振动特性、射击精度会有所改变，即不同连发数可能会导致不同的射击密集度。因此，本节通过动力学仿真手段，对遥控武器站不同连发数下射击精度进行仿真，确定不同连发数对应的射击精度及试验组数。

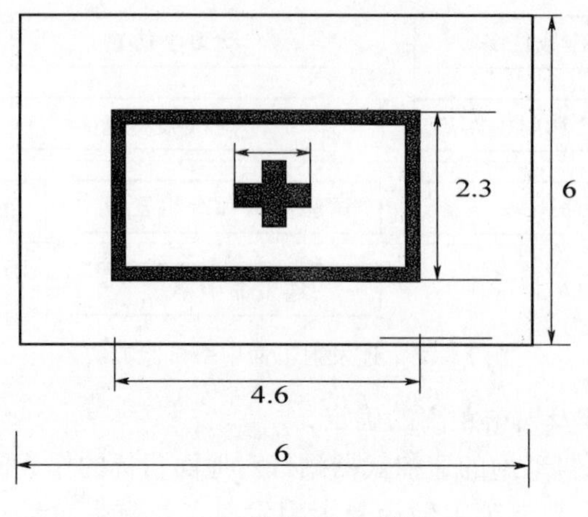

图 7－24　目标靶尺寸(单位:m)

对遥控武器站分别进行 3 连发、5 连发及 10 连发的发射动力学仿真,其射击精度随仿真组数的变化曲线如图 7－25 ~ 图 7－27、表 7－17 所示。

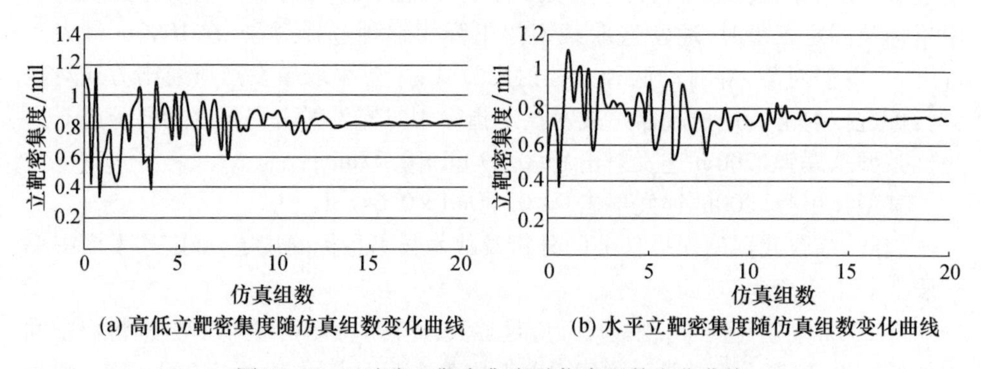

(a) 高低立靶密集度随仿真组数变化曲线　(b) 水平立靶密集度随仿真组数变化曲线

图 7－25　3 连发立靶密集度随仿真组数变化曲线

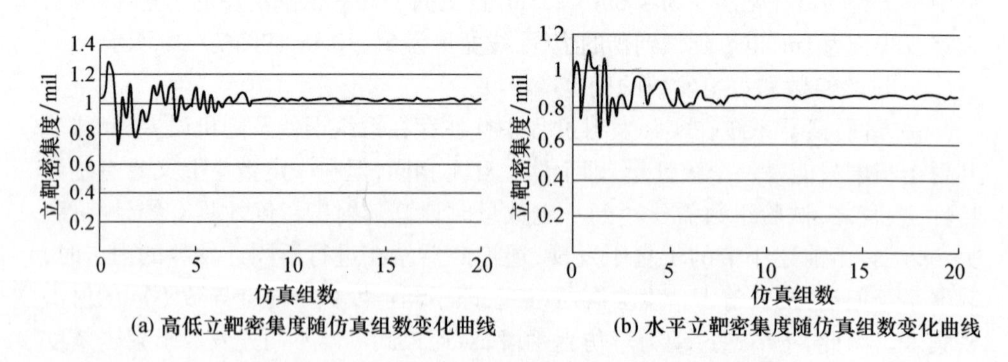

(a) 高低立靶密集度随仿真组数变化曲线　(b) 水平立靶密集度随仿真组数变化曲线

图 7－26　5 连发立靶密集度随仿真组数变化曲线

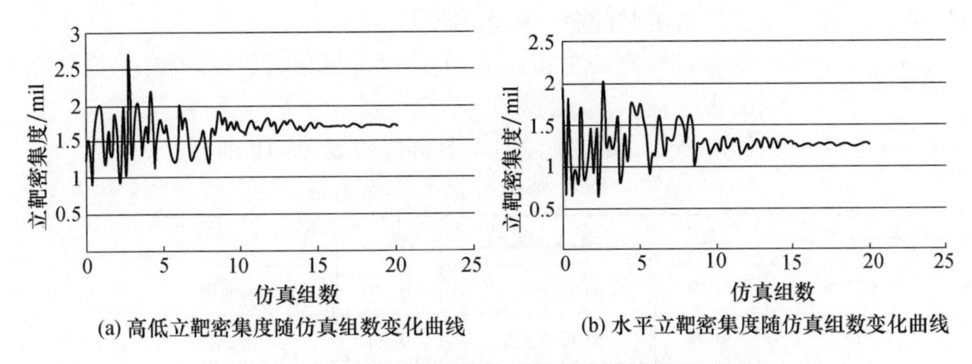

(a) 高低立靶密集度随仿真组数变化曲线　　(b) 水平立靶密集度随仿真组数变化曲线

图 7 - 27　10 连发立靶密集度随仿真组数变化曲线

表 7 - 17　不同连发数遥控武器站立靶密集度及稳定组数

连发数	立靶密集度/mil		稳定组数
	高低向	水平向	
3 连发	0.827	0.745	14
5 连发	1.03	0.86	8
10 连发	1.715	1.263	15

由仿真结果可知，一方面，不同连发数下遥控武器站射击精度不同，3 连发、5 连发、10 连发下遥控武器站立靶密集度分别为 0.827mil × 0.745mil、1.03mil × 0.86mil、1.715mil × 1.263mil，表明射击精度随着连发数的增加而变差；另一方面，不同连发数下遥控武器站射击精度达到稳定值的仿真组数不同，3 连发、5 连发、10 连发对应的稳定组数分别为 14、8、15，表明稳定组数并不随连发数的增加而成单调性。对于用弹量，3 连发、5 连发、10 连发射击达到射击精度稳定值所需射弹总数分别为 42 发、40 发、100 发，因此，基于节约用弹量的考虑，5 连发下遥控武器站达到射击精度稳定值所需用弹量最少。

3. 连发命中率计算方法

武器系统单发命中率可通过体形系数法计算得到。首先通过单发射击试验获得射弹高低向散布概率误差 G_g 与水平向散布概率误差 G_f，再由 $\phi(\beta)$ 函数法计算出高低向上的命中概率 p_g 与水平向上的命中概率 p_f，最后用概率乘法公式得

$$P = P_g P_f M_c = \frac{1}{4}[\varphi(y_2/G_g) - \varphi(y_1/G_g)][\varphi(x_2/G_f) - \varphi(x_1/G_f)]M_c \tag{7-9}$$

式中　　P——单发射击时的命中概率；

x_1、x_2、y_1、y_2——矩形目标靶的左、右、下、上边缘坐标值，其中坐标中心在矩形的重心；

M_c——体形系数，典型目标的体形系数如表 7－18 所列。

表 7－18　典型目标的体形系数

目标名称	M_c	目标名称	M_c	目标名称	M_c
正面坦克	0.86	斜面装甲输送车	0.85	火箭筒	0.70
斜面坦克	0.76	防坦克火炮	0.90	机枪	0.66
坦克发射点	0.90	火炮	0.80	半身靶	0.84
正面装甲输送车	0.80	土木质发射点	0.86	正面跑步人形靶	0.84
侧面装甲输送车	0.83	无坐力炮	0.86	—	—

借鉴上述基于体形系数法的单发命中率计算方法，结合上面不同连发数对应不同射击精度及稳定组数的仿真结果，将其中单发射弹散布概率误差替换为稳定后的连发射弹散布概率误差，得到连发命中率为

$$P_m = P_{gm}P_{fm}M_c = \frac{1}{4}[\varphi(y_2/G_{gm}) - \varphi(y_1/G_{gm})][\varphi(x_2/G_{fm}) - \varphi(x_1/G_{fm})]M_c \tag{7-10}$$

式中　G_{gm}、G_{fm}——稳定后的射弹高低向散布概率误差及水平向散布概率误差；

P_{gm}、P_{fm}——G_{gm}、G_{fm} 代入 $\Phi(\beta)$ 函数计算出相应的高低向、水平向命中概率。

7.4.4　综合修正量确定方法

综合修正量是在火控系统高精度双轴稳定的基础上，通过测量若干发炮（枪）弹的平均弹着点（系统误差）相对瞄准线的角偏差（mil），将其值作为火控系统的修正量，以消除或减小再次射击时的系统误差。

1. 综合修正量的影响因素分析

影响射击误差的主要因素有射弹散布误差、目标中心判定误差、侧倾测量误差、横风测量误差、初速误差、瞄准误差、药温测量误差、距离测量误差、气温测量误差、气压误差、火炮定起角误差、火炮身管弯曲、地球自转等。火控系统的传感器及修正项目有距离、目标角速度、侧倾、横风、药温、气温、初速减退量、人工修正距离、海拔高度等。

根据仿真或实弹射击试验的射弹散布，分析不同弹种、射频和连发数的综合

修正量确定方法及数据处理方法。

2. 单发射击时综合修正量确定方法

单发射击有穿甲弹单发射击和榴弹单发射击两种工况，一般认为单发射击是独立事件，弹着点符合正态分布，因此选取多大的样本量（弹药消耗量）是综合修正量确定方法的基础。综合修正量的确定方法是对1000m处的目标进行实弹射击，计算平均弹着点（散布中心），转换为相对瞄准线的角偏差（mil），得到火控系统的综合修正量。

根据遥控武器站命中率与射击密集度指标、仿真试验炮口扰动和实弹射击记录，研究射弹的散布模型，确定修正的为模型的参数值，以误差理论中有关估值的概率误差理论为依据，确定综合修正量的样本量，计算平均弹着点并转换为综合修正量。

3. 连发射击时各组射弹散布中心的综合修正量确定方法研究

连发射击时，每一发射弹都与前一发射弹有关，这是因为每一发弹射击时，后坐力会使武器的初始位置发生变化，身管振动会使身管的方向发生变化，活动机件之间的相互撞击也对后一发射弹有一定的影响，进而引起弹丸初速、掷角和射向等变化。因此，后一发射弹的散布必然与其前一发射弹不同。试验表明，连发射击时后一发射弹的散布总是比前一发射弹大。

综合修正量一般以单发射击时的平均弹着点作为计算依据，目的是修正射弹散布的系统误差。在进行连发射击时，考核其指标的主要是射击密集度，但是若干组连发射击的各组平均弹着点也存在系统误差。因此，需要确定连发射击的散布中心的综合修正量。

连发射击时综合修正量确定方法是取每组的平均弹着点作为一个样本，射击的组数即为样本量，各样本近似无关，其平均值作为散布中心的综合修正量。由于每组连发射击的平均弹着点存在一定的相关性（射击后或长途行军后，平均弹着点会有相应的变化），不能简单地认为各平均弹着点是独立样本。因此，通过每组连发射击间隙，利用遥控武器站的车内校炮功能记录火线相对瞄线的漂移情况，在进行综合修正量的计算时，考虑火线漂移情况，对各样本进行校正，使各平均弹着点成为相对严格的独立样本。

4. 单发和连发射击的复校界限确定方法研究

单发和连发射击时，将其综合修正量输入到火控系统，再进行复校检验，以实弹射击的方式检验火控系统综合修正的效果，判定系统的工作情况。

依据误差理论，复校时仍存在一定的系统误差（平均弹着点或平均散布中心），当复校的系统误差小于界限（坦克炮规定复校界限为0.2mil）时，判定系统工作正常，综合修正有效。当复校的系统误差大于界限时，首先，检查综合修正量确定(系统误差测量)的各个环节是否正常,如不能判定,重新进行校炮,确定综合修正量;其次,由于样本量较小,判断是否引入了较大的随机误差,即两次校炮时的射弹散布较大,使两次求得的系统误差不精确;最终,使复校的射弹散布小于界限。

复校界限确定方法:依据射击距离、遥控武器站的精度和密集度指标,按一定的置信水平,确定一定比例射弹数距离瞄准点小于或等于规定的精度值,转换成1000m(单发)或200m(连发)的密位值,作为综合修正的标准,当低于此界限时,表示火炮精度满足要求。

参考文献

[1] 中国国防科技信息中心. 试验鉴定领域发展报告[M]. 北京:国防工业出版社,2016.

[2] 张媛. 直升机涡轴发动机加减速试验技术研究[J]. 工程与试验,2014,54(4).

[3] 马福球,陈运生,朵英贤. 火炮与自动武器[M]. 北京:北京理工大学出版社,2003.

[4] 贺以燕,杨治业. 我国变压器与强电流试验技术的发展[J]. 变压器,2004,41(3).

[5] 赵继广,柯宏发,康丽华,等. 武器装备作战试验发展与研究现状分析[J]. 装备学院学报,2015,26(4).

[6] 王靖君,赫信鹏. 火炮概论[M]. 北京:兵器工业出版社,1992.

[7] 张相炎. 火炮设计理论[M]. 北京:北京理工大学出版社,2005.

[8] 韩魁英,王梦林,朱素君. 火炮自动机设计[M]. 北京:国防工业出版社,1988.

[9] 江发潮,曹正清,陈全世. 虚拟试验技术及其在车辆上的应用[J]. 拖拉机与农用运输车,2004,4.

[10] 苏华昌,丁富海,吴家驹. 战术导弹多台并激振动试验技术研究[J]. 强度与环境,2016,43(4).

[11] 毛保全,等. 总体结构参数的优化设计研究[J]. 兵工学报,2003.

[12] 王晓铭,王玫. 防空导弹武器抗干扰试验技术[J]. 上海航天,2013,30(2).

[13] 张弛,周芳,等. 海军战术导弹武器系统可靠性试验技术分析及发展建议[J]. 装备环境工程,2017,14(7).

[14] 杨艳峰,郑坚,等. 火炮炮闩击发机构可靠性强化试验技术[J]. 火力与指挥控制,2016,41(7).

[15] 单永海,张军,等. 机枪身管常温综合寿命试验技术研究[J]. 兵工学报,2013,34(1).

[16] 刘鹏飞,冯顺山,曹红松,等. 外弹道虚拟试验技术的研究[J]. 弹箭与制导学报,2015,35(4).

[17] 闫耀东,王凯,杜晓坤,等. 陆军装甲装备作战试验问题研究[J]. 装甲兵工程学院学报,2012,26(1).

[18] 张鸽,武瑞文. 中国新型 155 毫米车载炮武器系统[J]. 兵器知识,2007.

[19] 毛保全,邵毅. 火炮自动武器优化设计[M]. 北京:国防工业出版社,2007.

[20] 毛保全,于子平,邵毅. 车载武器技术概论[M]. 北京:国防工业出版社,2008.

[21] 毛保全,范栋. 车炮匹配性评价平台研究[J]. 火炮发射与控制学报,2006(8).

[22] 费丽博,毛保全. 坦克底盘与火炮匹配性评价研究[J]. 火炮发射与控制学报,2005(4).

[23] 毛保全,范栋,费丽博,等. 基于射击稳定性的车炮匹配参数分析[J]. 火炮发射与控制学报,2006(增刊).

[24] 穆歌,毛保全,闫述军. 动力学优化设计的发展综述[J]. 火炮发射与控制学报,2003(增刊).

[25] 李建明,毛保全,赵富全. 坦克火炮的外弹道特性仿真[J]. 火炮发射与控制学报,2003(增刊).

[26] 马福球,陈运生,朵英贤. 火炮与自动武器[M]. 北京:北京理工大学出版社,2003.

[27] 吴三灵,温波,于永强. 火炮动力学试验[M]. 北京:国防工业出版社,2004.

[28] 孟慎非. 坦克炮的精度优控性设计[J]. 火炮发射与控制学报,2007.

[29] 毛保全,等. 车载武器发射动力学[M]. 北京:国防工业出版社,2010.

[30] 毛保全,等. 车载武器建模与仿真[M]. 北京:国防工业出版社,2011.

附　录

附录1　陆装军工产品定型工作管理办法

GJB 150—1986《军用设备环境试验方法》
GJB 151A—1997《军用设备和分系统电磁发射和敏感度要求》
GJB 152A—1997《军用设备和分系统电磁发射和敏感度测量》
GJB 298—1987《军用车辆 28 伏直流电气系统特性》
GJB 349.31—1990《常规兵器定型试验规程反坦克导弹系统飞行试验》
GJB 373A—1997《引信安全性设计准则》
GJB 573A—1998《引信环境与性能试验方法》
GJB 899A—2009《可靠性鉴定和验收试验》
GJB 1362A—2007《军工产品定型程序与要求》
GJB 1372—1992《装甲车辆通用规范》
GJB 1389—1992《系统电磁兼容性要求》
GJB 1389A—2005《系统电磁兼容性要求》
GJB 2072—1994《维修性试验与评定》
GJB 3288—1998《军用光学仪器试验方法》
GJB 5313—2004《电磁辐射暴露限值和测量方法》
GJB 5389—2005《炮射导弹试验方法》
GJB 5414—2005《炮射导弹武器系统定型试验规程》

附录2　环境试验项目及条件

1. 高温工作试验

参照 GJB 150.3—1986 执行。

试验温度：+50℃ ±2℃。

试验时间：24h。

2. 高温储存试验

参照 GJB 150. 3—1986 执行。

试验温度：+60℃ ±2℃（导弹、药筒组件、导弹检测仪）。

+70℃ ±2℃（制导分系统、制导性能检测仪）。

试验时间：48h。

3. 低温工作试验

参照 GJB 150. 4—1986 执行。

试验温度：-40℃ ±2℃。

试验时间：24h。

4. 低温储存试验

参照 GJB 150. 4—1986 执行。

试验温度：-50℃ ±2℃（导弹、药筒组件、导弹检测仪）；

-43℃ ±2℃（制导分系统、制导性能检测仪）。

试验时间：24h。

5. 淋雨试验

参照 GJB150. 8—1986 执行。

降雨强度：1. 7mm/min。

试验时间：30min。

6. 沙尘试验

参照 GJB 150. 12—1986 执行，见附表 2-1 ~ 附表 2-3。

附表 2-1 吹尘试验条件

序号	温度/℃	相对湿度/%	风速/(m/s)	吹尘浓度/(g/m^3)	持续时间/h
1	23	<30	8. 9 ±1. 2	10. 6 ±7	6
2	60	—	1. 5 ±1	—	16
3	60	—	8. 9 ±1. 2	10. 6 ±7	6

附表 2-2 吹砂试验条件（导弹分系统）

温度/℃	相对湿度/%	风速/(m/s)	吹砂浓度/(g/m^3)	持续时间（每个方向）/h
60	<30	18 ~ 29	2. 2 ±0. 5	1. 5

附表 2-3 吹砂试验条件（制导分系统）

温度/℃	相对湿度/%	风速/(m/s)	吹砂浓度/(g/m^3)	持续时间（每个方向）h
60	<30	18 ~ 29	1. 1 ±0. 25	1. 5

7. 盐雾试验

参照 GJB 150.11—1986 执行，见附表 2－4 和附表 2－5。

附表 2－4　盐雾试验条件

温度/℃	盐溶液			盐雾沉降量	喷雾方式	试验时间/h
35±2	成分	浓度/%	pH 值	$(1\sim2)m_1/80\text{cm}^2\cdot\text{h}$	连续喷雾	48
	氯化钠	5±1	6.5～7.2			

8. 运输试验

附表 2－5　运输试验条件

公路等级	速度/(km/h)	距离/km	
		导弹分系统	制导分系统
二、三级路面	20～25	200	800
乡村土路	30～40	300	1200

9. 温度冲击

导弹和药筒组件温度冲击参照 GJB 5389.23—2005 执行，见附图 2－1。

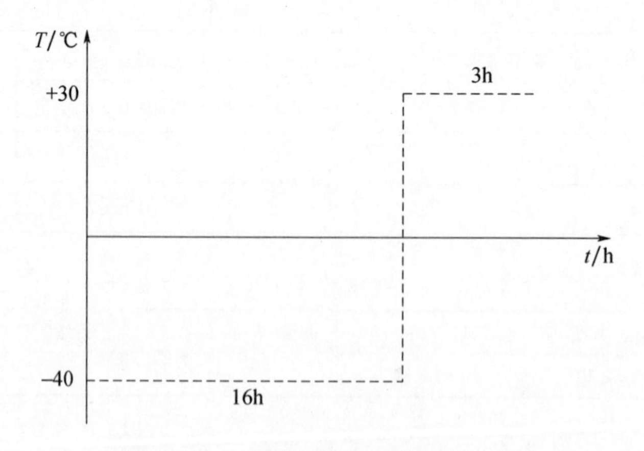

附图 2－1　导弹和药筒组件温度冲击图

制导分系统温度冲击参照 GJB 150.5—1986 执行，见附图 2－2。

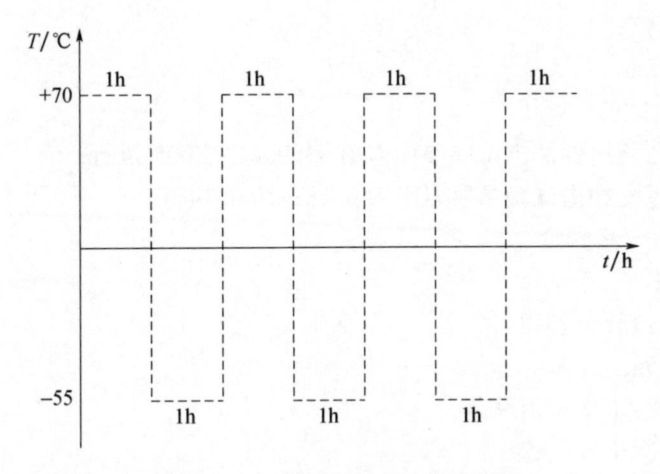

附图 2－2　制导分系统温度冲击图

10. 温度循环

参照 GJB 5389.14—2005 执行，见附图 2－3。

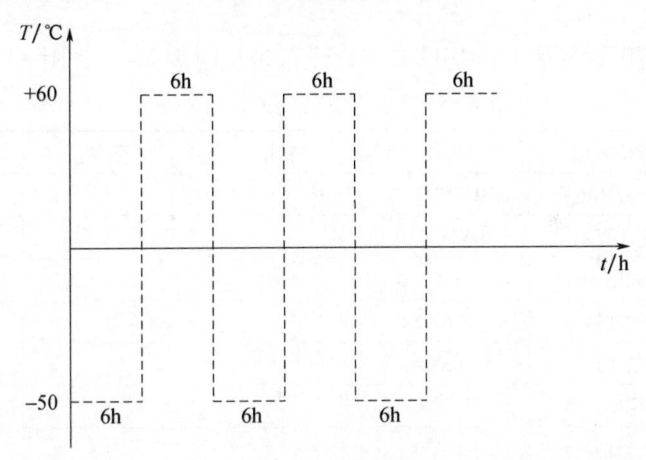

附图 2－3　温度循环图

11. 振动试验

导弹和药筒组件振动试验参照 GJB 5389.20—2005 执行。

制导分系统振动试验参照 GJB 150.16—1986 执行。

导弹检测仪和制导性能检测仪振动试验条件如下：

频率：23Hz ± 2Hz；

加速度：2g；

方向：垂直轴；

波形:正弦;
时间:15min。
12. 冲击试验
导弹和药筒组件冲击试验参照 GJB 5389.21—2005 执行;
制导分系统冲击试验参照 GJB 150.18—1986 执行。
13. 无损跌落试验
数量:2 枚;
状态:无包装全备弹;
高度:0.5m;
跌落方式:水平自由跌落;
地面:混凝土地面;
次数:1 次。

附录3 试验设备表

环境试验用设备表和外场试验测试设备表见附表 3-1 和附表 3-2。

附表 3-1 环境试验用设备表

序号	设备名称	代号	精度	数量	备注
1	直流稳压电源	DH1718D-2		1	
2	数字式万用表	DMM 870		1	
3	台式电子秤			1	感量 10g
4	示波器	VC6523		1	
5	频率计	U1000A		1	
6	绝缘电阻表	ZC-7		1	100V
7	冲击试验台	CS-50		1	
8	振动试验台	D-1000-5		1	
9	高温箱	Y70130-1		1	
10	低温箱	D6-0.6		1	

附表 3-2 外场试验测试设备表

名称	精度	数量
直流电源	(30±0.1)V	2
示波器	100μs	2

续表

名称	精度	数量
光电经纬仪	≤1m	1
红外光电经纬仪	≤1m	1
高速摄影机	500 帧/s	2
弹道雷达	0.1m/s	1
初速雷达	0.5m/s	1
初速网靶	0.5m/s	1
现场视频监控		3
激光信息场检测仪		2